上海高校服务国家重大战略出版工程资助项目

公共经济与城市社会治理创新研究丛书

总主编　吴柏钧

环境公共品的有效供给机制及路径研究

——基于居民参与治理的视角

杨继波　著

·上海·

图书在版编目(CIP)数据

环境公共品的有效供给机制及路径研究：基于居民参与治理的视角 / 杨继波著. —上海：华东理工大学出版社,2020.11

ISBN 978-7-5628-6236-9

Ⅰ.①环… Ⅱ.①杨… Ⅲ.①环境管理—公共物品—供给制—研究—中国 Ⅳ.①X321.2

中国版本图书馆 CIP 数据核字(2020)第 106953 号

内 容 提 要

本书主要围绕环境公共品的供给问题展开讨论,从环境公共品的空间外部性以及代际外部性问题出发,对相关概念及理论流派进行梳理和回顾,探讨了在政府引导下如何促进居民参与环境公共品有效供给的机制设计。本书的创新点在于建立了居民参与环境公共品供给的代际交叠模型,为现实中有利于子孙后代的"前向型代际公共品"供给长期严重不足提供了新的研究思路。并运用幸福感测度法测量居民参与环境公共品供给的可行性,对比研究了政府提供以及政府、居民和企业共同供给这两种环境公共品供给模式,提出了具有理论基础且切实可行的对策建议。

本书可供从事环境治理的政府、高校、研究机构的专业人员借鉴学习,也可作为高等院校相关专业的参考用书。

项目统筹 / 马夫娇 韩 婷
责任编辑 / 李甜禄
装帧设计 / 吴佳斐
出版发行 / 华东理工大学出版社有限公司
地址：上海市梅陇路 130 号,200237
电话：021-64250306
网址：www.ecustpress.cn
邮箱：zongbianban@ecustpress.cn
印　　刷 / 上海中华商务联合印刷有限公司
开　　本 / 710 mm×1000 mm 1/16
印　　张 / 17.25
字　　数 / 254 千字
版　　次 / 2020 年 11 月第 1 版
印　　次 / 2020 年 11 月第 1 次
定　　价 / 158.00 元

公共经济与城市社会治理创新研究丛书

编委会

公共经济与城市社会治理创新研究丛书

总　序

当前，中国经济社会发展和结构变化呈现了许多新的特点。在经济增长与结构变动方面，一个显著的特点是公共经济部门对国民经济增长的贡献率持续上升。尤其是在 2008 年世界金融危机以后，为抵御经济衰退，维持较高速度的经济增长和社会稳定，我国政府在公共基础设施建设上持续投入了大量的资金。同时，在城市化和人口制度变革的背景下，为回应人们对保障公共安全和增进社会福利的需要，政府在对教育、卫生、安全和社会保障等公共服务领域的投入上也有了快速增长，这使得经济性和非经济性公共产品的供给成为社会总供给的重要组成部分，甚至在某些年份，公共产品投资和供给已成为边际经济增长的决定性因素。

在社会发展和结构变化方面，尽管整体的社会形态和权力结构变动较小，但非农劳动力、中等收入阶层和私人资本阶层等基于现代经济活动而产生的社会力量的影响力不断增强，其正潜移默化地改变着我国的社会结构，深刻影响着社会利益格局。在生产和生活方式日益市场化和社会化的过程中，基层民众的思想观念、社会需求和诉求发生了很大变化，这为政府在社会治理中如何精准掌握人们的需求偏好和行为动态增加了难题，对如何有效实施社会服务和社会保障提出了挑战。同时，社会流动的不断增强使得公共安全和环境风险持续上升，这对传统的行政管理体制和政府自上而下的治理机制形成了巨大挑战，对现代政治和经济建设中的中国如何重构基层社会治理结构与机制提出了新的要求。

当前社会经济变革与转型使我们对未来的发展形成了许多不确定的判断。但如果不考虑制度变迁因素，我们可能会更清晰地认识社会经济演化的规律。纵观人类社会发展的历史，技术的变化、私人产品生产方式的变革和竞争机制等为人们摆脱自然束缚、追求自由丰富的生活提供了保障，但其却不能保障社会成员提高基础性的、公平享有的生活质量也无法保障其和社会安全。无论是实施行政计划机制还是市场机制，公共产品和服务的供给在产品和服务性质上总能为社会成员提供共同享有的广义福利增进效用。与此同时，许多国家在私人产品部门发展、增加社会财富的过程中产生了贫富差异和社会不公，而公共产品部门发展在提升整体的社会福利和安全保障的过程中又产生了资源错配、供给效率低下、官僚特权和行政垄断等问题。所以，人们始终在寻求合适的制度去约束私人产品生产的过度竞争和分配不公，也通过制度安排在公共产品部门规模扩大的过程中提高供给效率。从全球经济发展趋势来看，随着经济的发展和居民收入水平的提高，公共产品部门在经济社会发展中的功能和作用会逐步提升，其资产规模和占总供给的比重在不断增加，这反映了社会经济不断发展的一种状态和趋势。从这个角度去理解，我们可以认为中国公共产品部门的革新正是经济社会快速发展的体现。近几十年来，中国公共产品部门的发展在一定程度上反映了社会经济结构的根本性变化。

可以预期，在这样的社会经济结构转型过程中，不仅私人产品部门的发展会遇到技术、市场和制度的变革问题，公共产品部门也将面临许多新挑战：

第一，社会资源在私人产品部门与公共产品部门之间的配置问题。这要求政府根据经济增长、市场需求和社会需要在私人产品部门与公共产品部门之间合理地配置资源，以实现个人需求与社会需求的均衡状态，达到适度的经济增长和社会福利的增进，从而兼顾经济发展效率和社会公平。

第二，公共产品部门的供给有效性问题。根据中国的国情，从理论上解决真实地显示民众需求偏好的问题，采取合适的公共选择方式，并对公共产品实施高效管理，涉及一国的公共产品供给体制与机制，也涉及政治、技术、市场和社会文化等方面，但核心问题在于政治经济体制的安排和机制的设计。如何破除原先“全能型政府”的窠臼，真正做到以人民为中心，政府应有所为而有所不为，放权给基层，为社会组织的发育及其履行社会治理职能释放空间。同时，政府也要通过制度安排和政治程序，改革现有的政府主导的公共产品供给机制，探讨适合中国实际的多元合作的公共产品供给机制。

第三，如何打造共建共治共享的社会治理格局，建立“人人有责、人人尽责、人人享有”的社会治理共同体，怎样处理政府行政主导与社会组织生长问题。这要求服务供给方激发民众参与社区治理的热情，提高社区工作者、社区事务参与者的能力和水平。

第四，如何创新基层治理方式问题。这要求基层社会治理成为国家治理的基石和重心，成为国家治理体系和治理能力现代化的基础性环节。同时，政府要通过制度安排和法治手段消除基层治理的“空转”现象，建立适应多元治理主体的治理方式，摆脱社区机构及其事务的行政化困境，构建去行政化的社区基层组织的有效运行体系和运行机制（包括资源筹措、公共服务提供、公共事务决策等）。

第五，如何基于互联网、大数据和人工智能等新技术，创新公共产品生产和供给方式，提高公共服务效率，改善社区基层治理。这要求服务供给方利用信息技术获取社会成员对公共产品和服务的真实需求，为公共政策的决策提供充足信息，为政策实施的监督和绩效评估提供技术手段，以实现有效配置资源和有效供给的目标。

基于上述对中国社会经济长期发展和结构变化的理解，华东理工大学社会科学高等研究院在成立之初就确立了研究宗旨，希望在宏大的社会经济变迁格局下，立足社会基层和微观经济层面，对中国社会经济的发展有一个细微的观察和局部的剖析。这些年来，在华东理工大学成长起来的一批公共经济学、社会学和公共管理学科的年轻教师聚焦于公共经济与基层社会治理研究领域，承担了诸多国际合作和国家基金的课题，他们大致围绕三大主题开展了一系列研究：一是研究公共经济部门发展的基本理论与中国的实践，特别是通过学科交叉研究和多研究范式融合，探讨社会发展过程中公共经济与社会治理的结构关系和内在机制；二是在互联网、大数据和人工智能等新技术条件下研究公共经济和社会治理的新方式与新形态；三是对公共基础设施、公共服务、社区基层治理等领域开展社会调查、田野实验和经验实证分析，试图发现一些有中国特色的、有益的实践经验，以检讨和修正经典的理论观点，拓展理论研究的范畴。本丛书就是我们对前期研究工作的一个初步总结，各分册也大致体现了这几个方面的研究主题。

本丛书的内容主要涉及公共经济、社会治理和社会政策领域。不论属于哪个学科，研究大都基于公共经济学和公共管理学理论，以跨学科的方式来探讨公共经济和社会治理中的科学问题；针对政策问题，我们也以不同学科的视角加以研究。

丛书中有5本著作可以归属于公共经济领域。其中，《城市公共产品有效供给机制研究》梳理了公共产品供给理论和研究文献，探讨了我国公共产品供给的机制及其改革得失，重点对城市公共基础设施和公共服务领域的投融资、生产和分配进行了实证分析。《城市基础设施与经济发展研究》总结了中国社会70年来在基础设施建设方面所取得的成就与面临的挑战，从财政分权和比较制度分析等理论视角揭示了基础设施影响地区经济发展的内在机制；其利用计量经济分析探索了中国基础设施建设对市场融合、开放发展和民生改善的影响，从政治经济学的理论视角提出了促进基础设施供给模式创新的治理基础与实现路径。《环境公共品的有效供给机制及路径研究》对多种环境公共品的供给机制进行了研究，重点研究了人们较少关注的家庭部门在环境治理中的功能与行为模式；其把家庭部门作为供给主体，将代际因素纳入考虑范围，并基于环境公共品的三种价值评估法构建了环境公共品的有效供给理论模型。《城市公共服务空间布局特征及综合能力评价》基于大数据技术，对城市公共服务的发展过程、资源规模、空间布局及服务能力等状况进行了综合分析，客观分析了影响城市公共服务的因素，并提出了优化城市公共服务的策略。有意思的是，《城市共享平台的多元协同治理研究》以共享经济为研究对象，探讨了广泛存在的私人产品公共性问题，该书全面梳理了国内外城市共享平台的发展模式、治理经验及作用机制，提出了自行治理优先、政府监督、社会辅助的共享平台多元协同治理的概念。这项研究突破了传统的城市公共产品供给限制，对新技术环境中私人产品公共消费和生产方式的革命性变化进行了开创性研究。从总体上来看，这些著作以基础设施、环境保护、污染治理等城市主要公共产品和服务为研究对象，分析了我国城市公共产品和服务供给的特征及内在运作机制，并对这些领域的公共产品有效供给提出了制度性改革等政策建议。

丛书中有5本著作研究了城市社会治理问题。《城市移民与公共治理研究》把城市治理放在城市化过程中加以考虑，研究了如何从移民管制转化为移民服务，并借以提升移民治理水平，使移民尽快融入城市。《城市公共安全风险防控体系研究》针对城市公共安全事故频发的现实，系统分析了城市公共安全问题的源头和类型，在深刻解析城市安全风险发生原因的基础上，探讨了有效的安全风险防控内在机制，构建了城市安全风险防控体系。《城市基层矛盾纠纷化解的社会机制研究》以近年来蓬勃发展的人民调解组织为例，剖析以其为代表的社会力量参与城市基层矛盾纠纷化解的现实需求、功能定位、组织网络、运作机制与发展逻辑等，以探索"中国式风险社会"的社会治理机制。《城市社区治理中整合性服务模式建构研究》以上海社区基层治理实践为例，从街道体制改革、政府购买服务、社区社会组织发展和社会力量参与社会治理与社区工作者队伍建设等各个角度考察了基层社会治理的发展状态，深度揭示了基层社会治理存在的新问题，剖析了深层次的社会性和结构性原因，并在此基础上探索现代基层社会治理的治理元素、创新流程和关键环节，提出了构建特大城市基层社会治理体系和实务模式的新设想。《中国城市社区基金会发展及运作研究》以城市社区基金会为研究对象，对行政驱动逻辑下社区基金会的成长环境、本土化特征、治理结构、功能作用进行了实证分析，以此探讨了中国政治体制下的基层社会组织的发展路径和运行机制。

本丛书出版之际，中国刚经历了新型冠状病毒感染的肺炎疫情。在经历"非典"疫情不到20年的时间里，此次规模巨大的全球性公共卫生灾难的暴发再次证明人类尊重自然规律的重要性，同时也提醒我们，应不断反思公共卫生体制和机制改革的有效性问题，反思现行社会治理体制的弊端和公共政策实施的偏差问题。值得欣慰的是，疫情在我国很快得到控制，特别是抗疫措施在全国范围内得到严格实施，这充分显示了社区基层组织在公共事件中的动员能力和应对能力，体现了社会治理制度变革中建立基于社会组织和民众参与的多元供给机制的重要性，也再次证明了在现代化强国的建设过程中建立有效的公共产品供给制度的重要性。

本丛书的出版得到了国家出版基金和上海市文教结合“高校服务国家重大战略出版工程”的资助。能够获得资助且得到高质量的出版，要感谢华东理工大学出版社的鼎力支持！丛书中的部分著作是上海市教委科研创新计划项目重大课题“城市公共产品供给机制研究”的成果，特此说明，并感谢资助部门！

吴柏钧

2020 年 5 月 20 日

序

preface

杨继波长期以来研究中国经济发展问题，她最初研究城市的房产市场，后将研究领域转入公共产品的供给机制、公共教育与家庭关系，对代际性公共产品与家庭经济关系做了比较多的研究。在攻读博士学位期间，基于前期公共经济研究积累，她的研究领域聚焦到城市环境问题。在这一领域中，她有环境科学与工程的专业基础，对环境的技术问题有比较准确的把握，这对她的环境经济研究助益良多。

本书是杨继波作于2017年的博士学位论文。她在3年多的研究过程中，开展了实地调研工作，收集了大量环境污染与治理相关的资料。此项研究一开始就试图以环境为例破解一些公共产品供给与需求研究中的难题，例如公共产品供给机制及其有效性衡量、居民对环境真实需求和偏好的显示测定、环境公共品外部性的特征等，特别是她在研究中引入代际性变量，分析代际的外部性效应，这是公共产品效应中普遍存在但较少也较难研究的问题。在公共产品研究中，人们大多关注的是空间的外部性问题，由于缺乏好的理论分析方法，很难获得可测量环境代际性影响的数据，这方面的研究一直进展不大，对此本书做了尝试性研究（选择家庭部门来考察环境公共品的代际效应），并做出了有理论贡献的成果。

围绕上述研究主题，本书在以下几个方面是有理论创新或应用价值的。

一是从环境治理供给机制的研究中，把家庭部门作为供给主体，重点论证了居民从洁净环境需求方转化为供给方的可行性。这部分的研究依据中国综合社会调查（Chinese General Social Survey，CGSS）有关数据，从居民对环境污染程度的关注度、居民参与环境治理的愿望和行动等方面加以分析，应该说结论是可信的。随着社会进步和居民收入水平的提高，家庭部门在环境治理中的影响力应该是会越来越大的。基于统计的分析，本书还运用公共产品价值评估的三种方法——显示偏好法、陈述偏好法和幸福感测度法，分析了居民环境需求及偏好的显示问题。通过对比分析，本书得出了幸福感测度法是相对较优的环境保护支付意愿的度量方法，并得出了居民参与环境治理有其内在的需求动机的实证结论。这一点非常重要，它在理论上论证了始终处于公共品需求一端的家庭部门及居民转化为供给一端的内在性，并奠定了政府、企业和居民三方合作的多元环境治理体系的学理基础。

二是本书在对环境公共品供给的文献研究中，对代际外部性理论、利他主义理论、公共品供给机制理论、公共选择理论、合同理论和激励理论等进行了很好的梳理，从中分析了环境公共品的代际外部性，提出了代际成本或收益的外溢会造成“代内人”与“后代人”之间成本收益的不对称。文中从理性人假设出发，认为当代人站在自己的立场上进行的决策很少考虑后代人的利益。这样，相对于惠及当代或为当代人提供老年保障的“后向型代际公共品”而言，有利于子孙后代的“前向型代际公共品”供给严重不足，这也是如环境保护这样的代际公共品供给不足的一个原因。因此，作者认为需要研究和探讨促进资源在代际的合理和有效率配置的可行途径，提高代际公共品供给水平，探求公共产品供给的代际公平。为此，本书以贝克尔的利他主义动机为指导，建立了居民参与环境公共品供给的代际交叠模型，为增加有利于子孙后代的“前向型代际公共品”的供给提供了新的研究思路，这项成果值得理论界进一步探讨，我们也希望该成果能引起政府部门的重视。

三是本书分析中国环境的现状，用技术数据对污染源头加以分析，发现除了工业企业的污水和废气等排放是环境污染的首要因素外，与居民相关的生活废水、生活垃圾等也日益成为环境污染的重要因素。但现有的环境治理政策、环境规范及环境公共品供给机制忽略了这些家庭部门因素，为此书中探讨了如何引导居民参与环境治理，成为环境公共品供给的主体。事实上，随着社会发展和居民环境保护意识的提高，这方面的潜力是巨大的，近年全国性的生活垃圾治理行动就是一个很大的起步。作者应就此进一步加以研究，为家庭部门环境治理行动成为治理体系中的现实主体做出贡献。

四是本书以 Elinor Ostrom 提出的多中心理论和自主治理思想为指导，设计政府主导下多元供给主体的环境公共品供给机制，探讨并比较了政府提供以及政府、企业和居民共同供给这两种环境公共品供给模式，优化了供给主体结构及其关系，丰富了机制选择的理论模型。同时，本书以彼得·戴蒙德（Peter Diamond）提出的世代交叠模型（Overlapping Generations Model，OLG）为基础，构建了环境公共品的有效供给理论模型——政府主导下居民和企业共同参与的环境公共品供给机制。本书通过模型推导，证明了在一定的条件下，居民参与环境治理的确能够带来如下红利：环境质量提升，促进经济增长以及有利于后代健康成长。在随后的实证研究中，本书以空气污染治理为例，探讨了居民对于环境保护的支付意愿以及诸如受教育程度、收入水平、有无后代等个体特征等影响居民参与环境治理的因素，并将初步取得成效的浙江“五水共治”（治污水、防洪水、排涝水、保供水、抓节水）和上海市垃圾分类等案例引入本书，阐述了居民参与环境治理的可行性及策略。在案例研究中，作者将幸福感测度法和环境公共品供给机制运用其中，提出了有实际应用价值的环境公共品的治理方法。

五是本书在分析造成我国环境公共品配置失衡的制度根源的基础上，提出了有效供给环境公共品的一系列对策建议，如“长期政府”的可信承诺，“代际契约”中跨代补贴政策，对待污染企业采取惩罚与补贴并重的污染企业整治政策，设立“环保基金公司”运营环境治理缴款及收益等。这些建议大部分是基于对现实的情况做了可行性评估后提出的，对现行的政策与机制改革有补充和完善意义。正如本书所推崇的，环境治理只有协调好各方的责任和利益，才能够激励居民和企业的环保行为，解决环境公共品供给低效率和“免费搭便车”问题，保障政府主导下的企业和居民共同供给环境公共品的机制有效实施。

从杨继波的研究中，我们可以发现，我国环境治理的法治系统、产业基础、治理机制和民众意识基础还比较薄弱。但与其他国家比较，在相似的经济发展阶段，我们对环境治理的投入和重视程度犹胜于绝大部分国家，近几年环境治理的绩效是比较明显的。现在的关键任务是建立长期稳定的治理体系和治理机制，发扬深植于社会和民众的环境保护文化。

我国在环境治理领域公共产品供给方面的制度基础有一定的特殊性，政府的主导性和行政的强制性较为显著，基于市场交易原则、社会自治原则的治理体系和治理机制远未建立。在我国的环境治理中，行政强制和运动式治理行动的直接成本和间接损失很大，最终外部强制性规制难以达到长期计划的目标，且治理要求标准和实施政策反复变化，企业和居民的响应程度较低，其规避和博弈行为通常会大大弱化治理的绩效。导致这种状况的原因很多，其中一个重要的原因是缺乏利益均衡基础上的适宜的治理机制。

从国内外的实践来看，环境治理过程中不考虑利益相关者的成本收益关系和行为主体间的竞争关系，环境公共品供给的效应和需求满足是难以实现的。可喜的是，随着技术的进步、金融工具和市场交易手段的丰富，环境治理的成本会不断降低，治理绩效会更加确定，本书在这方面的研究证明了这一点，这也是这部著作的价值所在。

2019 年 11 月

前　言

foreword

党的十九大报告明确指出，我国社会主要矛盾已经转化为人民日益增长的美好生活需要和不平衡不充分的发展之间的矛盾。习近平总书记提出：坚持人与自然和谐共生，必须树立和践行“绿水青山就是金山银山”的理念。

然而这些年来，伴随着经济的快速发展，环境公共品的供给矛盾越发突出，供给过程中出现的问题日趋严峻，尤其是空气污染、水污染和垃圾污染。这些污染严重破坏了我们的生存环境，给我们的生活带来了严重的干扰，严重阻碍了我们由物质生活迈向精神生活的步伐。如何平衡人民对于美好生活追求与发展的关系，如何有效地供给环境公共品？这是本书要讨论的核心问题。

公共产品的供给模式目前有政府供给、市场供给、自愿供给和混合供给，从公共产品“免费搭便车”问题引申出来政府治理最有效率，到政府也会失灵，从而提出公共品供给领域可以引入市场机制，再到市场化、社会化多元治理的模式，到底哪种运作机制能够最大限度揭示居民对公共服务的偏好？哪种机制对我国环境污染治理更加有效？这是当前社会关注的重要问题。

鉴于对环境公共品的供给研究比较复杂，涉及代际外部性理论、利他主义理论、公共品供给机制理论、公共选择理论、合同理论和激励理论等，本书的撰写思路主要是从环境现状出发，分析问题的本质，揭示容易被忽略的优质环境需求侧的居民事实上也是污染源之一，重点从居民角度出发，将公共产品理论的应用拓展到环境治理领域，针对环境公共品具有的空间外部性和代际外部性，分析居民的有效需求显示及其在供给过程中如何避免“免费搭便车”问题，阐述幸福感测度法可以在某种程度上度量居民的环保支付意愿，并进一步通过理论模型提出政府主导下的居民和企业共同提供环境公共品的供给机制，为环境公共品的有效供给提供一定的理论依据。本书提供了居民参与环境供给的经典案例——上海垃圾分类治理以及浙江的“五水共治”，力争反映环境公共品供给的最新动态、新理念以及新知识等。

本书的大部分内容来自著者近年来的研究成果，吴中杰、孙燕萍、杜娟等先后参加了这项研究工作。其中第 5 章的部分内容由孙燕萍执笔；第 9 章部分资料由杜娟提供，杨继波执笔；第 10 章的案例研究主要由吴中杰执笔；其他章节均由著者本人完成。

需要特别说明的是，我们的研究工作先后得到了上海市教育委员会科研创新计划项目重大课题“城市公共产品供给机制研究”（2017 - 01 -07 - 00 - 02 - E00008）的资助，以及上海市文教结合“高校服务国家重大战略出版工程”项目、上海市重点课程以及华东理工大学教育教学方法改革与研究项目、上海市一流本科建设引领计划等的资助，此外，大部分调研数据来源于中国综合社会调查（CGSS）项目组，在此一并表示感谢。

由于环境公共品的有效供给是正在迅速发展和探索的领域，书中对于某些内容的叙述和取材难免会有谬误或不当，我们真诚地欢迎各界人士批评指正。

杨继波
2020 年 5 月 28 日
于华东理工大学

目　录

contents

第1章 绪　论

伴随着我国经济的快速增长，经济发展过程中内需不足、技术进步不显著与环境代价大等宏观经济隐患日益显现，尤其是长期积累的空气污染、水污染、垃圾污染等问题突出，环境污染日益成为困扰可持续发展的社会经济难题，如何采取有效措施进行环境治理成了全民关注的焦点。作为优质环境需求侧的居民能否也成为优质环境的供给侧？如何将社会力量引入环境治理的队伍中？政府应该负起什么样的责任？这些都是我们在环境污染治理中急需思考和解决的问题。

1.1 研究背景及意义

1.1.1 研究背景

环境公共品指的是各种环境物品以及环境服务，包括空气、水、森林、居住环境等自然环境以及人为提供的诸如交通、人工防护林、制度等环境服务。它可以直接或间接影响人类的生活和发展[1]。按公共物品的非竞争性和非排他性两大特征进行分析，清新的空气、优质的水资源、良好的居住环境等均具备非竞争性和非排他性的特征，是典型的公共产品。2013年，习近平总书记在海南考察时强调，“良好生态环境是最公平的公共产品，是最普惠的民生福祉”。环境质量、环境政策、环境公共设施等环境公共品给我们的生活带来了深远的影响。

然而现实的情况是，我们不仅遭受着雾霾、沙尘暴等恶劣天气的影响，还要受到水污染，噪声，食品、工业及生活垃圾污染，绿地不足，森林植被破坏，耕地质量退化，淡水资源短缺，荒漠化及动植物减少等问题的困扰。环境污染不仅大大降低了人们的工作效率，使人力资本下降，居民幸福感降低，还严重影响了我们的身体健康，导致肺癌死亡率和心血管疾病发病率上升，缩短居民的预期寿命[2~4]。Chen 等[5]发现，空气中总悬浮颗粒物浓度每增加 100 μg/m³ 会导致居民预期寿命减少 3 年。研究表明[6]，二氧化硫排放量每增加 1%，万人中死于呼吸系统疾病及肺癌的人数分别增加 0.055 和 0.005。人民群众对改善生态环境的呼声非常强烈，尽管政府也采取了一系列关停并转、加重惩罚的措施进行治理，但是效果并不明显。“十三五”规划纲要提出了“创新、协调、绿色、开放、共享”的发展理念。十九大报告提出，中国特色社会主义进入新时代，我国社会的主要矛盾已经转化为人民日益增长的美好生活需要和不平衡不充分的发展之间的矛盾。人们对物质文化生活尤其是对高质量环境等提出了更高的要求。因此，在未来经济社会发展中，如何建立开放式的、可持续的、不断满足经济发展和居民需求的公共产品有效供给机制，已成为迫切需要解决的现实问题。

环境治理具有典型的公共产品特征，其消费的非竞争性和受益的非排他性使其有效需求无法真实体现，在供给过程中难以定价并且无法避免“免费搭便车”问题。如果能够对环境保护的价值进行准确评估，能够测度出人们对治理环境污染愿意承担的价格或税负，这将为环境公共品的有效供给和政府治理环境提供有力的帮助。另外，环境公共品是具有明显时间性特征的代际公共品。代际公共品（Intergenerational Public Goods，IPGs）源于 Todd Sandler 和 Kerry Smith[7,8]提出的“代际物品”（Intergenerational Goods）概念，他们指出代际物品是在代际分享的公共产品。本研究的 IPGs 指的是在代际交叠经济背景下客观存在的公共产品，即超过一代以上的人分享使用的产品，相对于代内公共品而言，它具有明显的代际外部性[9,10]。代际公共品包含下列三个因素[11]：（1）时间性，无论是 IPGs 跨期的投资与收益问题，还是 IPGs 的使用寿命和效用问题，都与时间性相关；（2）稳定性，即 IPGs 供给行为如何矫正、保持和延续；（3）代际“非排他性与非竞争性”，即公共产品对于一代以上的消费者的非排他性和非竞争性问题[12,13]。可见，代际公共品不仅是直接关系到当代人的生存质量与发展的代内问题，也是涉及后代人生存权利与切身利益的代际问题。

长期以来，中国在基础教育、医疗卫生、纯科学、环境保护等具有明显时间性特征的代际公共品供给领域存在着供给不足和配置失衡的现象。从理性人假设出发，当代人站在自己的立场上进行的决策都很少会考虑后代人的利益，这样，有利于子孙后代的“前向型代际公共品”①（如环保、教育等）相对于为当代人提供老年保障的“后向型代际公共品”（如养老保险等）而言，供给严重不足，而代际公共品能够提高全社会的福利水平，因此，研究和探讨促进资源在代际的合理和有效配置的可行途径，提高代际公共品供给水平，探求代际公平是全人类共同的话题。结合中国“财政分权”及“政绩考核”的现状，进一步研究代际公共品配置失衡的根源所在，发现政府在“对上负责”的行为激励下，会更倾向于提供在短期内（或者官员任期内）促进经济增长型的代际公共品（例如道路桥梁等基础设施建设），而相对忽视改善民生型的代际公共品（例如教育、环境保护等公共服务），而正是这些代际公共品才是促进经济长期可持续增长的必要条件。选择什么样的方式提供代际公共品才能确保经济持续增长以及社会福利最大化？这是本书关心的话题。

上述一系列的现实问题和理论难题，无不与环境公共品的有效供给机制缺失相关。在现有的政治经济体制下，政府部门具有吸引要素集聚、促进经济增长的强烈动机，但在有效配置公共资源、合理提供环境公共品和缓解集聚负外部性等方面缺乏成熟的经验，也没有适宜的机制和足够的激励，因而出现了“市场失灵”和“政府失灵”并存的发展困境。

基于以上的研究背景和对事实的判断，本书拟立足于环境公共品具有的代际外部性特点，从居民参与环境治理的视角出发，运用戴蒙德（Diamond）提出的世代交叠模型[14]，借鉴近期理论研究的新进展，充分

---

① 根据 Antonio Rangel（2003）的提法，前向型代际公共品指的是以当代人为研究对象，现在投资对后代发挥效用的公共品，比如公共教育、环境保护等。如果现在投资对上代发挥效用的公共品则称为后向型代际公共品，如医疗保险、养老保障等。

重视环境公共品在供给过程中的“免费搭便车”特性，在前期定量分析和经验研究的基础上进一步开展实证和理论研究，重点探索什么样的公共产品供给机制能够有效激励居民参与环境治理。

1.1.2 研究意义

鉴于环境公共品存在的非排他性、非竞争性、消费效用不可分性和公益性，其真实需求难以得到准确度量，投入的成本及投资收益不对等，这些问题使得市场机制无法按照价格体系进行有效的资源配置，容易导致市场失灵。尽管学者们主张政府供给公共产品，但是政府的垄断行为以及不可避免的“寻租”情况，往往带来政府供给公共产品的低效率，也会导致政府“失灵”。第三方社会组织自愿供给公共产品看似很理想，但是组织的目标和社会目标不一致，以及环境公共品类型的多样性，均会导致自愿供给失灵的情况。

环境公共品有效供给的理论研究仍然存在诸多的难题：如何创造规制以激励消费者显示其真实偏好；如何测定消费者真实的环保支付意愿并解决收费难题；如何激励作为洁净环境需求侧的居民也成为优质环境的供给侧；如何解决环境公共品提供和使用跨代公平的问题；如何制定合适的制度保护投资者权益等。特别是公共产品的供给受到一国基本社会经济制度的强制约束，不同制度条件下供给机制的适宜性和长期的效用会有所不同，因而环境公共品的有效供给机制必须是具有制度适宜性的机制。

本书针对上述理论和现实问题展开研究，在以下几个方面具有学术和实际研究意义。

（1）本书详细分析代际公共品中比较典型也是居民最关心的空气污染、水污染和垃圾污染三类环境公共品的地区差异、形成原因和特征，有助于我们了解中国当前环境公共品配置的现实状况。根据环境公共品的类型，设计不同的公共产品供给机制，解决公共产品需求者显示偏好失真，发现私人产品与公共产品边际成本和边际收益间的内在关系，提出社会边际成本和社会边际收益实现均衡的理论条件，进一步研究提出修正的公共产品的有效供给理论模型，取得公共经济学的理论创新。

（2）本书以 Elinor Ostrom[15]提出的多中心理论和自主治理思想为指导，探讨适应中国社会经济制度的公共治理思想，设计多元供给主体的公共产品供给机制，从理论上优化了供给主体结构及其关系；并在 Olson 的集体行动理论[16]基础上，讨论中国政治经济制度约束下的公共产品的有效供给机制，从理论上丰富了机制选择的理论模型；构建了“有形的手”强制干预下的企业和政府“两部门环境公共品供给模型”（戴蒙德模型），通过企业和政府的博弈探讨，拟达到环境公共品供给的均衡条件；进一步构建了涵盖居民的“三部门环境公共品供给模型”（加入居民的戴蒙德模型），将环境公共品的供给发展到由政府、企业和居民三方共同提供，拟得出政府主导下实现环境公共品供给效率的同时，达到社会福利的最大化或者帕累托改进。这是对传统研究的一种延伸，具有理论创新价值。

（3）本书引入了居民对环境保护支付意愿的度量方法——幸福感测度法（又称生活满意度测量法），从某种程度上解决了公共产品“免费搭便车”的难题，不仅测度了居民对环境保护的边际支付意愿，科学说明了居民从优质环境需求侧转变为供给侧的可行性，还能将此方法在公共产品领域进行推广，具有较强的理论创新价值和实际意义。

（4）现有的公共产品供给实践中，已经广泛利用金融市场工具，引入社会资本，但在财政分权、规制理论等公共经济理论模型中，公共产品供给的融资和运营方式较为单一，通常局限于政府部门及税收、政府债务、消费者付费等，因此难以解释现实经济中的公共产品供给机制及投融资事例，也没有深刻揭示供给主体之间的关系。本书将结合环境公共品供给的实际案例，对多元供给方式下的投融资机制、生产与运营机制、合约权利界定等进行分析，从而对环境公共品的多元供给机制给出经济学的理论解释。

（5）本研究有助于提高环境公共品供给和社会需求的匹配程度。从理论上看，公共产品市场交易机制的缺失要求政府部门及时了解居民和企业的需求，以提供各类符合微观个体偏好的公共产品。在现阶段，经济结构优化升级，社会发展日新月异，传统的公共产品供给机制难以适应各行业、各社会群体的需求，因而本书将居民、企业等微观主体的偏好通过一定的机制设计显示出来，并作为重要参数纳入公共产品供给机制的理论模型中去，从而提升环境公共品供给与社会需求的匹配程度。

可见，在新常态下立足于环境公共品的代际性特性，基于居民参与环境治理的视角研究环境治理对策具有较强的理论和实际意义。

1.2 研究目标、研究框架及思路

1.2.1 研究目标

本研究结合中国经济发展方式转型的历史要求，基于居民参与环境治理的视角，关注环境公共品的代际外部性特征，希望设计一种有效的环境公共品供给机制以实现社会福利增进的代际性环境公共品的供给效率，并根据中国的实际情况，探索合理、有效的环境治理方式和实现路径。

为实现上述目标，我们设定了如下具体阶段目标。

（1）对比国内外研究，诠释环境公共品的代际外部性含义及特征，通过测度空气污染、水污染和垃圾污染三类代表性环境公共品的供给效率，了解中国当前环境公共品配置的现实状况。

（2）构建市场化条件下以 Tiebout[17] 机制为基础的戴蒙德动态化模型。先探讨只有企业和政府进行治污的“两部门供给模型”，分析环境公共品供给的帕累托最优条件，并进一步引入居民，构建涵盖政府、企业和居民共同治污的“三部门供给模型”，将环境公共品供给与地方政府行为做动态化分析，拟得出政府主导下实现环境公共品供给效率最佳的途径。

（3）对比环境质量评估的显示偏好法、陈述偏好法和幸福感测度法，分析公共产品价值评估的科学方法，厘清幸福感测度法的理论机制及其相对优势，并通过该方法具体测度中国各地居民对于环境保护的边际支付意愿，进一步比较各国居民边际支付意愿的差异。

（4）探索导致中国环境公共配置失衡的制度根源，识别中国居民的边际支付意愿低于发达国家的形成机制，并在此基础上提出政府主导下的居民和企业共同参与的环境公共供给机制，为政府决策提供借鉴和参考。

1.2.2 研究框架及思路

本书以环境公共品为研究对象，重点探讨其有效供给的机制及路径。基于居民参与环境治理的视角，从代际外部性特征入手，构建代际交叠模型，探索政府、企业和居民共同参与环境治理的激励机制及其实施措施。

本书在文献整理研究的基础上，基于公共选择理论、委托代理理论、契约理论等理论和方法，围绕研究问题进行理论建模。为此，本书首先进行环境公共品的生产效率和配置效率的测度，了解环境质量改善问题上政府投入产出的绩效；引入戴蒙德的世代交叠模型，从理论上构建政府主导下企业、居民共同参与环境治理的均衡模型（修正的戴蒙德模型）；进一步运用幸福感测度法，从理论上探讨居民参与环境治理的可行性，并对中国不同地区居民环境保护的边际支付意愿进行实证分析；在此基础上，探索导致中国环境公共品配置失衡的制度根源，识别中国居民的边际支付意愿低于发达国家的成因，进一步提出政府主导下的环境公共品供给机制及对策。具体的研究思路和研究框架如下。

（1）系统回顾环境公共品具有代际外部性的经典理论与现代发展，代际公共品影响社会民生的理论和实证研究，以及影响环境公共品供给决定的制度因素、环境公共品价值评估的三种方法。这是本研究的文献基础。

（2）重点梳理了环境公共品中空气污染、水污染以及垃圾污染的现状，分析了各类污染的主要源头，并进一步研究政府政策和当前环境公共品的主要供给机制，寻找问题的根源，探索制约我国环境公共品供给的因素。

（3）以戴蒙德的世代交叠模型作为基础，将环境公共品由政府提供以及政府主导下企业和居民共同供给两种模式分别导入模型，探寻帕累托改进，进一步对比研究，测度居民对环境保护的边际支付意愿，这是本书的核心内容。

（4）结合环境公共品的不同类型，对代表性环境公共品——洁净空气的供给进行实证分析，探索居民对环境保护的边际支付意愿测度法，并对显示偏好法、陈述偏好法和生活满意度测量法三种方法的相对优劣及其在中国的适用性进行评价，这是本书的方法论及本书主要的实证研究。

（5）结合“中国式分权”的背景，探索政府提供环境公共品的激励机制与行为特征，提出一整套提高环境公共品生产效率、造福子孙后代的政策方案。

本书的研究框架如图 1-1 所示。

1.3 研究方法

本书在文献研究的基础上进行逻辑推演和理论建模，继而对推演和论证结果进行实证分析，并进一步改进与完善模型。之后，本书将理论方法系统化、政策措施规范化，形成符合中国国情的环境公共品有效供给路径的设计思路。我们总结了如下几种具体的研究方法。

（1）理论研究方法。本书在文献整理研究的基础上进行理论研究，以戴蒙德的世代交叠模型为基础，按照环境公共品具有的代际外部性思路，探讨代际公共品由政府提供以及政府主导下市场供给的两种模式，探寻帕累托改进的可行性；进一步研究环境公共品价值评估的幸福感测度法，为激励居民参与环境治理提供科学依据。

（2）实证研究方法。本书运用计量经济学和公共经济学方法，对空气污染、水污染和垃圾污染三类代表性环境公共品进行居民边际支付意愿的实证分析，探讨理论运用于实际的可行性方案。

（3）文献研究法。我们通过查阅相关文献，分析对于公共品供给模式的已有研究，同时揭示现有环境公共品供给模式存在的问题，从而为后面提出具体分析奠定基础。

（4）比较研究和经验方法。通过对文献和相关研究报告的研读，本书比较发达国家和发展中国家环境公共品边际支付意愿的不同，进一步探索导致中国环境公共配置失衡的制度根源，识别中国居民的边际支付意愿低于发达国家的机制；对比分析各地区对于环境公共品供给的路径，确定较优方案。

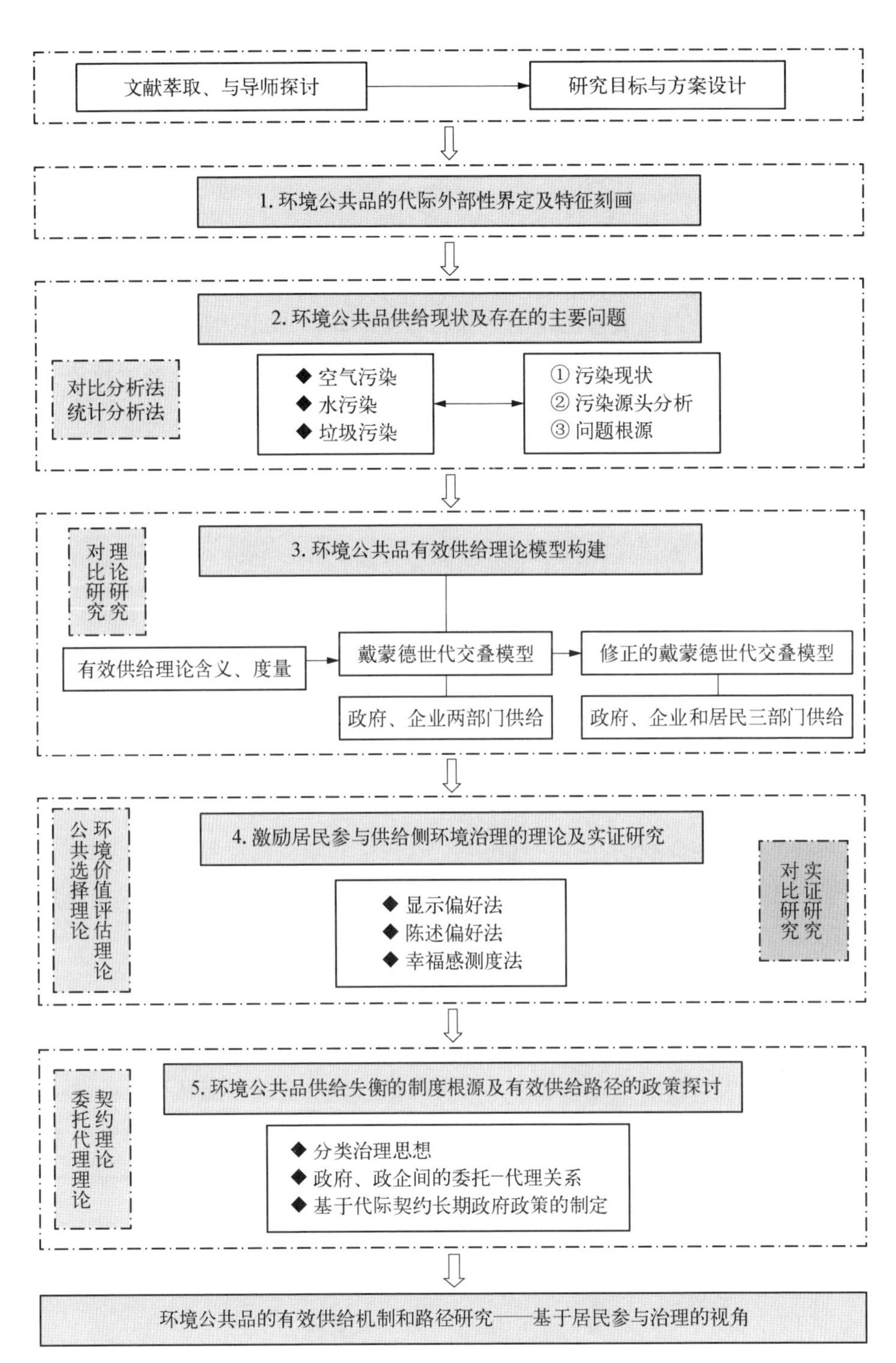
文献萃取、与导师探讨
研究目标与方案设计
1. 环境公共品的代际外部性界定及特征刻画
2. 环境公共品供给现状及存在的主要问题
对比分析法
统计分析法
◆ 空气污染
◆ 水污染
◆ 垃圾污染
① 污染现状
② 污染源头分析
③ 问题根源
3. 环境公共品有效供给理论模型构建
理论研究
对比研究
有效供给理论含义、度量
戴蒙德世代交叠模型
修正的戴蒙德世代交叠模型
政府、企业两部门供给
政府、企业和居民三部门供给
4. 激励居民参与供给侧环境治理的理论及实证研究
环境价值评估理论
公共选择理论
◆ 显示偏好法
◆ 陈述偏好法
◆ 幸福感测度法
实证研究
对比研究
5. 环境公共品供给失衡的制度根源及有效供给路径的政策探讨
契约理论
委托代理理论
◆ 分类治理思想
◆ 政府、政企间的委托-代理关系
◆ 基于代际契约长期政府政策的制定
环境公共品的有效供给机制和路径研究——基于居民参与治理的视角

图 1-1　研究框架

1.4 研究的主要内容及创新之处

1.4.1 研究的主要内容

1. *环境公共品的代际和空间双重外部性及供给现状分析*

厘清环境公共品具有的空间外部性和代际外部性的双重特征，有助于后续对环境公共品供给机制的进一步研究。空间外部性指的是某个经济主体对另一个经济主体产生一种外部影响，而这种外部影响又不能通过市场价格进行买卖。代际外部性指的是该公共产品的投资人和享用人（受益者或受损者）不在同一时间范畴，即代际公共品发挥作用的时间超过了投资人的存在时间，是由一代以上的人共同分享的特殊公共产品。代际公共品所具有的非排他性和非竞争性，不仅存在于空间范围内，更突出表现在时间领域。人们将公共产品在不同时间段内产生外溢性的这一特点称为公共产品的代际外部性[18]。环境公共品具有典型的代际外部性特征，这使得该类公共产品的供给更加困难。

本书系统分析我国环境公共品的供给现状，探讨适应中国实际的环境公共品供给机制。我们选择空气污染、水污染和垃圾污染等问题进行重点探讨，并与其他国家进行横向和纵向对比研究，发现当前供给机制下环境公共品供给的不足，进一步探索制约我国环境公共品供给的因素。

2. *构建居民参与环境公共品有效供给的世代交叠模型*

基于公共产品的政府供给、市场供给和自愿供给的不同机制与模式，以戴蒙德世代交叠模型为基础，本书先构建只有企业和政府情况下的两部门世代交叠模型，再引入居民，理论上演绎修正的三部门戴蒙德模型，推导激励居民从优质环境需求侧转变为供给侧的理论机制——促进“有形的手”向“看不见的手”转变，实现从局部到整体的均衡，最终达到帕累托改进以及社会福利的增进。

(1) 两部门（政府和企业）供给模型（戴蒙德世代交叠模型）

环境保护具有典型的公共产品特征，其消费的非竞争性和受益的非排他性使其有效需求无法真实体现，在供给过程中难以避免“免费搭便车”问题。由于空气污染具有典型的前向型代际公共品特征，其代内和代际外部性较明显，居民在“免费搭便车”的思想下，只能由政府通过向企业征收污染税来改善环境质量，矫正市场出现的外部不经济。

（2）三部门（政府、企业及居民）供给模型（修正的戴蒙德世代交叠模型）

在当前中国经济发展方式转型、各级地方政府财政预算趋于收紧的新历史环境下，尽管在严格条件限制下，市场化能带来代际公共品供给的帕累托最优，但 Rangel[19] 的研究表明，后向型代际公共品（如社会保障类）的提供能有效增加前向型代际公共品（如环境保护）的供给。本书该部分内容以此为基础，在契约理论、委托代理理论、公共选择理论等刻画中国现实的背景下，对上述两部门供给模型进行深化，试图构建更符合中国国情的模型，得出有意义的结论。为减少居民“免费搭便车”的行为，促进消费的可持续性，政府鼓励居民积极参与环境治理；对排污企业仍然采取征收碳税方式弥补市场失灵。

3. *居民参与环境公共品供给的可行性研究*

如何激励居民参与环境公共品的治理是本书进行制度设计和政策选择的重要考虑因素。本书首先比较了三种环境质量评估的方法（显示偏好法、陈述偏好法和幸福感测度法），其次说明了幸福感测度法在测度居民的环保支付意愿时具有的优势，并进一步通过对物质生活条件、技术水平、居民环保意识的对比来分析居民参与环境治理的可行性。

（1）测度环境质量评估的传统方法

环境质量评估的传统方法包括显示偏好法与陈述偏好法两类[20]。前者包括防护支出法、旅行成本法、内涵定价法（Hedonic Pricing Method）等，这些方法基于人们的市场行为和支付的费用来推断人们对环境质量的估价。但是，防护支出法只考虑环境污染所带来的直接成本，忽略其间接成本（如对景观的破坏），因而低估了环境质量的价值；旅行成本法则只适用于景点，且实施成本较高；内涵定价法则依赖瓦尔拉斯一般均衡的存在，忽视了信息不对称、迁移成本等市场不完善因素。后者主要是条件价值评估法（Contingent Valuation Method），其通过假想一种环境变化，要求被访者直接给出经济评估。这类方法适用面广，但将被访者被置于一个假想的陌生环境中，很可能导致估计的偏误。

（2）居民对环保支付意愿的度量——幸福感测度法

幸福感测度法也被称为生活满意度测量法，即基于幸福感决定函数推断人们对环境质量与收入水平两者之间的替代关系，由德国学者 Heinz Welsch[21]较早提出。与传统的环境质量评估方法相比，幸福感测度法具有突出特色。它通过直接观察效用水平（主观幸福感）来推断个人支付意愿的“价格”，在一定程度上克服了公共产品没有市场交易从而没有市场价格的理论障碍，因而比显示偏好法更为直接；同时，该方法没有让被访者直接承担环境质量的评估工作，且只需要被访者的主观幸福感、当地环境质量等少量信息，因而比陈述偏好法更为间接。总之，幸福感测度法是对传统环境质量评估方法的重要补充[20,22]。

（3）居民的物质生活条件及环保意识

本书通过对我国农村居民和城镇居民实际收入、恩格尔系数以及我国人均 GDP 的对比研究，来进一步说明居民参与环境治理的可行性；利用中国综合社会调查统计数据，分析我国居民的环保意识和环保常识，为后续激励居民参与环境治理做铺垫。

4. 激励居民作为环境治理供给侧的实证研究

前面已经通过理论模型构建说明了居民参与环境治理可以带来社会福利的提升，该部分内容以空气污染治理、水污染治理以及垃圾污染治理为例，利用幸福感测度法，将政府主导下的居民和企业共同治理污染的模型（三部门模型）引入其中，实证分析了在一定条件下，居民在污染治理过程中可以从洁净环境需求侧转化为供给侧。

实证分析部分在空气污染治理中引入了居民关心的房产问题来研究居民的环保支付意愿，主要是为了说明环境公共品在政府主导下激励居民和企业共同参与污染治理是可行的，具体环保支付的货币量也可以运用幸福感测度法进行测量，这样就能使异质性的个体进行差异化环保缴费。

通过对浙江省的“五水共治”案例进行研究，本书论述了在政府引导下，居民参与环境公共品的供给是完全有可能的，只要措施得当、奖惩分明，居民的参与热情是很高的。

再通过上海市的垃圾分类进一步论证供给机制的重要意义，政府行之有效的政策是激励居民参与环境公共品提供的重要一环。

5. 环境公共品配置失衡的制度根源和有效供给机制的政策研究

运用契约理论和合同理论，重点从环境公共品的代际外部性分析，设计一套适用于代际的激励奖惩机制，将当代人与后代联系起来，为减少当代居民“免费搭便车”的行为，政府鼓励居民积极参与环境治理；对排污企业仍然采取征收碳税方式弥补市场失灵，政府征收的环境税投入对环境质量的提升治理中，并且通过政府红包的方式激励治污效果较佳的企业，比如给予和税收同样额度的贷款支持等。

(1) 环境公共品配置失衡的制度根源和理论机制

该专题从中国“政治集权、经济分权”为特征的分权体制入手，研究导致地方政府行为扭曲和IPGs配置失衡的根源所在，探索其中的具体理论机制，按照如下逻辑进行。

第一，“中国式分权”的特征刻画。“中国式分权”的核心特征是“经济分权”与“政治集权”的紧密结合。“经济分权”是指地方政府负责地方经济政策制定以及地方公共产品提供（全国80%以上财政支出为地方政府支出），“政治集权”是指中央政府一直保持在政治上的垂直管理，中央政府在很大程度上拥有地方政府官员人事的任免权。对“中国式分权”特征的刻画是政策制定的前提。

第二，政府间的委托-代理关系。此部分重在厘清中央政府和地方政府之间的财权关系。

第三，分权体制下的环境公共品供给行为和配置效率。本书重点分析在当前中国经济发展方式转型的新历史背景下，应当如何改进这一根本性的制度安排。

(2) 环境公共品有效供给的政策探讨

通过上述研究，我们厘清了环境公共品配置失衡的根源所在，与Tiebout机制相似，地方政府会为绩效而展开激烈竞争，但与Tiebout机制的差别在于，由于中国户籍制度限制人口自由迁徙以及地方政府“对上负责”的行为激励，地方政府会更加激励短期内（或者官员任期内）促进经济增长型的代际公共品的提供，例如道路桥梁等基础设施建设，而相对忽视改善民生型的代际公共品，例如环境保护、教育、医疗卫生等公共服务，而这些IPGs才是促进经济长期可持续增长的必要条件。面对当前经济增长但环境代价较大的情况，政府如何介入治理才行之有效？环境公共品市场化供给的政策如何制定？选择何种供给机制及路径？

1.4.2 本书的特色与创新之处

1. 环境公共品是典型的代际公共品，而代际公共品供给失衡，出现了前向型代际公共品供给严重不足。从理性人假设出发，当代人站在自己的立场上进行的决策很少考虑后代人的利益，相对于为当代人提供老年保障的后向型代际公共品而言，这种有利于子孙后代的前向型代际公共品供给严重不足。本研究为前向型代际公共品有效供给提供了可行方案。

2. 环境公共品有效供给模型适合对中国代际公共品有效供给的路径进行分析。由于戴蒙德的世代交叠模型正是用于研究代际交叠经济的，考虑到动态的无限交叠情况，本研究在原模型基础上进行了改进，探讨政府提供以及政府主导下企业和居民供给环境公共品的两种供给模式，探寻并比较了何种模式能实现帕累托改进，这在理论上是一大创新。

3. 此研究运用幸福感测度法从理论上探讨居民参与环境治理的可行性，并对中国居民进行环境保护的边际支付意愿进行实证分析，探索环境公共品配置失衡的制度根源和理论机制，从而为发展中国家的环境公共品供给提供了科学的决策依据。

4. “中国式分权”的制度安排是中国代际公共品配置失衡的重要根源。以“政治集权、经济分权”为核心特色的分权体制，促使地方政府致力于经济增长等可观测和可比较的任务，而忽视了如教育、环保、医疗等难以观测和比较的改善民生的工作。本书从环境公共品的代际外部性出发，激励居民共同参与环境治理，政府负责出台可持续性发展的政策，对政府、企业和居民“合力治污”进行研究，进一步利用契约理论提出政策建议，这在研究策略上是一大创新。

第2章　理论基础及文献研究

2.1　研究的理论基础

环境公共品的研究涉及代际外部性理论、利他主义理论、公共产品供给机制理论、公共选择理论、合同理论和激励理论等。

2.1.1　公共产品与代际公共品理论

公共物品的理论研究源于Paul Samuelson[23]的经典理论界定，他将社会产品分为公共产品和私人产品，按照Samuelson在《公共支出的纯理论》中的定义，纯粹的公共产品或劳务是指每个人消费这种物品或劳务不会导致别人对该种产品或劳务消费的减少。主要从非竞争性和非排他性两大特征进行分析。非竞争性一方面是指边际成本为零，即增加一个消费者并不增加供给者的边际成本；另一方面是指边际拥挤成本为零，即每个消费者的消费都不影响其他消费者的消费数量和质量。

在公共产品中，部分产品或服务的功能具有代际传承的意义，环境公共品就具备这样的特征，属于代际公共品中的一类。熊晓莉[24]认为，公共产品所表现出来的非排他性和非竞争性，不仅存在于空间维度内，在时间范畴内也表现得十分突出。她将公共产品在不同时间区间内的外溢性特征称作公共产品的代际外部性。

“代际物品”的概念发展后，Cornes和Sandler[25]对代际外部性进行研究并提出了“代际俱乐部”理论，认为俱乐部会员需要承担的一个重要成本就是时间性的“因为使用而引起的贬值”。基于该特点，他们运用“跨时间”（代际）模型来对公共产品的代际特征进行检验，并据此讨论什么因素会对代际公共品供给产生影响，尤其分析了政府行为对其供给的影响。“因为使用而引起的贬值”发生在当代和后代成员之间，所以这个代际模型是以承认未来成员的存在和连续性为重要前提条件的。代际俱乐部理论建立了“跨时间”（代际）模型，引入贬值函数来反映时间特征，而传统模型在分析公共产品问题的时候，没有考虑时间性的因素，这正是该理论的突出贡献之处。

Lowry[26]认为，代际公共品是为未来的人生产的物品或提供的服务，例如在一定的自然条件下，为后代人存留并保护的一部分土地、社会保障、退休养老金、为循环使用或者开发可更新使用能源者设置的税收激励、长期坚持的空间（太空）探索。赵时亮[9]指出，代际公共品是在代际交叠经济背景下客观存在的公共产品，指的是超过一代以上的人分享使用的产品。相对于代内公共品，代际公共品具有明显的代际外部性，具体表现在供给主体与消费主体超出了一代人的范围，在代与代之间具有显著的非排他性和非竞争性。代际公共品指的是涉及两代或多代人投资与收益关系的公共产品，是对一般意义上的公共产品在时间维度上的延伸。

由于代际公共品本身概念的抽象性和复杂性，大量的文献对其进行了阐述，并且罗列了不同的分类情况。比较容易理解的是根据“代”进行的划分，就是指一般意义上的公共产品发挥的作用不止于一代人，为代际公共品。这里的主要划分标准是“代”的确定，有以人口学意义上的 10 年为一代，有以政府一届任期（5~6 年）为一代，有以家庭模式下的“辈”如老、中、青三代或老年、青年两代。

布坎南的“俱乐部物品”和奥尔森的“副产品”理论证明，任何公共产品都与某一组织相联系，是组织内部成员的公共产品。Sandler 提出“代际俱乐部”理论后，众多学者将上述关于“组织系列”的思想引进代际公共品的分类中，可以根据与其相联系的“组织”对代际公共品进行分类。由各类社会组织组成的完整的组织系列中的一极是最小的公共组织（可以由两个人组成），另外一极是最大的组织（超国家的全球性组织）。

在这两极之间，排列着从小到大的各种社会组织。比如，家庭教育问题的边界是家庭，讨论的是家庭内部各代之间关于教育的投资和享用的问题；而环境污染这类代际公共品则是跨国界的，讨论的是不同国家间关于这类跨国界代际公共品的提供问题。

一个常见的划分是根据代际公共品效用产生的方向进行的[19]，如果以当代人为研究对象，现在投资某公共产品，但这类公共产品是对后代（子女辈）或是父母辈发挥作用的，那么我们将现在投资对上代发挥效用的公共产品称为后向型代际公共品（Backward Intergenerational Goods，BIGs），如社会保障，将对下代发挥效用的公共产品称为前向型代际公共品（Forward Intergenerational Goods，FIGs），如公共教育、环境保护等。借助正外部性和负外部性的概念，我们也可以将代际公共品划分为好的代际公共品和坏的代际公共品，一般称为代际公共益品和代际公共劣品，比如环境保护和研究开发就属于代际公共益品，而不良习惯、不好的政治制度则属于代际公共劣品。

根据公共产品代际外部性产生的原因——投资人和受益人所处“代”的情况进行划分，当投资人与受益人处于不同“代”，如教育和养老保障，投资人投资后由后代或上代受益，其供给要靠信用机制来维持，这类公共产品被称为信用型代际公共品；另一类则是投资人与受益人处于同“代”，并且公共产品发挥作用的时间超过了（投资的）一代人的存在时间，（受益的）后代人通过继承公共资本存量的形式享受到它们带来的利益，我们将此类公共产品称为耐用型代际公共品，比如公路、公共建筑等[27]。

我们也可按公共产品本身的属性把它分为制度性代际公共品和物质性代际公共品，比如国家的政治制度就属于前者，而诸如环保、教育等则属于后者。

对代际公共品类型的梳理，便于展开有效的研究。不难看出，由于代际公共品投资和受益人不在一个时空领域内，造成的代际外部性不可避免，因而本书对于环境公共品的研究主要聚焦于代际外部性的分析。

2.1.2 公共品供给机制理论

公共产品理论是公共经济学领域的主要理论成果集。最早的理论成果是 1919 年的林达尔均衡模型。林达尔认为，在公共产品供给中，个人有依据自己意愿的价格购买公共产品总量的平等权利，因此在税收议价条件下，政府可以得到一个林达尔税收体系来保障公共产品的供给。

对于一般公共品，Musgrave[28] 与 Samuelson[29] 都认为，由于公共产品具有消费的非排他性和非竞争性，私人供给必定存在效率或福利损失，因此，必须由政府供给。庇古通过庇古税等措施，修改公共资源消费的外部性影响，有效协调经济活动中不同主体之间的利益关系，并强调外部效应内部化是解决外部性的最为有效的措施。而此后的文献研究则表明了私人在提供灯塔、教育、法律与秩序、基础设施、农业科研以及其他公共产品方面的潜在力量。那么，有关代际公共品的供给路径到底是由政府供给有效还是由私人供给更有效呢？抑或由政府与私人共同供给更有效？

公共产品供给机制是从供给主体和运行机理的角度抽象出的公共产品供给模式。早期受新古典主义影响，西方学者对公共产品的供给和治理持有悲观的论点。由于公共产品产权不清导致外部性，无法有效制止使用者“搭便车”的行为，因而其供给必然不足。同样，由于公共开放资源的产权界定不清，出于自利，个人必然过度攫取公共资源带来的利益，从而导致租值耗散。这一问题始终与公共选择和社会选择的社会困境（Social Dilemmas）中的合作、“搭便车”和集体行动问题紧密联系。哈丁称之为“公地悲剧”，博弈论称之为“囚徒困境”，而 Olson 则将个体理性导致集体非理性这一过程归纳为“集体行动的逻辑”，理性的资源使用者容易发生非理性的集体行动问题，而不会选择合作①。这部分研究有四个经典的模型：Olson[16] 的“集体行动的逻辑”、Dawes[30,31] 的“囚徒困境”、Hadin[32] 的“公地悲剧”以及 Ostrom[15] 的“公共事物的治理之道”。其中 Hardin 的“公地悲剧”和 Dawes 的“囚徒困境”均说明了分散的个人决策系统不可能对公共物品进行有效供给，理性的个体不可能会合作，经济学家常常用来证明政府供给的必要性和市场供给失灵。政府介入无非是政府直接管制，常用的手段是命令与控制，当然面对外部性，政府也会采取

① 闫佳、章平、许志成：《公共政策和社会偏好双重激励下的公共品自愿供给研究》，载《软科学》2014 年第 2 期。

手段对正外部性的企业实行激励，而对于负外部性的企业则采取税收处罚的方式，通过税收调节以确保边际社会收益和边际社会成本相等，但事实上政府也并不可能掌握所有的相关信息以制定正确的政策，而且政府可能受到相关利益集团的干扰。数十年来的发展证明，政府直接干预的实际效果并不理想，政府干预也有各种失灵现象。另外一种模式就是市场供给，主要是将公共产品的产权私有化。代表人物科斯提出，如果产权界定明晰并可以自由交易，那么不论产权归属于谁，最终的结果都是帕累托最优的。因此，只要产权明晰，公共产品的供给完全可以由私人来完成。看似很完美的理论，但是存在的突出问题是产权交易的过高成本会破坏这种治理模式的有效性。

Ostrom 在对大城市地区的警察服务进行详细的实证分析之后，发现"在公共经济中，不只有政府（托马斯·霍布斯的主权理论）和市场（亚当·斯密的市场理论）两种秩序"。之后，Olson 首次对公共产品自愿供给理论进行了开创性的分析，在《集体行动的逻辑》中回答了为什么有的组织可以成功提供公共物品，奥尔森发现小规模的集体更容易达成供给。而 Bergstrom 等[33]则探讨了不同程度财富再分配对个人捐赠的不同影响，他们对自愿捐赠非合作一般模型的分析堪称公共产品自愿供给分析的经典。Ostrom 的《公共事物的治理之道》比较乐观，她用大量的案例进行经验分析，研究了委托人如何才能通过自主治理，使所有人在面对"搭便车"、责任规避或机会主义行为的诱惑时，取得持久的共同利益。樊丽明[34]对公共产品的政府供给、市场供给和自愿供给机制进行了详细分析，认为公共产品市场供给机制是营利组织根据市场需求以营利为目的、以收费方式补偿支出的机制；政府供给机制则是在市场进行资源配置的基础上进行的，以公平为目的、以税收和公共收费为主要筹资手段，属"第二层次"的机制；而自愿供给机制是在市场、政府机制发生作用的基础上进行资源配置的，以利他为目的、以捐赠为主要方式，属"第三层次"的机制。

2.1.3 利他主义理论

由于公共产品的"免费搭便车"问题，出于利己主义的理论无法解释私人自愿供给公共产品的现实情况。而亚当·斯密（1759）在另一名著《道德情操论》中，认为“同情心”使得利他行为存在，并用同情的原理来解释人类正义感和其他一切道德情感的根源，是社会得以维系的基础，他将“从他人的幸福中获得快乐”的利他主义看作人类的本性之一。

Becker[35]提出了利他主义动机论，建立了含有利他主义因素的代际交叠模型，提出了家庭成员之间的无私馈赠等财富转移使得家庭总体效用最大化。

Becker[36]通过传统经济学的理性人假设，将后代的效用纳入当代人中分析，成功地将利他主义纳入主流经济学的研究范式中。特别指出的是，Becker的利他性指的是行为结果，也就是说个体行为结果对他人有利，而实际上在动机上还是个体的理性（自利性）。他认为，“利他主义鲜见于市场而多见于家庭的主要原因在于市场交换中利他主义的效率低；而在家庭生活中利他主义的效率较高”。

Collard[37]认为，个体的无私行为会带来个体或群体利益，而且利益大于成本。Andreoni[38]提出“温情效应”，认为经济人从捐赠行为本身获得效用提升，并且别人的捐赠不能完全替代自己的捐赠行为。以西蒙为代表的有限理性理论[39,40]，从行为动机上解释了利他主义，他认为，“如果为了另一个人的财富或权力而牺牲了自己的财富和权力，那么其行为就是利他主义的，如果寻求财富和权力的最大化，那么其行为就是自私的”。Andreoni[41]认为，当个人仅具有利己心的时候，个人面对公共产品总会选择“搭便车”，而现实中，个人对公共产品的供给并非为零，个人利他主义是存在的，当个人利他时，他的效用水平不仅是个人产品消费数量的函数，而且是公共产品总量的函数，即个人不仅关心自己对私人产品的消费，而且还关心其他人对公共产品的消费，但对谁捐献的公共产品并不关心。

有学者提出了公共产品资源供给的“光热效应”，即私人通过提供公共产品帮助他人而自己也得到一种心理上的补偿，这种心理上的补偿包括地位、威望以及社会认可度等。胡石清和乌家培[42]通过综述现有理论及实证结果，发现个体的利他主义实质上是“扩展的自利”，其含义不再是自己的利益，而是与自己相关的利益，包括对亲代的关心、对周围人的关心、对社会的关心。

从现有研究来看，学者们将利他行为分为亲缘利他、互惠利他与纯粹利他三种形式[43]。Hamilton[44]指出亲缘利他是有血缘关系的生物个体为自己的亲属做出某种牺牲，并说明了能够提供亲缘利他的物种在生存竞争中具有明显的进化优势。Hamilton 提出亲缘选择理论，不同个体之间的友好度由他们之间共享的“血缘”比例决定。个体会产生利他行为，从根本上说自然选择作用于基因，而基因不会利他，Hamilton 成功地从个体角度解释了生物界普遍存在的亲缘利他行为。

Trivers[45]认为互惠利他是指没有血缘关系的生物个体，为了回报而相互提供帮助。Axelrod 和 Hamilton[46]发展了合作进化理论，运用博弈方法得出了在自利假设条件下互惠利他的行为解释。Rabin[47]开创性地利用心理博弈框架构建基于动机的互惠偏好经济学理论模型，将互惠定义为一种“以德报德、以怨报怨”的愿望，具体分析了人们生活中广泛存在的这种互利行为。

Fehr 和 Schmidt[48]的差异厌恶模型以完全信息为前提，假设人们因为收入的不均等会伤害他们的效用水平，在他们的模型中参与者不仅关心自己的利益，还关心他们的收益与其他人收益之间的差别，这种理论假定人们在一定程度上厌恶收益上的不平等，并且厌恶对他们不利的不平等胜过对他们有利的不平等。如果将这种理论运用于公共物品，只要不平等厌恶者相信其他人会自愿贡献，那么他们也会自愿贡献。Bolton 和 Ockenfels[49]提出了基于不完全信息假设的 ERC（Equity、Reciprocity 和 Competition）模型。他们认为，个人的行为不仅被自身的绝对收益驱使，也为相对收益所激励，构造了被称为激励函数的效用函数。

Edwards[50]给出了纯粹利他行为的生物学解释，提出群体选择学说，认为遗传进化是在生物种群层次上实现的，当生物个体的利他行为有利于种群利益时，这种行为特征就可能随种群利益的最大化而得以保存和进化。

2.1.4　契约理论

契约理论是研究在特定交易环境中不同合同人之间的经济行为与结果，往往需要通过假定条件在一定程度上简化交易属性，通过建立模型来分析并得出理论观点。首先需要明确的是契约理论究竟包括了哪些理论流派？按照 Brousseau 等的观点，契约理论应包括：激励理论（Motivational Theory）、不完全契约理论（Incomplete Contract Theory）和新制度交易成本理论（the New Institutional Transaction Costs Theory）。激励理论是在委托代理理论（完全契约理论）的基础上发展起来的，而布坎南提出的用契约研究公共财政的公共选择方法主要用来分析“公共秩序”。契约理论主要包括委托代理理论、不完全契约理论和交易成本理论三个理论分支，这三个分支都是解释公司治理的重要理论工具，它们之间不存在相互取代的关系，而是相互补充的关系。

曾经，企业被当成一个“黑匣子”，学者们主要研究在利己动机的驱动下，厂商组织生产要素以获取利润最大化，但是信息不对称以及企业内部的激励约束问题却被忽略了。直到 20 世纪 60 年代末 70 年代初，Wilson[51]、Ross[52]、Mirrlees[53]等学者深入研究企业内部结构，逐渐发展成了现代企业理论，比较经典的是委托代理理论和交易成本理论。委托代理理论又称合约理论，建立在信息不对称基础之上。在两权分离的前提下，由于存在委托人的“隐藏行动”和代理人的“隐藏信息”引起的机会主义和道德风险问题，需要设计事前的“最适激励”机制，即事前设计一种完全合约来解决风险分担和有效激励的两难问题。经典委托代理理论是研究合约、企业理论及公司治理理论的主流，因为它对许多现象有很强的解释力。委托代理理论遵循的是“经济人”假设前提，并且委托人和代理人之间存在信息不对称问题。当两者的利益相互冲突时，代理人一般会产生“道德风险”问题，最早的委托代理模型就是在信息不对称和利益不一致的前提下进行推导的。Arrow[54]指出，委托人选择具有不同专业知识的代理人形成一个团队，但他不可能期望完全观察到代理人的种种表现，当代理人的信息不完备时，委托人将某项任务授予与自己的目标函数不同的代理人就会带来很多问题，这就是激励问题的起源。乔治·阿克洛夫在1970年发表的《柠檬市场：质量的不确定性和市场机制》一书中，解释了在非对称信息的情况下，不利选择会导致市场上出现格雷欣法则所描述的“劣品驱逐良品”的现象，这时市场机制所实现的均衡可能是无效率的均衡。

Holmstrom[55]、Grossman 和 Hart[56]等把这种非对称信息应用于激励机制中，主要解决委托-代理关系中存在的信息不对称问题，即代理人不以委托人利益最大化为目标的“道德风险”和“逆向选择”，形成了激励契约理论。Williamson[57]指出完全契约理论（机制设计理论）和不完全契约理论主要讨论前端激励安排问题，而交易成本理论主要研究契约的实施问题（后端问题）。完全契约是以完全竞争市场的假设条件为前提，人的有限理性及交易成本导致了契约的不完全性。

交易成本理论是由诺贝尔经济学奖得主科斯[58]提出，该理论的根本论点在于对企业的本质加以解释。科斯开创的企业理论提出了新古典经济学忽视的问题：企业为什么出现？科斯认为，由于市场交易运行用价格机制配置资源，但这种交易是有成本的，即存在所谓“交易费用”；通过在一个组织（企业）内用“权威”来配置资源，可以节约交易费用，于是形成企业。企业组织内部也有交易费用，当在企业组织内部组织交易的边际费用等于在市场完成这笔交易的费用时，企业就达到了它与市场的边界。之所以会产生交易成本，Williamson 认为主要是由人性因素与交易环境因素交互影响下产生了市场失灵，进而造成交易困难所致。

交易成本主要产生的原因有：（1）人的有限理性，是指参与交易的人，因为所受教育、文化背景、身心、智能、情绪等限制，在追求效益极大化时所产生的限制约束。（2）投机主义，是指参与交易的各方，为寻求个人利益而非集体利益采取的欺诈手法，同时增加彼此的不信任与怀疑，因而导致交易过程中监督成本的增加而降低经济效率。（3）不确定性与复杂性，由于环境因素中充满不可预期性和各种变化，交易双方均将未来的不确定性及复杂性纳入契约中，因而使得交易过程增加不少订正契约时的议价成本，并使交易困难度上升。（4）专用性投资，交易所投资的资产本身不具市场流通性，或者契约一旦终止，投资于资产上的成本难以被回收或转换用途，这一性质被称为资产的专用性。某些交易过程具有明显的专属性，或因为异质性信息与资源无法流通，使得交易对象减少，造成市场被少数人把持，进而导致市场运作失灵。(5) 信息不对称，因为环境的不确定性和自利行为产生的机会主义，交易双方往往握有不同程度的信息，一方掌握的信息较另一方更多，使得市场的先占者因为拥有较多的有利信息而获益，并形成少数交易。(6) 气氛，是指交易双方若互不信任，且又处于对立立场，无法营造一个令人满意的交易关系，使得交易过程过于重视形式，徒增不必要的交易困难和成本。

追根溯源，发现交易成本的大小主要由资产（或交易商品）的专用性、交易的不确定性和交易频率所决定。人类有限理性的限制使得人们在面对未来的情况时，无法完全事先预测，加上交易过程买卖双方常发生交易信息不对称的情形，交易双方继而通过契约来保障自身的利益。因此，交易不确定性的升高会伴随着监督成本、议价成本的提升，使交易成本增加。另外，交易的频率越高，相对的管理成本与议价成本也越高，交易频率的升高使得企业将该交易的经济活动内部化以节省企业的交易成本。

交易成本又被称为交易费用，主要分为以下几项：(1) 搜寻成本，包括商品信息与交易对象信息的搜集；(2) 信息成本，包括取得交易对象信息和与交易对象进行信息交换所需的成本；(3) 议价成本，即针对契约、价格、品质讨价还价的成本；(4) 决策成本，即进行相关决策与签订契约所需的内部成本；(5) 监督成本，即监督交易对象是否依照契约内容进行交易的成本，例如追踪产品、监督、验货等；(6) 违约成本，即违约时所需付出的事后成本。Williamson[59] 进一步将交易成本加以整理，区分为事前与事后两大类。事前的交易成本包括签约、谈判、保障契约等成本。事后的交易成本指的是契约不能适应所导致的成本，包含讨价还价的成本，即两方调整适应不良的谈判成本，建构及营运的成本，为解决双方的纠纷与争执而必须设置的有关成本；约束成本，即为取信于对方所需的成本。Dahlman[60] 则将交易活动的内容加以类别化处理，认为交易成本包含搜寻信息的成本、协商与决策成本、契约成本、监督成本、执行成本与转换成本，说明了交易成本的形态和基本内涵。简言之，所谓交易成本就是指当交易行为发生时，随同产生的信息搜寻、条件谈判与交易实施等的各项成本。

伴随着理论的发展，一些学者逐渐发现了以上理论的一些不足，不完全契约理论慢慢盛行起来。

2.1.5 不完全契约（合同）理论

合同理论兴起于20世纪六七十年代，该理论试图揭示理性的经济主体之间的合同关系。然而，与所有的科学研究一样，合同理论内部也存在不同的分支或学派，并且它们之间还存在继承与发展的关系。从总的趋势来说，随着研究的深入，合同理论研究的热点正在从完全合同理论转移到对合同不完全性的关注。不完全契约理论也被称为不完全合同理论，是对完全契约理论与交易成本理论的批评。"不完全合同理论"被学术界更多地专指以格罗斯曼和哈特（Grossman-Hart）以及哈特和莫尔（Hart-Moore）所开创的分析框架，往往被简称为GHM理论。GHM理论以合约的不完全性为研究起点，以财产权或（剩余）控制权的最佳配置为研究目的，是分析企业理论和公司治理结构中控制权的配置对激励和对信息获得影响的最重要的工具。GHM理论直接承继Coase、Williamson等开创的交易费用理论，并对其进行了批判性发展。

Hart于1991年指出，代理理论的道德风险和逆向选择会导致契约方发生冲突，信息不对称的引入会导致所有权与签订完全的契约无关，使得契约成为次优状态，进而无效率将成为信息不对称函数的因素，这种函数关系取代了所有权，因此在一个交易成本巨大且契约不完全的世界中，代理理论显然不能提供一个关于企业所有权概念的合理解释。Hart于1995年再一次对完全契约理论提出批评，他认为完全契约假设了一个在均衡路径中重新协商的契约都存在一个无须重新协商的等价契约。这与现实是不相符的，在现实中契约是不完全的，并且无时不在修改或重新协商之中。Tirole指出，委托人在完全契约条件下可能面临着一定的福利损失（相比较不完全契约条件)。

表 2-1 对比研究了完全合同理论和不完全合同理论的相似之处和不同点，从委托代理理论到交易费用经济学再到不完全合同理论，对其理性状态、风险偏好、信息条件、面临的问题、解决方案以及合同完全程度和功能等均做了比较。

表 2-1　从完全合同理论到不完全合同理论①

	理性状态	风险偏好	信息条件	面临的问题	解决方案	合同完全程度	合同的功能
委托代理理论	充分理性	风险偏好差异	信息不对称	代理风险	设计可执行合同	完全	为委托人利益最大化服务，风险分担机制，激励
交易费用经济学	有限理性	风险偏好中性	信息不对称	与代理投资相关的敲竹杠风险，环境的不确定性	各种治理方案（双边治理到企业治理）	不完全	适应性（节约有限理性）；事前激励
不完全合同理论	充分或者相当理性	风险偏好中性	签约人与第三方信息不对称；但签约人之间信息对称	与专用性投资相关的敲竹杠风险	财产权的重新配置（一体化）	不完全	事前激励

人们签订长期合同的原因通常是期望通过合同预先规定缔约方的权利和责任，从而应对充满不确定性的未来。尤其是在未来的交易需要一些早期投资的情况下，保证恰当的投资激励就是一个至关重要的问题。Hart 和 Moore[61] 曾指出，“信息不对称是离开事后可缔约路线的不完全合同理论的一个显然的可能方向”。但如果初始的合同是不完全的，那么在事后投

① 杨其静:《从完全合同理论到不完全合同理论》，载《教学与研究》2003 年第 7 期。

资者就会被其他缔约方敲竹杠。因此，事前投资的激励问题就是在不完全合同条件下需要研究的重要问题。通常事前关系专用性投资的激励问题被称为事前效率问题。与之对应的事后效率问题是指当状态实现之后不能无成本地再谈判时会导致哪些无效率或低效率问题。相对于事前效率来讲，事后无效率的来源就更多了：关于事后适应性决策权威的配置与决策收益不匹配所带来的成本，事后讨价还价过程所带来的诸如时间、精力的成本，事后再谈判过程中因为信息不对称而丧失有效率的交易机会的成本，事后因为信息不对称导致有信息的一方选择无效率的行动的效率损失，以及事后的寻租成本、影响成本或说服成本等。

Bolton 和 Dewatripont[62]的合同理论巨著中关于不完全合同理论部分已经对不完全合同理论模型做了一些分类，他们提到三种模型：行动事前不可缔约而事后可缔约的模型（套牢问题）、行动事后不可证实的模型、收益事后不可证实的模型。相对于他们的工作，本书所涉及的模型还包括部分可缔约的情况。此外，本书所归纳的理论范围更广并对主要分类进一步地细化，而且本书着重比较不同假设下的理论模型所适用的研究主题或现象。Gibbons[63]也曾以合同事后是否可缔约以及合同的事前和事后效率为标准对企业理论做了四种区分，即激励系统的企业理论、适应性的企业理论、产权的企业理论和寻租的企业理论。蒋士成和费方域[64]将不完全合同理论的模型分为四种类型，即行动事前不可缔约而事后可缔约的事前效率问题模型，行动事前和事后都不可缔约的事前和事后效率问题模型，事前部分可缔约的事前和事后效率问题模型，收益事后不可证实的事前和事后效率问题模型。

蒋士成等[65]对第一代不完全合同理论进行了拓展，归纳为内生不完全合同理论。他们认为，第一代不完全合同理论是在合同不完全假设下，研究以控制权配置为特征的合同和制度现象的理论，而内生不完全合同理论则把合同和制度本身以及其具体形式看作最小化交易成本的内生工具。内生不完全合同理论对影响事前和事后缔约成本因素的研究从早期的“不可预见性”“不可描述性”“不可证实性”逐渐拓展至人的“有限理性”和“心理或行为”因素。我们通常认为，一些低效率现象是有关法律或制度不完善或是执行不力导致的。然而，内生不完全合同理论告诉我们，过于完备的法律和制度以及过于严格的执行反倒可能导致低效率。理解了这一点以及导致低效率的原因，我们就可以理解不同国家的法律和制度之间的差异。再例如，第一代不完全合同理论告诉我们，权力应该在不同利益方之间如何分配，即应该集中还是分散，应该配置给这一方还是那一方。而内生不完全合同理论则告诉我们，权力是否应该被更完美的制度所约束，在制度的演化过程中，为什么有时制度看上去会倒退而决策者的权力会扩大，而另一些时候权力又会被严格的制度所取代。在引入有限理性和行为因素之后，基于不同的认知水平和文化背景的内生不完全合同理论可以解释，为什么不同的文化背景和认知差异会导致不同国家在制度设计以及制度运行效率上的差异。"合同作为参考点"的理论则可以帮助我们理解制度对利益相关者所预期的自身利益的锚定效应以及制度变化所产生的成本。

2.2　环境公共品的研究综述

围绕研究主题，本书重点对环境公共品的代际外部性特点及其供给模式进行文献梳理。

2.2.1　代际公共品的特征分析

针对代际性特征，学界重点讨论了以下几个问题，试图更清晰地破解代际公共品的内在特征。

1. 代际外部性

环境公共品代际的正外部性表现为当代人承担公共产品的投入成本，而后代不付代价就可以获取额外收益[66]。Conley 着重研究了以物质或资产形式被生产、使用和转移的代际公共品的代际外部性，即"公共产品的代际外部性理论"。如果代际外部性不能得到相应程度的内部化，此类代际公共品就将面临系统性的供给不足。他认为，由地方政府提供公共产品可以把代际外部性完全内部化。相反，中央政府根据全国平均需求水平提供公共产品是不能够把代际外部性加以内部化的。区域间外部性的存在又抵消了由权力下放来提供公共产品的福利效果，造成了效率损失。考虑到上述因素，政府部门必须根据代际外部性和行政区域间外溢性的相对强度来设计代际公共品的供给机制，在中央政府供给与地方政府供给两种制度安排之间进行合理选择。

李郁芳[66]提出，政府供给公共产品的行为外部性分为两个方面：一个是空间外部性；另一个是时间外部性。比如，时间的正外部性表现在当代人承担公共产品的投入成本，而后代不付代价就可以获取额外收益。郭骁和夏洪胜[67]指出，代际外部性存在的主要原因是产权在代与代之间的不完备性。由于代与代之间的“交易内部人”与“交易外部人”两者之间不存在直接的交易协议安排以协调他们之间的权益，所以才导致了外部性问题的存在。而造成代际“交易内部人”与“交易外部人”之间不存在直接的交易协议安排的原因主要是产权在代与代之间的不完备性。李郁芳和孙海婧[68]提出，代际公共品对同一空间的公众而言，代际外部性正向和负向作用大小会随着时间的变化而变化，并且是难以界定的。对当代居民有正外部性的代际公共品，对同一地区的后代居民所产生的代际外部性可能为正也可能为负。

2. 后代的代理人缺位

Antonio Rangel[19]提到，当当代人行为发生时，后代成员尚未出生，他们无法与当代人谈判沟通，当代人和下一代人或下几代人之间也无法形成一个约束合同来实现公共产品供给，正是由于后代在当代不具备投票权、选举权和谈判权，在公共选择的过程中，无论是代议型民主制，还是直接民主制，在代际公共品的供给决定方面难免会由于后代代理人的缺位而存在短视行为。

由于前一代人的行为而产生的本属于前一代人的有关权益，有可能发生在未来的若干代，由于时间上的代际阻隔，前代人并不能拥有这部分权益的产权。表现为现期主体的未来权益产权的缺失。由于代与代之间存在着产权缺失的现象，使得作为“交易内部人”的前一代人的行为对作为“交易外部人”的后来若干代人的权益造成了事实影响[68]。郭忠杰[69]指出，代际权益主体之间如果不通过产权制度，而通过其他形式达成直接交易协定，其成本就无限大，因为后代权益主体缺位，其无法与当期的权益主体人进行直接交易协议，所以当期权益主体和后代权益主体达成其他直接交易协定的成本也无限大。

3. 环境公共品的贬值效应

环境公共品的跨时间折旧性特征即贬值效应，继 Sandler 代际俱乐部理论考虑到了代际公共品的跨时间折旧性特征后，李郁芳在研究物质型代际公共品后指出，由当代人（或上代人）投资的公共产品，其作用发挥超过一代人的存在时间，后代通过继承公共资本存量的形式来享受其所带来的利益。这类公共产品以耐用性、耐消耗性为特征，其本身价值和使用价值会随着时间的推移而消耗。他提出，"贬值率"和"留存率"是研究这类公共产品时必须考虑的问题。李郁芳和孙海婧[27]认为，由于折旧所造成的消费的减损、贬值现象可能以运转效率的损失、再生产能力的下降，或可用地区的减少等形式出现。

4. 代际公平性

代际公平性是指资源代际配置在代与代之间保持一种公平的关系，在代与代之间形成一种公平的合理消费关系，不会出现某一时间过多的低效消费，也不会出现在某一时间过少的不足消费。作为代际公平理论奠基者的 Weiss[70]提出了当代人与后代人之间的受托与委托关系，因此当代人一方面有权利使用前辈人遗留的资源（文化、环境等），另一方面更有义务将这些资源照顾、保持好，以完成受托者的责任。美国学者 Page[71]倡导代际公平，他认为，代际公平问题可以简述为"假定当前决策的后果将影响好几代人的利益，那么应该在各代人之间就上述后果进行公平的分配"。大卫·皮尔斯[72]指出，"在广义的可持续发展的定义里，包括给下一代提供一定数量和质量的财富遗产，它至少应等于这一代所继承的"。Weiss[73]对代际公平与公共政策（包括环境政策）的关系重新进行了分析。

2.2.2　环境公共品研究的路径

对于代际公共品供给的研究，大部分文献从"经济人"假设出发，主要集中于对代际外部性的分析，即当代人向后代或未来几代人延伸的外部性，代际外部性包括代际外部经济和代际外部不经济。学者们建立了大量的理论模型，并聚焦于如下论题：代际公共品的代际外部性特点决定了其总是面临着供给不足的困境。如果当代人是“自利”的，那么他们为什么能实现公共产品在代际的转移；进一步地说，何种制度下才能够实现代际公共品供给的最优化。学者们以此为核心，对代际公共品的特点和由此导致的问题做了多方面的探讨，主要有以下几个方面的研究。

1. 代际公共品最优配置问题

代际公共品最优配置问题对传统的 Samuelson[29] 条件进行了延展，利用代际公共品对私人品的边际替代率等于边际转换率的帕累托最优条件，即 $MRS_{GP}=MRT_{GP}$，讨论代际公共品供给最优化问题。卫玲和任保平[74] 从效用函数的角度分析，认为代际外部性的存在使得“交易外部人”和“交易内部人”的成本收益函数都发生变化，改变了完全市场状态下两者收益最大化的资源消费的均衡点，从而使得边际收益最大化均衡点也发生移动，这种情况下达不到帕累托最优，社会总效率也就相应降低了。Doeleman 和 Sandler[75]、Kotlikoff 和 Rosenthal[76] 研究了在一个有限的代际交叠模型中代际公共品的投资问题，他们认为，各代人的自利动机往往会对后向型代际公共品产生投资不足的情况。

2. 可持续发展问题

可持续发展包括给下一代提供一定数量和质量的财富遗产，它至少应等于这一代所继承的。而代际外部性是不可持续发展的根源，实现可持续发展的核心问题之一是如何尽量消除代际的外部性问题。在存在代际外部性的情况下，作为前代的“交易内部人”获得了额外的收益，却无须承担其相应的成本，而使作为“交易外部人”的后代承担了相应的成本，这更使得代际资源配置偏离可持续发展的要求，造成了代际资源消费的不可持续性，危及社会的可持续发展。

表 2－2 整理了关于代际公共品的研究路径，主要从研究主题、研究基础、研究目标和代表人物等方面进行分析。

表 2-2　经济学关于代际公共品的研究路径[18]

研究主题	代际公共品最优供给	家庭代际公共品供给	可持续发展
研究基础	利己动机	利他主义理论	代际公平
研究目标	$MRS_{GP}=MRT_{GP}$ 帕累托最优（或改进）	具有“相互依存”的不同代关系人总体效用最大化	每代人公平分配代际公共品
代表人物	Samuelson	Becker	Weiss

2.2.3　环境公共品供给机制研究

公共产品供给机制是从供给主体和运行机理的角度抽象出的公共产品供给模式。

1. 政府供给机制

由于公共产品具有消费的非排他性和非竞争性，学者们认为私人供给必定存在效率或福利损失，在自愿供给下，由于有效需求的不可得和“免费搭便车”的情况出现，纯公共产品的供给会不足，因此需要政府干预，以激励公共产品的私人提供而恢复最优配置[29]。Oates[77]强调地方政府在提供公共产品方面的确具备信息优势。倡导公共产品由政府组织的一些学者探索使扭曲最小的税收制度，他们发现除人头税之外，现实中常用的财产税、收入税都会扭曲公共产品的配置效率[78]。Warr[79]的分析结果表明，由于公共产品的均衡数量不会改变，因而在贡献者之间进行收入再分配也无济于事。Tiebout[17]将公共产品的供给问题设定在一个竞争性的地方政府体系之中，他强调通过政府间竞争和居民“用脚投票”，可以实现地方性公共产品的有效供给。

2. 市场供给机制

政府在提供公共物品时出现失灵，即政府的干预不足或干预过度等，最终不可避免地导致经济效率和社会福利的损失。同时，公共部门趋向于浪费和滥用资源，致使公共支出规模过大或者效率降低，政府的活动或干预措施缺乏效率，政府做出了降低经济效率的决策或不能实施改善经济效率的决策，导致个人对公共物品的需求得不到很好的满足。此后一系列的文献研究揭示了市场在提供公共产品方面的潜力。尤其突出的是，科斯提出了产权明确并且交易成本很小的时候，市场提供公共产品可以达到资源的优化配置。学者们提出了诸如灯塔提供、公立教育提供、基础设施等问题，政府提供机制会出现低效率问题，这些可以由市场提供。但是进一步的研究发现，信息的不对称、不完全以及市场科斯定理暗含的苛刻条件使得实现资源的优化配置比较困难，并且往往会出现市场失灵情况。

3. 自愿供给机制

国内外学者就个体偏好差异、收入、政府政策等对居民的自愿支付行为进行了大量研究。Olson[16]首次对公共产品自愿供给理论进行了开创性的分析，而 Bergstrom 等[33]讨论了不同程度财富再分配对个人捐赠的不同影响，他们对自愿捐赠非合作一般模型进行了深入的分析。Belk 等[80]提出人们对于声誉的关注会提高自愿支付水平，自愿捐赠可以起到“发信号”的功能，以告知人们捐赠者的社会地位。Wilson 和 Kreps[81]等建立了声誉模型，解释人们为什么会合作，而不倾向于搭便车。完全利他主义模型提出，个人捐赠决定于个人偏好和公共产品的提供数量[82]。Webster[83]等提出了社会意识（社会责任感）解释，做有利于社会的事情，而不论回报，这实际上也是一种利他行为，当社会责任感越强时，越容易自觉供给公共产品。Isaac 等[84]发现个人捐赠数额会随着个人边际收益增加而增加。Robert Sugden[85]指出了公共产品除了消费者付费和缴纳税收以外，有第三种供给途径，即私人自愿地提供公共产品（Voluntary Contributions）。

Andreoni[86]通过实验的方法预测合作伙伴要比陌生人自愿贡献更多的公共物品。Isaac 等[87]发现小组成员之间的交流会显著提高捐赠水平。Ostrom[88]通过对“公共池塘资源”的博弈分析，提出了“自治组织理论”。席恒[89]指出，由于“政府失灵”和“市场失灵”会导致公益产品的不足，他认为应发展“第三种制度安排”——自愿或公益，即以自愿（半自愿）、自主方式服务公益的公共事业机制。Andreoni[38]研究认为，惩罚制度能更有效地降低搭便车水平，而奖励制度次之。政府在制订公共产品供给的策略时，应该更充分地考虑个体社会偏好的差异性，要包容并鼓励个体的信任、善意和合作等社会偏好的情形[90,91]。何艳玲[92]指出了政府和市场之外的第三部门在提供社区公共产品方面可能发挥的作用，认为城市社区第三部门的发展能够成为社区公共产品的“合适的组织途径”。Boadway[93]提出，当捐赠者不知道政府预算约束时，如果对公共产品的自愿供给者提供适当的补贴，公共产品会在纳什均衡时达到最优。周业安等[94]基于两阶段公共产品博弈，研究个体的社会角色、社会偏好异质类型及其对个体的公共产品自愿供给的影响效应，认为个体的社会偏好存在异质性，异质类型会显著影响公共产品自愿供给的水平；“搭便车”行为和条件性合作者的自我服务偏向对于公共产品自愿供给水平有着至关重要的作用，不同的社会角色也会直接影响公共产品自愿供给水平。连洪泉[95]基于实验经济学对公共产品供给模式中的惩罚机制进行研究，提出社区治理与政府治理相结合，建立更具合作效益的公共产品自愿供给模式，转变当前中国政府职能，加强社会治理创新。刘岩[96]利用中国健康与养老追踪调查（China Health and Retirement Longitudinal Study，CHARLS）数据，对中国的代际转移动机进行实证研究，发现受传统文化的影响，中国的代际转移更多地表现出利他主义倾向，同时示范效应也有所体现，即个体在照顾父母的同时也在教育自己的孩子赡养父母，以期退休后得到子女的照顾。

4. 政府供给和私人供给同时并存机制

也有学者提出了公共产品可以有政府供给和私人供给并存的情况。Dennis Coates[97]分析了当公共产品的私人提供者从所贡献的行为和所贡献的公共品的消费中获得效用时，会出现“不纯的利他主义的捐献”现象。此时，公共产品的政府提供对私人提供的挤出将不存在，甚至还会产生挤入，即公共支出吸引更多的私人捐赠，因此公共产品的自发供给与公共供给可以并存。Ahmed 和 Ali[98]研究发展中国家固体垃圾处理的治理模式，认为公共部门和私人部门单独治理均存在一定的局限性，他们进一步从理论和实践结合上进行分析，认为发展公私合作（Public-Private-Partnership，PPP）模式在垃圾处理治理方面有一定的优势。

2.2.4 环境公共品供给对策

环境公共品的空间外部性和代际外部性双重难题使得它的有效供给显

得难上加难。目前针对该问题的研究有三大方向：“庇古税”思路、正外部性和负外部性同时配套政策思路以及代际公共品思路。

首先是单纯的“庇古税”思路。由于市场失灵，学者们认为由政府提供优质环境较有效率，以庇古[99]的研究为基础，大批的学者倾向于开征环境税[100~102]，提出碳税具有双重红利的性质，不仅约束了对环境损害的经济活动，也使得税制的效率损失进一步降低，通过削减扭曲效应的税收来增加就业，因而间接导致社会福利的增加；Bovenberg 等[103~107]研究了环境税最优税率的设定；李齐云等[108,109]讨论了中国环境税税率设定以及配套政策问题；张东敏和金成晓[110]提出征收污染税有利于污染与健康支出减少，但污染税并非越高越好，当污染税率低于 40%时，有利于消费水平增加，当污染税率低于 60%时，有利于健康人力增加资本积累、推动经济增长和提高福利水平；肖欣荣和廖朴[111]也提出，政府对污染治理的投入存在阈值条件，治污投入在总税收中有最优比例。Greenstone 和 Hanna[112]通过空气污染、水污染、婴儿死亡率和环境规制政策关联度研究，得出印度的环境规制政策对改善空气质量有明显的作用，PM 值、SO_2 含量和 NO_2 含量下降明显，但婴儿死亡率下降不太明显，而水污染规制政策并未见效。这极大地挑战了以前普遍认为环境质量由收入决定的观点。

其次是配套政策思路，这类研究致力于探求有效的环境政策工具，主张同时采取鼓励正外部性和抑制负外部性的配套政策。一批学者对不同的政策工具进行了对比研究，Requate 和 Unold[113]的结论是税收政策比自由许可、拍卖许可在激励企业方面更有效力。Cherry 等[114]对比研究了公众对于环境税、环境补贴和排污数量管制三种环境政策的接受度，结果表明，环境补贴政策获得的支持最多，而排污管制政策则遭受了更多的反对。何建武和李善同[115]的研究表明，单纯地以实施能源税和环境税来实现污染减排目标会给宏观经济带来负面影响，而配合其他环境政策的使用能够取得双重红利。刘小兵[116]通过设计一系列的实验方案，认为个人理性与集体理性的矛盾导致了公共产品提供的市场缺陷，实验结果发现通过制度的合理设计有促进公共产品成功提供的可能性。黄英娜等[117]认为，能源税在现阶段不宜作为中国环境政策的备选方案。而李冬冬和杨晶玉[118]也得出能源税政策在降低污染的同时也降低了经济增长率和社会福利水平。他们研究了经济体中存在减排研发补贴和环境污染双重外部性时，政府通过征收污染税并进行适当补贴，促进企业的减排研发活动，就能够取得环境改善、经济增长和社会福利水平提高的“三赢”。张元鹏和林大卫[119]认为，采用外部强加的奖励机制可以有效地约束人们的搭便车行为，从而提高合作程度和整体福利。

而代际外部性视角下，众多研究设计了代际契约促使当代人考虑后代的健康，从而进行有效的环境保护。Dahlman 等[60]通过引入可持续性的“代际契约”来解决跨代难题，即后代人会把自己的一部分财富以钱或物品的形式转移给前一代人，作为对前一代人能够履行契约的经济补偿。Fudenberg 等[120]论述了持续的代际公共品的出现可以用于解决道德风险问题，从而能够用于解决代际经济中的无效率问题。John[13]提出在包含环境外部性的世代交叠模型中，环境税可以使外部性问题内生化。环境税可使消费者减少提供那些存在负外部性的私人品，以维持环境污染量不变，达到经济和环境的平稳增长。Ono[121]在世代交叠模型中设计了最优税收制度（消费税和代际收入转移）来使环境外部性内生化。Bovenberg 等[105]从代际外部性出发，分析了环境质量的改善是以当代人的福利损失为代价的，后代作为受益者，但未承担成本，特提出政府通过赤字财政的债券组合政策来进行代际转移。Rangel[19]通过博弈分析，认为所有代的代理人根据上一代人向后转移的物品来提供相同水平的本代人向上一代人和下一代人所要转移的物品。只要这些代际的转移与利率同步增长，参与人都会得到最优水平的服务并且不会背叛这一策略。之后，Rangel[122]研究如何利用税基限制保护后代并提供最优代际公共品，将代际外部性直接转化为影响当代人的其中一个变量，从而激励当代人关注后代。Ono[123]通过世代交叠模型研究了存在非自愿失业情况下环境税对福利分配的影响，认为环境税能够在一代人里同时提高环境质量、就业和社会福利，但跨代考虑时存在权衡取舍，当代人福利水平的提高必须以后代人福利的降低为代价。李郁芳[68]以戴蒙德模型为基础，分析了地方政府之间的竞争行为通过辖区内土地价格的变动使代际外部性资本化和内部化，从而有效地协调了代际的利益分配，提高了代际公共品的供给水平。熊晓莉[24]运用博弈论的方法考察了环境资源代际公平性的博弈，当资源份额超过一个阈值时，保护环境资源所带来的福利收益会弥补税收带来的福利损失，所以各代都更偏好代际转移政策而不是自由放任主义。

2.3 对研究文献的几点评述

国内外关于代际公共品问题的研究非常少，在查阅到的数量有限的资料中，尽管能给我们带来一些新思路，但是针对环境公共品而言，总体上存在以下不足。

第一，侧重于代内研究而缺乏代际研究。现有文献大多是局限在代内进行空间外部性的讨论，但环境保护是典型的对后代人甚至是后几代人有明显影响的前向型代际公共品，需要用长远的目光来看待和分析该问题。面对后代代理人缺位以及代际外部性等情况，如何进行理论梳理并取得突破，这是研究污染治理迫在眉睫的问题。

第二，侧重于局部研究而缺乏整体研究，激励居民参与的研究甚少。在对环境公共品的代际讨论中，基于世代交叠模型的探讨基本停留在对政府和污染企业层面的分析，忽视了作为洁净环境需求侧的居民在某种程度上其实也是污染源，比如汽车尾气排放、生活垃圾污染、水污染等。如果将社会全部主体（政府、企业和居民）纳入清洁环境的供给侧，修正的世代交叠模型能否达到均衡？和只有政府和企业两大主体的均衡相比是否具有帕累托改进？这需要将研究从局部扩展到整体进行分析。

另外，将居民作为洁净环境的供给侧来研究问题，不仅能够对政府和企业行为进行有效监督，也能够激励居民约束自己的行为：节约用水、绿色出行、环保生活。但是目前这类研究比较少见。

第三，环境公共品价值评估的幸福感测度法缺乏来自发展中国家的经验验证。学者们更多对西方国家进行分析，对中国背景下的代际公共品供给探讨屈指可数，目前基于环境公共品的研究更多集中在测算居民对环境质量的支付意愿，方法上也逐渐转到幸福感测度法上，尽管这给政府激励居民积极参与环境治理提供了科学依据，但是学术界对居民支付意愿的影响因素并没有深入探究，针对中国的研究更是屈指可数[124]。

第四，未深入探讨环境公共品配置失衡的制度根源和理论机制。现有文献基本上达成了一致的结论，即中国以市场化为导向的改革开放显著提高了私人产品的配置效率，但在公共领域特别是环境保护、基础教育、医疗卫生等方面具有明显时间性特征的代际公共品，则长期存在供给不足和配置失衡的现象。但鲜有文献进一步挖掘代际公共品配置失衡的制度根源。另外，尽管一些研究发现了中国居民的边际支付意愿低于发达国家，但未能识别其具体机制，也未能提出行之有效的解决方案。

所有这些不足都难以解决当前环境质量的改善问题。现有对于环境公共品的研究无论是从代内还是从代际考虑，重点都放在了政府政策层面，而政府进行治污过程中，焦点也在于污染企业，使用的手段主要是征收环境税，就算多管齐下的政策，税收和补贴也是针对污染企业的。但是，作为洁净环境的需求方的居民，他们深知环境对健康的影响，同时也为后代生存的环境质量担忧，主观上愿意承担一部分社会责任①。如何在代际外部性视角下使居民也成为优质环境的供给方？政府如何设计合理的政策调动全民参与环境治理？这是前人没有进行研究的领域，也是当前倡导的“供给侧”改革的一大全新尝试，本书试图在这些方面有所突破。本书利用戴蒙德世代交叠模型，通过拓展 John 和 Pecchenino[12] 以及 Ono[121] 的环境质量研究模型，从环境公共品的代际外部性出发，激励政府负责出台可持续性发展的政策，居民共同参与环境治理，对政府、企业和居民“合力治污”进行研究，探索环境公共品配置失衡的制度根源和理论机制，并进一步利用契约理论提出政策建议。

---

① 在2010年中国综合社会调查中，对问题“为了保护环境，您在多大程度上愿意支付更高的价格”的回答，加上18.33%的中立者，一共有60.65%的人选择了非常愿意和比较愿意；对于“为了保护环境，您在多大程度上愿意缴纳更高的税”的回答，加上18.85%的中立者，共有52.78%的人选择了非常愿意和比较愿意。

第3章　环境公共品供给的现状及存在的问题

环境问题与我们的生活密切相关，环境质量的好坏直接影响我们的身体健康。祁毓和卢洪友[125]利用1990—2010年89个国家的跨国面板数据库，发现环境污染成为经济周期影响国民健康的重要传导渠道，经济衰退时期空气污染改善所带来的健康贡献大致占到了20%，并且经济周期对健康的影响在不同年龄、国家和性别中存在着明显的异质性。

3.1　环境公共品的供给严重不足

优质环境是人类不懈追求的目标，清新的空气、洁净的水源、优良的生存环境等会有效提升我们的福利水平。伴随着经济快速发展，虽然道路、交通、社区体育公共品等基础设施有了明显的改善，但是人类赖以生存的环境的质量却越来越糟，我们的生存环境正在受到污染问题的挑战。

3.1.1　国内与国际空气污染情况对比

2016年，全国338个地级及以上城市中，仅有84个城市环境空气质量达标，占全部城市数的24.9%；254个城市环境空气质量未达标，占75.1%。近年来，我们常常会关注空气质量的优劣，而衡量空气质量好坏的指标之一就是空气质量指数（Air Quality Index，AQI值）。该指数是2012年3月国家发布的新空气质量评价标准，污染物监测涵盖二氧化硫、二氧化氮、PM_{10}、$PM_{2.5}$、一氧化碳和臭氧6项。空气污染指数被划分为如下6档：一级为优，0～50；二级为良，51～100；三级为轻度污染，101～150；四级为中度污染，151～200；五级为重度污染，201～300；六级为严重污染，大于300。当空气污染指数在二级时，某些污染物就有可能对极少数异常敏感人群的健康有一定影响，少数异常敏感人群应减少户外活动。当出现三级污染时，易感人群的症状有轻度加剧，健康人群出现刺激症状，在此情况下，儿童、老年人以及心脏病、呼吸系统疾病患者应减少长时间和高强度的户外锻炼。

1. 我国空气质量指数的实际情况

表3-1罗列的是我国31个省、自治区、直辖市在2014—2017年的平均AQI值。表中数据显示，这四年间仅有海南省一个省份达到了优质空气级别，云南省在2016年和2017年两年达到了优的水平，其他地方连续四年均无优质空气的情况出现。北京、河北、河南、天津、新疆等地更是一直处在污染级别的空气中，可见我们的环境治理任务艰巨。

表3-1 我国31个省、自治区、直辖市2014—2017年的平均AQI值

地　区	2014年	2015年	2016年	2017年
安　徽	70.07	80.60	83.10	87.92
北　京	127.20	123.43	113.86	107.84
福　建	72.99	53.20	52.36	57.23
甘　肃	132.50	83.51	80.58	81.01
广　东	68.57	59.67	58.40	61.01
广　西	98.58	63.80	59.18	58.43
贵　州	112.05	56.40	56.00	50.71
海　南	41.70	41.80	39.86	38.55
河　北	135.06	115.64	110.52	113.55
河　南	93.49	115.25	113.05	109.10
黑龙江	82.49	68.03	58.67	61.21
湖　北	108.39	94.71	84.21	77.04
湖　南	105.28	88.05	77.02	72.28

续 表

地 区	2014 年	2015 年	2016 年	2017 年
吉 林	59.62	86.94	75.33	74.51
江 苏	106.05	92.21	84.94	84.88
江 西	78.63	67.07	70.73	70.17
辽 宁	86.94	91.35	82.74	84.02
内蒙古	64.49	77.64	72.43	74.98
宁 夏	111.77	89.74	89.59	90.07
青 海	83.47	78.80	73.42	69.87
山 东	94.35	103.81	98.05	95.15
山 西	83.70	90.82	95.37	107.87
陕 西	98.73	89.28	97.25	92.78
上 海	83.15	89.68	80.89	82.61
四 川	113.44	77.16	77.08	72.39
天 津	120.58	103.69	104.08	110.37
西 藏	73.30	60.79	62.91	61.21
新 疆	135.63	104.78	110.25	106.01
云 南	78.20	51.21	48.71	49.46
浙 江	90.66	83.22	70.45	71.53
重 庆	95.86	82.20	81.03	77.12
全国均值	94.53	83.22	79.79	79.31

数据来源：根据生态环境部（原环境保护部）数据计算得出。

注：由于数据库中资料是每日抓取的 AQI 值，表中的各省份数据通过将全年 365 天数据加总取平均值获得。

2. 空气污染指标 $PM_{2.5}$ 的国内和国际情况比较

环境监测数据显示：2005 年、2010 年和 2015 年，中国可入肺颗粒物 $PM_{2.5}$ 的平均浓度分别达到 56.90 μg/m³、58.22 μg/m³ 和 58.38 μg/m³，远高于世界平均水平的 41.78 μg/m³、41.84 μg/m³ 和 43.98 μg/m³，而世界卫生组织制定的 PM_{10} 和 $PM_{2.5}$ 的准则值分别仅为 20 μg/m³ 和 10 μg/m³（WHO，2006），且不论与不同地区还是不同收入层次的国家相比，中国的

$PM_{2.5}$浓度都明显偏高。表 3－2 从收入划分和地区划分两个角度对比了中国和世界上其他国家或地区的 $PM_{2.5}$浓度，我们可以看出：我国的空气污染严重。从收入角度来看，我国的污染比低收入国家的平均水平要严重，与高收入国家相比更是严重很多。高收入国家 2005 年 $PM_{2.5}$浓度为 15.65 μg/m^3，我国则为 56.90 μg/m^3，治理 10 年之后，在 2015 年我国 $PM_{2.5}$浓度为 58.38 μg/m^3，高收入国家为 16.65 μg/m^3。从地区角度来看，我国的污染情况也属于严重之列，由 2015 年的数据可见，我国的空气污染和中东与北非地区（60.99 μg/m^3）差不多。

表 3－2　中国与世界其他国家或地区 $PM_{2.5}$浓度的比较　单位：μg/m^3

国家或地区		2005 年	2010 年	2015 年
按收入比较	中国	56.90	58.22	58.38
	高收入国家	15.65	16.56	16.65
	中高等收入国家	41.79	42.35	42.16
	中等收入国家	47.84	47.63	50.28
	中低收入国家	47.09	46.83	49.08
	低收入国家	39.45	39.36	38.72
按地区比较	东亚与太平洋地区	43.59	43.30	44.16
	欧洲与中亚地区	16.75	18.26	19.38
	欧洲联盟	14.32	14.72	15.34
	拉丁美洲与加勒比海地区	21.82	17.21	17.93
	中东与北非地区	49.60	61.88	60.99
	北美	10.19	8.48	8.31
	撒哈拉以南非洲地区	42.04	39.69	36.06
	世界平均	41.78	41.84	43.98

数据来源：世界银行数据库。

图 3－1 根据世界不同国家的收入水平对 2005 年、2010 年和 2015 年的 $PM_{2.5}$浓度进行了比较。我国自 2005 年到 2015 年的 $PM_{2.5}$的平均浓度不

仅是高收入国家平均值的5倍多，还超过了低收入国家的50%。当然，图中可见中等收入国家和中低收入国家的 $PM_{2.5}$ 平均浓度在2015年有上升趋势，但我国可入肺颗粒物 $PM_{2.5}$ 的平均浓度仍然远高于同时间其他收入水平的国家。

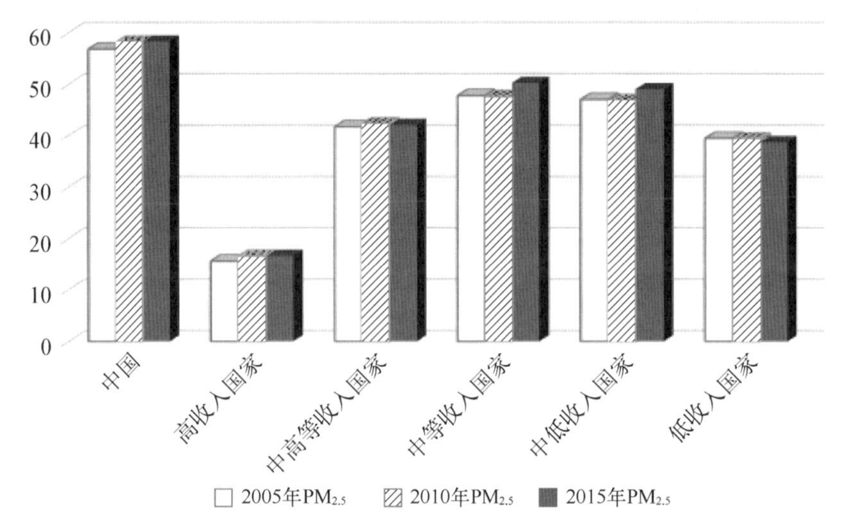

图3-1　$PM_{2.5}$ 浓度的国际比较：不同收入层次的国家

（数据来源：世界银行数据库）

图3-2是根据地区进行比较的，北美和欧盟是空气质量最好的两个地区，而中国的空气质量（以可入肺颗粒物 $PM_{2.5}$ 的平均浓度来衡量），仍然是质量较差的地区之一，2010年此浓度仅仅比中东和北非地区低3.66%（2015年低2.61%）。中国的空气污染和中东及北非地区居然是差不多的状态。

从表3-3和图3-3可以看出，无论哪种统计口径，我国 $PM_{2.5}$ 的月平均浓度均呈现了U形走势，而且京津冀地区的污染一直甚于长三角和珠三角地区，也超过了74个城市的月平均浓度。2014年，按照《环境空气质量标准》（GB 3095-2012）监测的我国161个城市中，城市空气质量达标的城市仅占9.9%，未达标的城市占90.1%。到了2016年，在我国环境保护部（以下简称“环保部”）监测的338个城市中，城市空气质量达标的城市占到了24.9%，未达标的城市依然占到了75.1%。

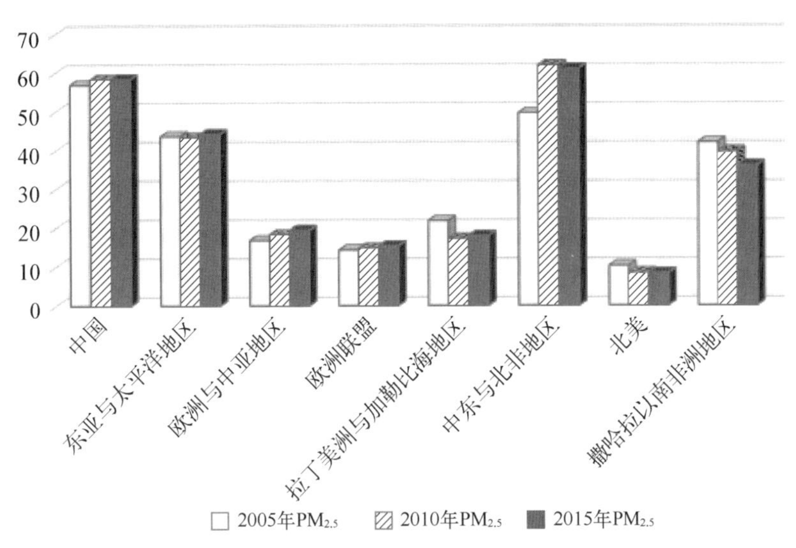

图 3-2　$PM_{2.5}$的国际比较：不同的地区

（数据来源：世界银行数据库）

表 3-3　我国主要 74 个城市及三大地区 $PM_{2.5}$ 月平均浓度比较

单位：$\mu g/m^3$

时　间	74 个城市	京津冀地区	长三角地区	珠三角地区
2017 年 1 月	81	128	60	51
2017 年 2 月	67	92	63	41
2017 年 3 月	51	63	50	39
2017 年 4 月	44	55	46	33
2017 年 5 月	40	54	38	33
2017 年 6 月	32	47	34	15
2017 年 7 月	30	50	28	19
2017 年 8 月	27	39	26	20
2017 年 9 月	34	52	30	30
2017 年 10 月	41	61	33	34
2017 年 11 月	53	60	50	42

续 表

时　间	74 个城市	京津冀地区	长三角地区	珠三角地区
2017 年 12 月	68	73	70	55
2018 年 1 月	67	70	72	53
2018 年 2 月	57	73	55	43
2018 年 3 月	53	80	48	35
2018 年 4 月	44	52	47	34
2018 年 5 月	35	44	38	21

数据来源：中国环境监测总站。

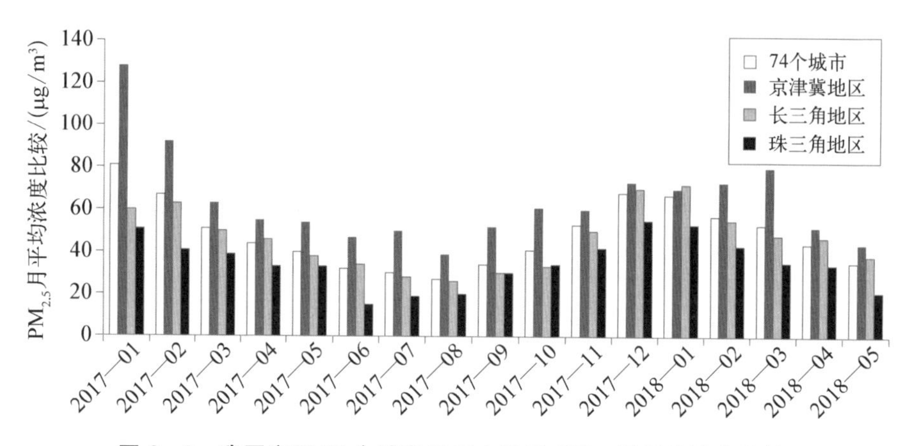

图 3－3　我国主要 74 个城市及三大地区 $PM_{2.5}$ 月平均浓度比较

（数据来源：中国环境监测总站）

2017 年，全国 338 个地级及以上城市中，有 239 个城市环境空气质量未达标，占 70.7%，平均未达标天数比例为 22.0%，平均优良天数比例为 78.0%。338 个城市发生重度污染 2 311 天次、严重污染 802 天次，以 $PM_{2.5}$ 为首要污染物的天数占重度及以上污染天数的 74.2%。74 个城市平均优良天数比例为 72.7%，比 2016 年下降 1.5 个百分点；平均未达标天数比例为 27.3%。到了 2018 年，空气质量未达标城市下降为 217 个，平均未达标天数比例为 20.7%；338 个城市发生重度污染 1 899 天次，比 2017 年减少 412 天，但是严重污染却为 822 天次。

3.1.2　我国水污染现状

2013 年，环保部发布的首个全国性的大规模研究结果显示，我国地表水总体轻度污染，部分城市河段污染较重。全国 4 778 个地下水监测点中，水质较差和极差的比例将近为 60%。31 个大型淡水湖泊中，17 个为中度污染或轻度污染。在 4 896 个地下水监测点中，水质优良级的监测点比例为 10.8%，良好级的监测点比例为 25.9%，较好级的监测点比例为 1.8%，较差级的监测点比例为 45.4%，极差级的监测点比例为 16.1%。

1. 废水排放总量逐年上升

从图 3－4 来看，2007 年我国的废水排放总量约为 556.85 亿吨，然后每年废水排放总量都以 3%左右的速度呈递增模式上升，其中 2010—2011 年，废水排放总量呈现猛增的状况，排放量较上一年上升了 6.8%。环保部发表的年报数据表明，2015 年全国废水排放总量为 735.3 亿吨，比 2014 年增加 2.7%。工业废水排放量为 199.5 亿吨，比 2014 年减少 2.8%；占废水排放总量的 27.1%，比 2014 年减少 1.6 个百分点。城镇生活污水排放量为 535.2 亿吨，比 2014 年增加 4.9%；占废水排放总量的 72.8%，比 2014 年增加 1.5 个百分点①。

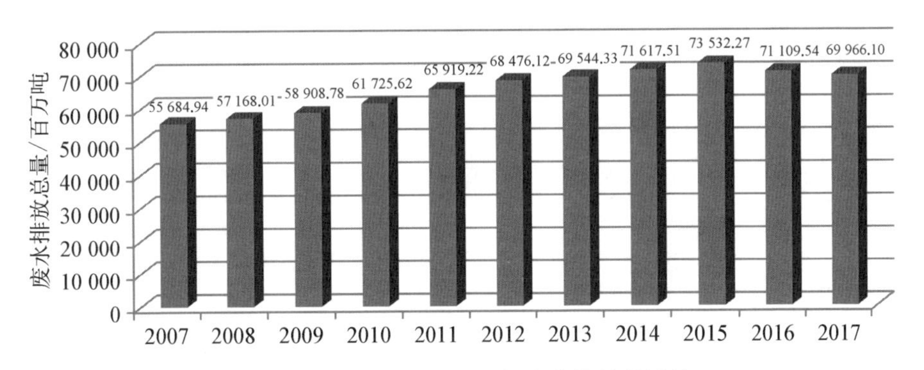

图 3－4　我国 2007—2017 年废水排放总量情况

（资料来源：中国统计年鉴 2007—2017 年）

---

① 资料来源于《2016 中国环境状况公报》。

通常认为，伴随着经济增长加速，相应的废水排放量应该也会增加。故本书将废水排放增长率和经济增长率关联起来比较，我们从表3-4中可看出，在废水排放增长比较快的2011年，经济增长率并没有明显的大幅攀升，当年的经济增长率为9.2%。

表3-4 我国2007—2017年废水排放一览表

年　　份	废水排放总量/百万吨	废水排放增长率/%	GDP增长率/%
2007	55 684.94	—	11.9
2008	57 168.01	2.66	9.0
2009	58 908.78	3.05	9.1
2010	61 725.62	4.78	10.3
2011	65 919.22	6.79	9.2
2012	68 476.12	3.88	7.8
2013	69 544.33	1.56	7.7
2014	71 617.51	2.98	7.4
2015	73 532.27	2.67	6.9
2016	71 109.54	-3.29	6.7
2017	69 966.10	-1.61	6.9

资料来源：根据中国统计年鉴2007—2017年数据计算得出。

另外从图3-5中也可看出，经济增长率最高的2010年，废水排放增长没有达到最高，由此可见，我国的废水排放量和GDP的变化趋势并非匹配。结合图3-4中的废水排放总量，可以看出2007—2015年我国的废水排放总量呈现不断走高的趋势。值得欣慰的是，从2016年开始，废水排放总量呈现下降趋势。

2. *水质污染加剧*

中国统计年鉴每年均会统计我国各类突发环境污染事件次数[①]，在表

① 中国统计年鉴在2010年及之前统计各类突发环境事件总次数，包含水污染次数、大气污染次数、固体废物污染、噪声与振动污染以及其他污染次数；在2010年之后依然统计各类突发环境事件总次数，但是细分目录就变成了特别重大环境事件、重大环境事件、较大环境事件、一般环境事件以及未定级环境事件。

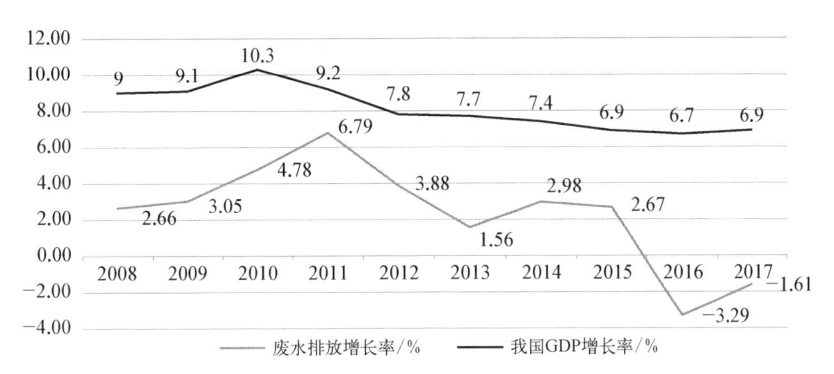

图 3－5　废水排放增长率和经济增长率比较

（资料来源：根据中国统计年鉴 2007—2017 年数据计算得出）

3－5 中，我们整理了 2000—2010 年我国各类污染事件的次数。尤其值得关注的是水污染，2001—2004 年连续四年，以及 2006 年，水污染事件占到了我国各类突发环境污染事件的 50% 以上，2001 年更是高达 59.5%。2016 年，以地下水含水系统为单元，潜水为主的浅层地下水和承压水为主的中深层地下水为对象的 6 124 个地下水水质监测点中，水质为优良级、良好级、较好级、较差级和极差级的监测点分别占 10.1%、25.4%、4.4%、45.4%和 14.7%。这意味着 60.1%的水质是“差”级别的。

表 3－5　我国各类突发环境事件情况（2000—2010 年）

年　份	总次数	水污染/次	空气污染/次	固体废物污染/次	噪声与振动危害/次	其他污染/次	水污染占比/%
2000	2 411	1 138	864	103	266	40	47.20
2001	1 842	1 096	576	39	80	51	59.50
2002	1 921	1 097	597	109	97	21	57.11
2003	1 843	1 042	654	56	50	41	56.54
2004	1 441	753	569	47	36	36	52.26
2005	1 406	693	538	48	63	64	49.29
2006	842	482	232	45	6	77	57.24
2007	462	178	134	58	7	85	38.53
2008	474	198	141	45	—	90	41.77
2009	418	116	130	55	—	117	27.75
2010	420	135	157	35	1	92	32.14

资料来源：中国统计年鉴 2000—2010 年。

注：水污染占比是根据原始数据计算得出的。

张晓[126]通过研究指出，我国河流、湖泊、水库、近海海域的污染呈现总体上升态势，其中水库、湖泊的污染速度超过同期经济总量增长速度或与之持平，他认为我国的经济增长付出了巨大的水污染代价。

废水排放中的主要污染物化学需氧量和氨氮排放量的数据详见图3-6。

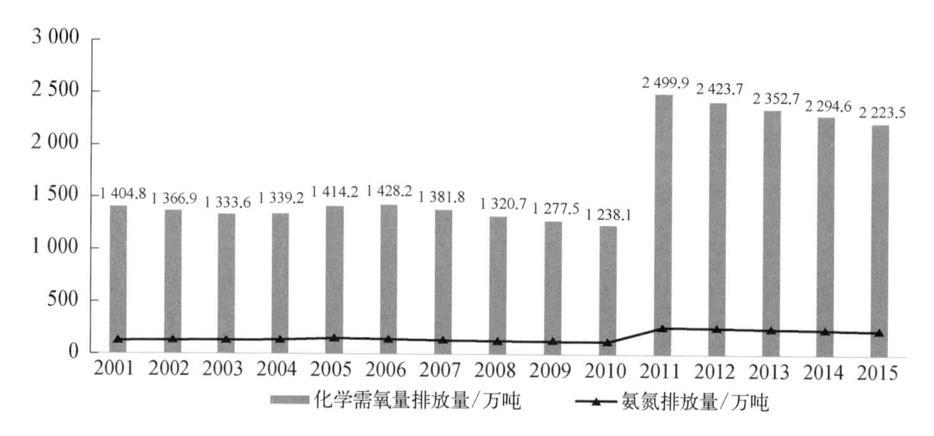

图3-6 我国废水排放中化学需氧量及氨氮排放量情况①

2001—2010年氨氮排放量和化学需氧量排放量都有略微下降的趋势，但是在2011年双双大幅上升，之后又呈现了下降趋势。为了更好地对比经济增长过程中废水中污染物的变化趋势，我们将31个省、自治区、直辖的氨氮排放量、化学需氧量排放量及GDP总量查找出来，并根据东、中、西部的典型划分：东部地区包括北京、天津、河北、辽宁、上海、江苏、浙江、福建、山东、广东和海南；中部地区包括山西、吉林、黑龙江、安徽、江西、河南、湖北和湖南；西部地区包括内蒙古、广西、重庆、四川、贵州、云南、西藏、陕西、甘肃、青海、宁夏和新疆。核算出各地区单位产出的废水污染物排放量，即每亿元产出排放多少吨污染物。2010年和2015年的具体对比数据见表3-6。

① 资料来源于《2001—2015年中国环境统计年报》。自2011年起环境统计中增加农业源的污染排放，农业源包括种植、水产养殖和畜禽排放的污染物。

表3-6 我国东、中、西部的废水污染指标一览表

地区	氨氮排放量/（吨/亿元）			化学需氧量排放量/（吨/亿元）		
	2010年	2015年	变动比例/%	2010年	2015年	变动比例/%
东部	2.10	2.62	24.76	20.98	21.01	0.14
中部	3.88	4.39	13.14	38.86	45.98	18.32
西部	4.39	4.06	-7.52	49.41	43.01	-12.95

资料来源：废水中污染排放量根据中国统计年鉴（2010，2015）数据得到，GDP从中国统计局网站获得，氨氮排放量和化学需氧量排放量用当年的地区污染总量除以GDP总量得到。

图3-7对比了我国东、中、西部2010年和2015年单位产出的废水污染物排放量。数据显示：只有西部地区的氨氮排放量和化学需氧量排放量两个指标均出现了下降，而且2015年化学需氧量排放量比2010年的下降了12.95%；东部和中部地区的两个指标不降反升，东部地区的单位产出氨氮排放量比5年前上升了24.76%，中部地区的单位产出化学需氧量排放量也较5年前上升了18.32%。

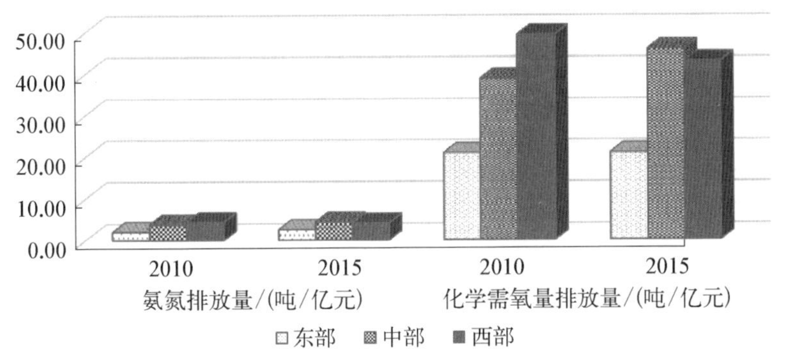

图3-7 我国废水中主要污染物对比分析

（资料来源：废水中污染物排放量根据中国统计年鉴数据得到，GDP从中国统计局网站获得，氨氮排放量和化学需氧量排放量用当年的地区污染总量除以GDP总量得到）

3.1.3 我国垃圾污染现状

1. 工业固体垃圾污染

2015年，全国一般工业固体废物产生量为32.7亿吨，比2014年增加了0.4%。其中产生固体废物量最多的行业依次为黑色金属矿采选业，电力、热力生产和供应业，黑色金属冶炼和压延加工业，煤炭开采和洗选

业，有色金属矿采选业，化学原料和化学制品制造业，以及有色金属冶炼和压延加工业。以上行业分别占重点调查工业企业固体废物产生量的19.5%、19.2%、13.7%、12.6%、12.4%、10.6%和4.2%，7个行业固体废物产生量合计占到了总固体废物产生量的92.2%（如图3－8所示）。

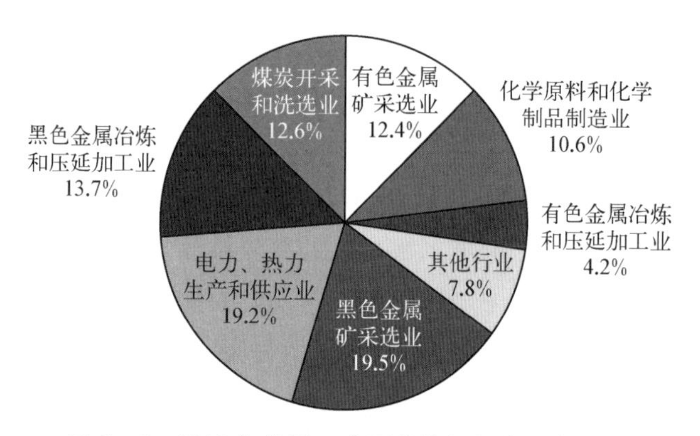

图3－8　2015年我国工业固体垃圾污染重点行业

（资料来源：2015年中国环境统计年报）

另一项工业固体污染物就是具有危险性的工业固体危险废物产生量，这当中主要为废碱、废酸、石棉废物、有色金属冶炼废物、无机氰化物、废矿物油等。2015年，全国工业固体危险废物产生量为39.76万吨，比2014年增加了9.4%（如图3－9所示）。

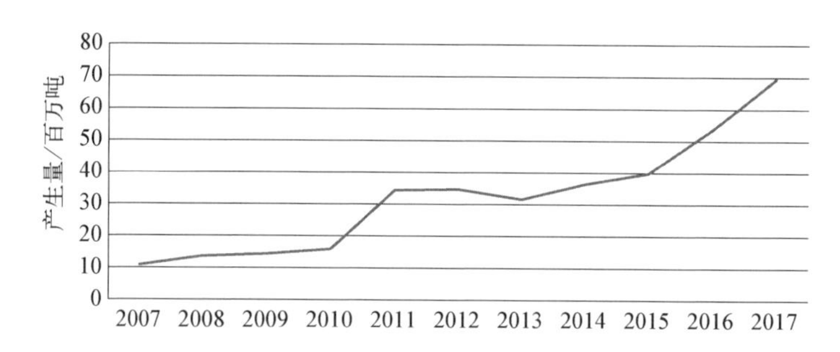

年份	2007	2008	2009	2010	2011	2012	2013	2014	2015	2016	2017
工业固体危险废物产生量/百万吨	10.79	13.57	14.30	15.87	34.31	34.65	31.57	36.34	39.76	53.47	69.37

图3－9　我国2007—2017年工业固体危险废物产生量

（资料来源：根据2007—2017年的中国统计局网站整理得到）

2. 居民的生活垃圾污染

随着经济的发展和人民生活水平的提高，我国的垃圾问题日益突出（图3-10）。

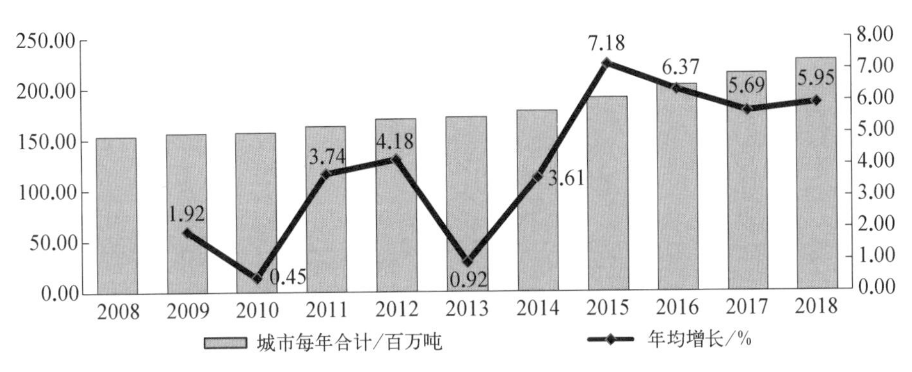

图3-10　我国每年城市生活垃圾清运数量

（资料来源：根据中国统计局网站有关数据整理、计算得到）

据报道，在我国668座城市中，有三分之二的城市被垃圾环带所包围。垃圾会带来一系列的污染问题：生活垃圾的堆放或简易填埋容易引起空气污染；所含水分和淋入垃圾中的雨水产生的渗滤液会流入周围地表水体，造成水体污染；垃圾中难以降解的塑料袋、废金属、废玻璃等有毒物质会遗留在土壤中，造成土壤污染；垃圾中有许多致病微生物，严重影响我们的身体健康。居民生活产生的垃圾埋不胜埋、烧不胜烧，给社会带来了严重的危害。

除了空气污染、水污染、垃圾污染之外，还存在土壤污染、噪声污染等问题，当然也必须直视绿地不足、森林植被遭到破坏、淡水资源短缺、荒漠化及动植物减少等环境问题。

经验研究一致表明：环境污染显著损害了社会福祉，不仅大大降低了人们的工作效率，使人力资本下降，居民幸福感降低，还严重影响了人们的身体健康，导致肺癌死亡率和心血管疾病发病率上升，缩短居民的预期寿命[2]。

3.2　环境污染的源头分析

面对如此恶劣的环境污染，人们不禁要问：污染的主要来源是什么？

是哪些人或哪些企业带来了这些污染？哪些行业是污染的重头？本节内容主要从各项污染的来源结构进行分析。

3.2.1 工业污染依然严峻

空气污染中重要的指标有二氧化硫和氮氧化物排放，以及烟（粉）尘的排放情况。我们从表3-7、表3-8和表3-9中的数据可以明显看出，无论用哪个指标进行对比，工业生产带来的污染均甚于居民的生活污染。在二氧化硫排放总量中，工业排放占比历年来均超过了80%，在2011年和2012年甚至达到了排放总量的90.95%和90.27%。

表3-7 我国2001—2015年二氧化硫的排放总量

年 份	合计/万吨	工业/万吨	生活/万吨	集中[①]/万吨	工业二氧化硫占比/%
2001	1 947.8	1 566.6	381.2	—	80.43
2002	1 926.6	1 562	364.6	—	81.08
2003	2 158.7	1 791.4	367.3	—	82.99
2004	2 254.9	1 891.4	363.5	—	83.88
2005	2 549.3	2 168.4	380.9	—	85.06
2006	2 588.8	2 237.6	351.2	—	86.43
2007	2 468.1	2 140	328.1	—	86.71
2008	2 321.2	1 991.3	329.9	—	85.79
2009	2 214.4	1 865.9	348.5	—	84.26
2010	2 185.1	1 864.4	320.7	—	85.32
2011	2 217.9	2 017.2	200.4	0.3	90.95
2012	2 117.7	1 911.7	205.7	0.3	90.27
2013	2 043.9	1 835.2	208.5	0.2	89.79
2014	1 974.5	1 740.4	233.9	0.2	88.14
2015	1 859.12	1 556.7	296.9	—	83.98

资料来源：根据2001—2015年的中国环境统计年鉴整理得出，最后一列是计算得到的。

① 集中式污染治理设施排放量指生活垃圾处理厂（场）和危险废物（医疗废物）集中处理（置）场（厂）垃圾渗滤液/废水及其污染物的排放量（表3-8、表3-9中同）。

表 3-8 我国 2006—2015 年氮氧化物排放总量①

年份	合计/万吨	工业/万吨	生活/万吨	机动车/万吨	集中/万吨	工业氮氧化物占比/%
2006	1 523.8	1 136	387.8	—	—	74.55
2007	1 643.4	1 261.3	382.1	—	—	76.75
2008	1 624.5	1 250.5	374	—	—	76.98
2009	1 692.7	1 284.8	407.9	—	—	75.90
2010	1 852.4	1 465.6	386.8	—	—	79.12
2011	2 404.3	1 729.7	36.6	637.6	0.3	71.94
2012	2 337.8	1 658.1	39.3	640	0.4	70.93
2013	2 227.4	1 545.6	40.8	640.6	0.4	69.39
2014	2 078.0	1 404.8	45.1	627.8	0.3	67.60
2015	1 851.02	1 180.9	65.1	585.9	—	64.46

资料来源：根据 2006—2015 年的中国环境统计年鉴整理得出，最后一列是计算得到的。

表 3-9 我国 2006—2015 年烟（粉）尘排放总量

年份	合计/万吨	工业/万吨	生活/万吨	机动车/万吨	集中/万吨	工业烟（粉）尘占比/%
2006	1 088.5	864.5	224	—	—	79.40
2007	987.1	771.1	216	—	—	78.16
2008	901.7	670.7	231	—	—	74.39
2009	847.4	604.4	243	—	—	71.30
2010	829.2	603.2	226	—	—	72.75
2011	1 278.8	1 100.9	115	62.9	0.2	86.09
2012	1 234.3	1 029.3	143	62.1	0.2	83.39
2013	1 278.14	1 094.6	124	59.4	0.2	85.64
2014	1 740.8	1 456.1	227	57.4	0.2	83.65
2015	1 538.0	1 232.6	250	55.5	—	80.14

资料来源：根据 2006—2015 年的中国环境统计年鉴整理得出，最后一列是计算得到的。

① 我国从 2006 年开始统计氮氧化物排放量，生活排放量中含交通源排放的氮氧化物，从 2011 年起机动车排气污染物排放情况与生活源分开单独统计。

氮氧化物排放量的工业占比相对于二氧化硫排放工业占比要低一些，不过从表3-8中的数据可见，每年氮氧化物排放量的工业占比均超过了60%，2012年之前一直占到了70%以上。氮氧化物排放量工业占比最高年份是2010年，达到了79.12%。比较好的趋势是2011年以来呈现了下降态势，到2015年，该指标的工业占比下降到了64.46%。

表3-9所示是我国近来的烟（粉）尘排放总量，2006年以来我国工业排放的烟（粉）尘上下起伏波动较大，尤其是在2011年之后呈现了大幅上升的趋势，不过无论变化情况如何，在统计的数据中，每一年工业排放的烟（粉）尘均占到了总排放量的70%以上，2013年达到85.64%。

3.2.2 居民的生活污染逐年递增

前面工业排放的各类废气、烟尘等数据让我们觉得企业绝对是环境污染的主要来源，有人甚至说污染源全部都是企业带来的，这种观点是否客观？我们不妨看一下居民的生活污染排放情况。

1. 居民生活污水排放逐年走高

从统计数据可以看出，我国的废水排放量一直呈现不断走高的态势，2007年总的废水排放量为556.85亿吨，到了2012年上升到684.76亿吨，废水排放量上升了22.97%；2015年更是达到735.32亿吨，较8年前上升了32.05%。

废水排放包含了两大块：生活污水和工业污水。可喜的是，我国的工业废水排放量明显呈现降低态势（如图3-11所示），2015年相较于2007年下降了19.12%。生活污水是导致我国近些年来废水排放量不断上升的原因，从2007年到2015年，居民的污水排放一直居高不下，并呈现逐年上升态势，这8年间，生活污水排放量上升了72.54%，从310.20亿吨上升到535.20亿吨。

在国内31个省区市中，废水排放工业源和生活源到底情况如何？会不会也和总体趋势一样，即工业源的废水排放量小于生活源的废水排放量？抑或相反？还是不同的地方表现有差异？图3-12罗列了我国各地区2015年的废水排放情况。

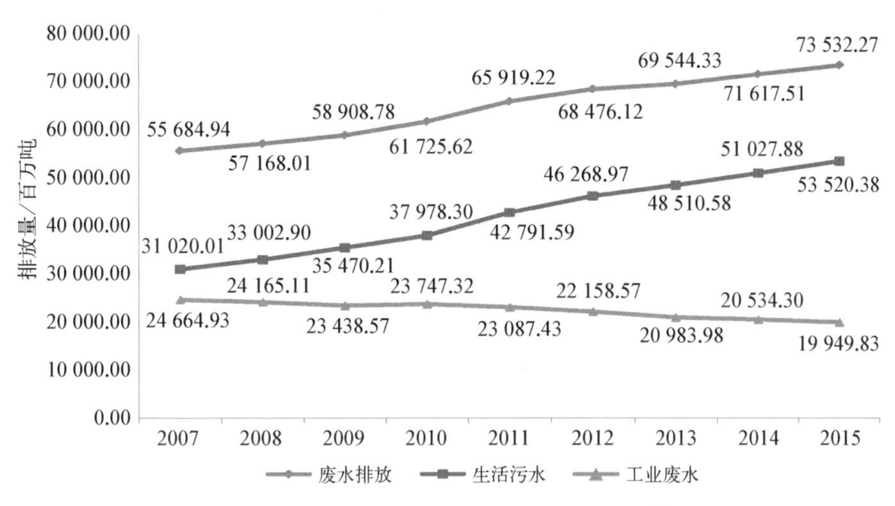

图3-11　我国2007—2015年的废水排放情况

（数据来源：根据环保部数据整理得到）

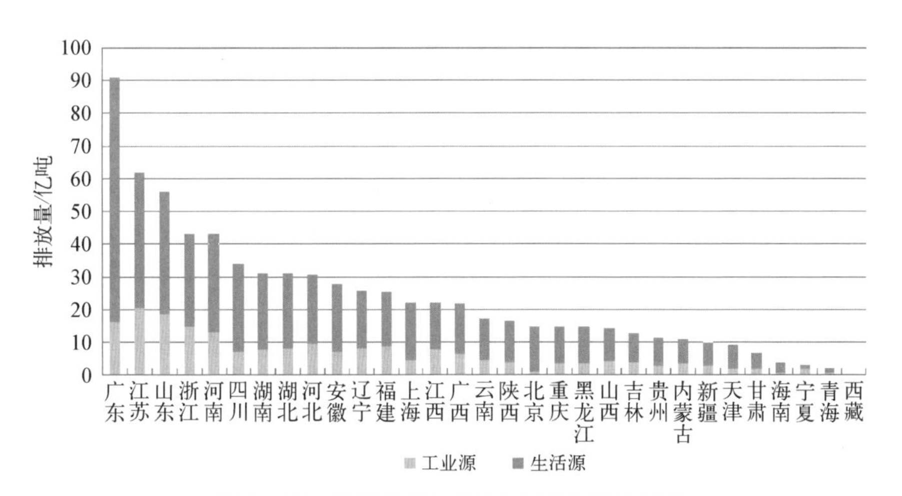

图3-12　我国各地区2015年废水排放情况

（资料来源：根据2015年中国环境统计年报数据整理得到）

令我们诧异的是，这些省、自治区、直辖市的污水排放占比中，无一例外是生活污水排放远远超过了工业污水排放。城镇生活污水排放量前三位地区依次是广东、江苏和山东，分别占全国城镇生活污水排放量的14.0%、7.7%和7.0%。就广东当地来讲，2015年生活源的废水排放量是工业源的废水排放量的近6倍，而江苏和山东生活源的废水排放量大约是工业源的废水排放量的3倍。

2. 居民的生活垃圾污染严重

居民可能主观上觉得生活中的污染主要就是企业的三废排放引起的，但实际上，生活在地球上的每一个生物都是污染源之一。

从表 3-10 和图 3-13 中，我们均可看出从 2009 年到 2011 年，我国工业固体垃圾增长速率很快，2010 年比上一年增长了 18.14%，而 2011 年更是在 2010 年的基础上上升了 35.39%；生活固体垃圾的增长率在 2013 年之前上下波动，但是之后却一直不断往上攀升，2014 年比上一年上升了 3.60%，同期工业固体垃圾增长率下降了 1.58%，2015 年生活垃圾增长率再次上升了 7.18%，工业垃圾增长率仅仅上升了 0.45%。从发展趋势上可见：工业固体垃圾污染脚步放缓，但是居民的生活垃圾污染却和生活水污染的增长率一样不断攀升，我国对于居民生活污染源的治理应该更加重视。

表 3-10　我国工业固体垃圾和居民的生活垃圾增长情况

年　　份	2009	2010	2011	2012	2013	2014	2015
生活垃圾增长率/%	1.92	0.45	3.73	4.18	0.93	3.60	7.18
工业固体垃圾增长率/%	7.27	18.14	35.39	1.93	-0.50	-1.58	0.45

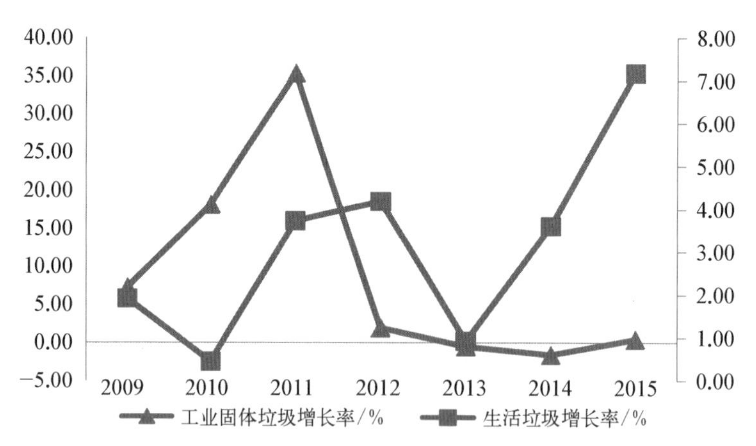

图 3-13　我国工业固体垃圾和居民的生活垃圾增长率比较

（数据来源：根据原中国环保部数据整理得到）

3. 居民出行带来的空气污染严重

众所周知，目前我国大部分城市出行最困难的事情之一就是交通拥堵，在上下班高峰期，大量的私家车一涌而出，看似居民个体或家庭从中受益了，但是细细统计轿车尾气排放对空气的污染，我们不难发现居民的出行真的造成了很大的空气污染。

由图 3－14 可知，除了北京市，其他省、自治区、直辖市 2015 年的百人汽车拥有量较 2008 年呈现了大幅上升趋势，江西和甘肃分别上升到原来的 4.5 倍和 4.2 倍；重庆、广西、青海和吉林是原来的 3 倍多；其他省、自治区、直辖市是原来的 2 倍左右。北京市在 2008 年的轿车保有量本来就高，每百人达到了 16.24 辆，所以北京市 2015 年只比 2008 年上升了 44%。2015 年，百人轿车保有量最高的是西藏，为 29.71 辆，其次是浙江，为 26.8 辆，再次是河北，为 25.68 辆。居民轿车拥有量的不断上升，给环境带来了巨大的压力。

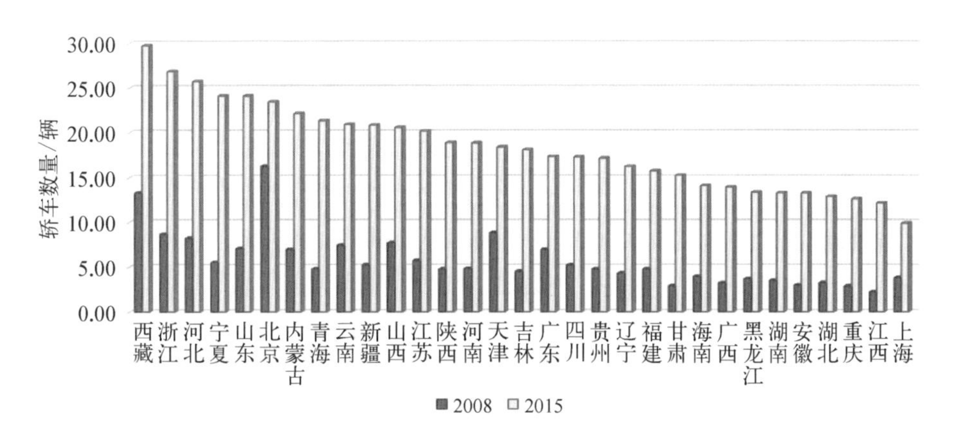

图 3－14　我国城镇居民每百人拥有轿车数

（数据来源：根据中国统计年鉴、环保部数据整理计算得到）

另外，居民的吃穿住行在有意和无意中产生了大量的污染，除了以上阐述的汽车尾气排放带来的空气污染，生活用水排放造成的水污染，生活垃圾导致的各类污染，还有很多不便具体叙述的污染源，比如助动车、出租车尾气排放，各类代步车尾气排放，家中烧饭油烟机产生的污染，噪声污染。北方更有燃烧煤炭带来的空气污染，农村还有烧秸秆、打农药等一系列污染源。因为有些污染比较分散也无法具体统计数据，所以前述的居民带来的污染比例应该是远远小于实际产生的污染数的。

可见，平时对洁净环境有着强烈要求的需求方（居民）同时也是各类污染的源头，如果我们能够将需求方（居民）的观念转变，让大家一起作为优质环境的供给方，那么可以预期环境治理一定会向着我们希望的方向发展。居民是否有这样的环保意识？是否愿意承担一部分治污费？如何激励居民参与进来？这些是我们后续要重点讨论的话题。

3.3 环境公共品供给所存在问题的原因分析

近年来环境公共品供给不足的问题愈演愈烈，政府在公共产品供给问题上的角色定位又一次成为社会各界关注的焦点。面对环境污染，尽管政府也采取了一系列对污染违法违规企业实施关停并转和经济处罚等措施进行治理，但是效果并不理想。我们分析其原因有以下几个方面。

3.3.1 环境公共品供给政策重行政干预轻市场调控

自1989年第一部《中华人民共和国环境保护法》颁布实施以来，为了解决经济社会迅速发展中愈演愈烈的环境问题，全国人大及其常委会、地方人大及其常委会、国务院及其下属部门不断制定、颁布环保方面新的法律、法规、政策、规章、条例等，主要目的就是保护环境。由于政策法规比较多，本书无法进行一一梳理，表3-11仅仅罗列了十余年来我国采取的环境保护政策、法律和法规等。

表3-11 我国十余年来采取的环境保护政策、法律和法规等

日　期	环保政策、法律和法规等	颁布部门或发文机关
2007.1.20	《关于加快关停小火电机组的若干意见》	中华人民共和国国家发展和改革委员会（简称“国家发展改革委”）、国家能源领导小组办公室（简称“能源办”）
2007.5.11	《中央财政主要污染物减排专项资金项目管理暂行办法》	国家环境保护总局（简称“国家环保总局”）、中华人民共和国财政部（简称“财政部”）

续　表

日　期	环保政策、法律和法规等	颁布部门或发文机关
2007. 7. 12	《关于落实环境保护政策法规防范信贷风险的意见》	国家环保总局、中国人民银行、中国银行业监督管理委员会（简称“银监会”）
2007. 7. 30	《国务院办公厅关于建立政府强制采购节能产品制度的通知》	国务院办公厅
2007. 12. 4	《关于环境污染责任保险工作的指导意见》	国家环保总局、中国保险监督管理委员会（简称“中国保监会”）
2008. 2. 28	《中华人民共和国水污染防治法》	全国人民代表大会常务委员会（简称“全国人大常委会”） 中华人民共和国主席令
2008. 8. 19	《工业企业厂界环境噪声排放标准》	中华人民共和国环境保护部（简称“环境保护部”）、国家质量监督检验检疫总局（简称“国家质检总局”）
2007. 10. 28	《中华人民共和国节约能源法》	全国人大常委会
2008. 8. 29	《中华人民共和国循环经济促进法》	全国人大常委会、中华人民共和国主席令
2009. 6. 28	《家电以旧换新实施办法》	中华人民共和国商务部（简称“商务部”）、财政部等 7 部委
2009. 8. 26	《城镇污水处理设施配套管网建设以奖代补专项资金管理办法》	财政部
2016. 12. 13	《关于减征 1.6 升及以下排量乘用车车辆购置税的通知》	财政部、国家税务总局
2010. 1. 4	《财政部、商务部关于允许汽车以旧换新补贴与车辆购置税减征政策同时享受的通知》	财政部、商务部
2010. 4. 19	《关于支持循环经济发展的投融资政策措施意见的通知》	国家发展改革委、中国人民银行、银监会和中国证券监督管理委员会（简称“证监会”）
2010. 5. 21	《支持节能减排信贷指引》	中国人民银行
2011. 4. 6	《绿色能源示范县建设补助资金管理暂行办法》	财政部、国家能源局、中华人民共和国农业部（简称“农业部”）

续 表

日　期	环保政策、法律和法规等	颁布部门或发文机关
2011. 10. 29	《关于开展碳排放权交易试点工作的通知》	国家发展改革委办公厅
2012. 1. 5	《关于公共基础设施项目和环境保护节能节水项目企业所得税优惠政策问题的通知》	财政部、国家税务总局
2013. 1. 21	《关于开展环境污染强制责任保险试点工作的指导意见》	环境保护部、保监会
2012. 3. 6	《关于节约能源　使用新能源车船车船税政策的通知》	财政部、国家税务总局、中华人民共和国工业和信息化部（简称“工业和信息化部”）
2012. 8. 20	《废弃电器电子产品处理基金征收管理规定》	国家税务总局
2013. 1. 14	《关于进一步做好重污染天气条件下空气质量监测预警工作的通知》	环境保护部办公厅
2013. 2. 27	《关于执行大气污染物特别排放限值的公告》	环境保护部
2013. 7. 4	《再制造产品“以旧换再”试点实施方案》	国家发展改革委、财政部、工业和信息化部、商务部、国家质检总局
2013. 9. 10	《大气污染防治行动计划》	国务院
2013. 12. 2	《关于完善废弃电器电子产品处理基金等政策的通知》	财政部、环境保护部、发展改革委、工业和信息化部
2013. 12. 18	《企业环境信用评价办法（试行）》	环境保护部、国家发展改革委、中国人民银行、银监会
2014. 1. 14	《重点流域水污染防治项目管理暂行办法》	国家发展改革委办公厅
2014. 6. 27	《绿色信贷实施情况关键评价指标》	银监会
2014. 11. 12	《国务院办公厅关于加强环境监管执法的通知》	国务院办公厅
2014. 8. 6	《国务院办公厅关于进一步推进排污权有偿使用和交易试点工作的指导意见》	国务院办公厅

续　表

日　期	环保政策、法律和法规等	颁布部门或发文机关
2014. 10. 20	《关于改革调整上市环保核查工作制度的通知》	环境保护部
2014. 12. 2	《国家发展改革委关于开展政府和社会资本合作的指导意见》	国家发展改革委
2014. 12. 22	《企业绿色采购指南（试行）》	商务部、环境保护部、工业和信息化部
2014. 12. 27	《国务院办公厅关于推行环境污染第三方治理的意见》	国务院办公厅
2014. 12. 31	《污水处理费征收使用管理办法》	财政部、国家发展改革委、住建部
2015. 3. 17	《关于鼓励和引导社会资本参与重大水利工程建设运营的实施意见》	国家发展改革委、财政部、中华人民共和国水利部（简称“水利部”）
2015. 4. 25	《中共中央 国务院关于加快推进生态文明建设的意见》	中共中央、国务院
2015. 6. 18	《挥发性有机物排污收费试点办法》	财政部、国家发展改革委、环境保护部
2015. 6. 25	《环保“领跑者”制度实施方案》	财政部、国家发展改革委、工业和信息化部、环境保护部
2015. 8. 18	《关于加强大气污染防治专项资金管理提高使用绩效的通知》	财政部、环境保护部
2015. 11. 27	《关于加强企业环境信用体系建设的指导意见》	环境保护部、国家发展改革委
2015. 12. 31	《绿色债券发行指引》	国家发展改革委办公厅
2015. 12. 31	《关于在燃煤电厂推行环境污染第三方治理的指导意见》	国家发展改革委、环境保护部、国家能源局
2016. 1. 11	《关于“十三五”新能源汽车充电基础设施奖励政策及加强新能源汽车推广应用的通知》	财政部、中华人民共和国科学技术部（简称“科技部”）、工业和信息化部、国家发展改革委、国家能源局
2016. 1. 11	《国家发展改革委办公厅关于切实做好全国碳排放权交易市场启动重点工作的通知》	国家发展改革委办公厅

续　表

日　期	环保政策、法律和法规等	颁布部门或发文机关
2016. 2. 17	《关于促进绿色消费的指导意见》	国家发展改革委、环境保护部等联合
2016. 3. 24	《可再生能源发电全额保障性收购管理办法》	国家发展改革委
2016. 4. 28	《国务院办公厅关于健全生态保护补偿机制的意见》	国务院办公厅
2016. 5. 9	《水资源税改革试点暂行办法》	财政部、国家税务总局、水利部
2016. 5. 27	《国家发展改革委 国家能源局关于做好风电、光伏发电全额保障性收购管理工作的通知》	国家发展改革委、国家能源局
2016. 10. 31	《关于印发〈水专项管理暂行办法〉的通知》	环境保护部、住房城乡和建设部
2016. 11. 24	《“十三五”生态环境保护规划》	国务院
2016. 12. 25	《中华人民共和国环境保护税法》	全国人大常委会、中华人民共和国主席令
2017. 3. 18	《国务院办公厅关于转发国家发展改革委 住房城乡建设部生活垃圾分类制度实施方案的通知》	国务院办公厅
2008. 7. 1	《海洋工程环境影响评价管理规定》	国家海洋局
2017. 12. 17	《生态环境损害赔偿制度改革方案》	中共中央办公厅、国务院办公厅
2018. 1. 30	《中央财政促进长江经济带生态保护修复奖励政策实施方案》	财政部等
2020. 4. 23	《关于完善新能源汽车推广应用财政补贴政策的通知》	财政部等
2018. 6. 16	《中共中央 国务院关于全面加强生态环境保护　坚决打好污染防治攻坚战的意见》	中共中央、国务院

续　表

日　期	环保政策、法律和法规等	颁布部门或发文机关
2018.6.21	《国家发展改革委关于创新和完善促进绿色发展价格机制的意见》	国家发展改革委
2018.6.27	《打赢蓝天保卫战三年行动计划》	国务院
2018.11.30	《渤海综合治理攻坚战行动计划》	生态环境部、国家发改委、自然资源部等
2018.12.28	《建立市场化、多元化生态保护补偿机制行动计划》	国家发改委、财政部、自然资源部等
2018.12.30	《柴油货车污染治理攻坚战行动计划》	生态环境部、国家发改委、国家能源局等
2019.4.26	《住房和城乡建设部等部门关于在全国地级及以上城市全面开展生活垃圾分类工作的通知》	住建部等
2019.7.23	《天然林保护修复制度方案》	中共中央办公厅、国务院办公厅
2020.3.3	《关于构建现代环境治理体系的指导意见》	中共中央办公厅、国务院办公厅

资料来源：作者根据原环境保护部网站、各大网络平台公开信息所发布的环境经济政策整理得到。

国家颁布的这些政策涉及行政命令、财政法规，也有运用了金融手段进行的调控，牵涉的领域更是宽泛，包括水、电、煤、噪声、大气、电子产品废弃物处理等。

另外，2014年4月24日第十二届全国人民代表大会常务委员会第八次会议修订了《中华人民共和国环境保护法》，并决定自2015年1月1日起施行；2017年6月27日第十二届全国人民代表大会常务委员会第二十八次会议修订了《中华人民共和国水污染防治法》，并决定自2018年1月1日起施行。

以上政策、法规、法律主要是由原环境保护部、国家发展和改革委员会、国家能源局、财政部、原国家质检总局、原银监局等部门单独或联合发布的，大多数政策是部委联合发布的，充分说明了环境保护是牵动社会各行各业的大事情。

2018 年，中共中央、国务院发出的《关于全面加强生态环境保护，坚决打好污染防治攻坚战的意见》，进一步明确要求打好三大保卫战（蓝天、碧水、净土保卫战）和七大标志性重大战役（打赢蓝天保卫战，打好柴油货车污染治理、水源地保护、黑臭水体治理、长江保护修复、渤海综合治理、农业农村污染治理攻坚战），足见政府治理环境污染的决心。

通过仔细分析以上政策法规，我们发现，环境保护政策基本上可以被分为两大类型：政府行政干预型（也就意味着环境公共品主要由政府供给）和市场调控型（环境公共品由市场供给）。政府行政干预主要是政府部门出台法律法规，比如制定统一的技术标准和环境风险等级，要求有关企业必须遵守执行，否则将会按照事先定好的规则予以惩治；而市场调控型则倚重价格机制，一切交由市场，通过银行信贷、资金供给、市场价格等来影响企业行为，最终目标仍为治理污染、改善人类生存环境。进一步将我国十余年来颁布的 68 条环境保护政策法规进行简单的归类，其中约有 60% 为行政干预型环保政策，而市场干预型环保政策只占到 40%。当然，行政干预政策有它的先天优势，比如制定统一的行业行规、处罚力度等，能够通过国家立法使企业违法成本大大提高，同时也能明确政府和企业在环境保护中的具体责任。但是，企业的目标是利润最大化，要想让企业充分意识到环保的重要性甚至是主动参与到环保中来，单独依靠行政干预就显得力不从心，尤其需要警惕企业采取的“上有政策，下有对策”的欺瞒做法。在现阶段，我国的环保资金来源渠道少，治理环境污染往往缺乏资金支撑，这时候如果政府部门不断运用市场调控型政策，并加大公众参与度和社会监督力度，那么企业必定会更加重视环境保护。

所以，行政干预性政策和市场调控型政策双管齐下，对于环境公共品的供给来讲，可能会起到事半功倍的效果。

3.3.2　环境公共品供给模式单一

公共产品的供给一直以来是学术界讨论的话题，因为存在“免费搭便车”问题，更多的经济学专家建议应该由政府提供公共产品，当然环境公共品的提供也不例外。

我国政府在环境治理上主要倾向于对污染企业进行征税，也就是我们常说的“让你吃不了兜着走”，政府通过征税来改进社会中的负外部性。在主要的工业排放“三废”污染源中，政府对于治理废气、废水和固体废物的投入力度不太一致（见图3-15）。从2013年开始，政府明显加大了对废气的治理力度，从过去几年一直徘徊在200亿元左右的治理投入力度上升到了2013年的640.91亿元（2007年只有275.26亿元），2014年达到当时废气治理投入的最大值789.39亿元，是2007年废气治理投资额的186.78%。2017年，政府在废气、废水和固体废物治理的投入力度都有所下降，治理废气项目完成投资446.26亿元，同比下降了20.52%；治理废水项目完成投资76.38亿元，同比下降29.44%；治理固体废物项目完成投资12.74亿元，同比下降72.7%。不过在治理噪声及其他污染方面的投资额却有大幅上升，其中治理噪声项目完成投资为1.29亿元，同比增长了106.25%，治理其他项目完成投资额为144.87亿元，同比增长了42.03%。尽管政府在废气治理上投入了大量的财力和物力，但是现实情况并未和政府的投入力度匹配。

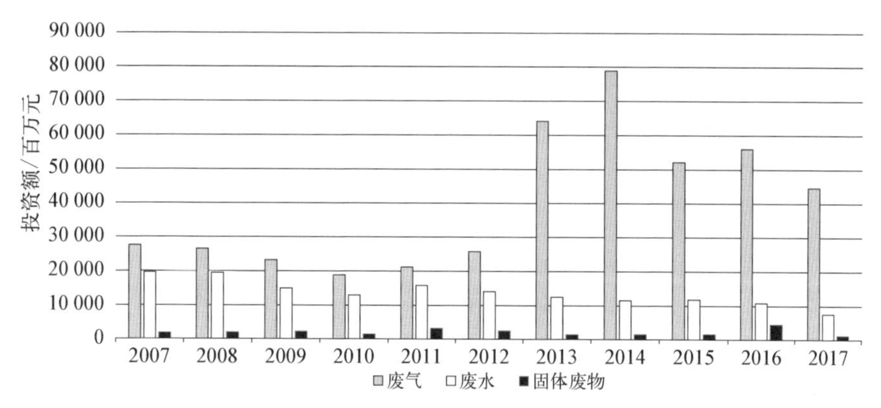

图3-15　我国工业污染治理完成投资额

（数据来源：根据原环保部数据整理得到）

政府供给公共产品容易导致政府失灵，具体表现为：① 财政分权和地方政府之间的竞争对地方公共产品投资结构产生不利影响，现有的财政制度安排使得国内市场分割，导致满足当地实际需要的公共产品投资不足；② 以数量扩张为核心的政绩考核机制，使地方官员大量投资于短期内直接经济效益显著的项目，而对于环境类具有长周期的代际公共品的提供一直存在供给不足的问题。

我国相继出台了许多政策促进环境公共品供给模式多元化。目前实施的试点排污权交易以及 2015 年正式开始发行的绿色债券，这些政策的实施在一定程度上有效地缓解了环境污染日益严重的问题。但是，以上政策归根到底仅是政府的供给资金来源多元化而已，并不等同于供给模式多元化。

公共产品的供给模式目前有政府供给、市场供给、自愿供给和混合供给，即 PPP 供给模式[127]。从公共产品“免费搭便车”问题引申出来政府治理最有效率，到政府也会失灵，提出公共产品供给领域可以引入市场机制，再到市场化、社会化多元治理的模式，到底哪种运作机制能够最大限度地揭示居民对公共服务的偏好？对我国环境污染治理更加有效？这是当前我们关注的重要问题。

环境公共品供给模式单一，这肯定不利于污染治理。尽管企业是污染的重要源头，但是伴随着对居民行为的深入调研及数据分析，我们发现追求洁净环境的需求方的居民正越来越成为污染的供给方，在企业污染不断下降的当下，居民的生活废水排放和垃圾污染却愈加严重，如果能够增强居民的环保意识，改变居民的行为模式，调动居民、企业以及其他社会团体和政府积极配合，形成共同提供环境公共品的复合供给模式，就能改善我们的生存环境。

3.3.3 促使污染企业外部问题内部化的政策力度不足

经济学研究中涉及解决外部性问题提得比较多的是政府管制和市场解决，也就是运用庇古税和科斯定理进行解决。政府管制的最大优点在于其权威性和发布指令的迅速性，但在效率上会存在不足，即我们通常所说的政府失灵。

科斯定理提出，只要产权明晰，且交易成本为零或者很小，无论初始的所有权赋予谁，市场最终结果总是有效率的[128]。该定理要发挥作用必须具备两大条件：产权明晰和交易成本很小甚至为零。这也意味着排污者和被污染方要自愿协调解决，在满足以上条件的情况下让市场机制发挥作用，可以优化配置社会资源。科斯定理在现实中属于比较理想化的解决方案，它所要求的条件基本上不可能达到，因而市场失灵不可避免。

在现实中，我们的污染治理政策基本上是以采取关停并转的行政干预和增加税收为主，为了加强环境治理、减少污染物排放，我国从 1979 年就确立了排污费制度。通过收费这一经济手段促使企业补充环境治理经费，对防治污染、保护环境起到了重要作用。但是，排污收费制度执行中也存在一些问题，这影响了该制度功能的正常发挥。同时，对于污染企业通过改进技术降低污染的内部化行为激励不到位，导致企业的研发投入和技术革新滞后，甚至出现污染企业和检查部门玩“捉迷藏”的游戏：在上级单位派人下来检查污染情况时，排污企业采取停产或减产措施，更有甚者白天不排污，等到夜深人静时将废水、废渣偷偷摸摸排放。

实际上，还有一个“谁污染谁治理”，将外部性问题自行内部化的策略。比如排污企业主动联手污水治理厂，或更换脱硫设备等。我们提倡政府应该激励具有正外部性的主体行为，鼓励企业将外部问题内部化。如果政府能够采取有效措施激励污染企业将负外部性自行内部化处理，不仅能够弥补“上有政策下有对策”的漏洞，还能解决治污资金短缺以及企业技术落后的问题。

3.3.4　缺乏激励居民参与污染治理的有效措施

政府、企业和居民都是市场经济体制运行过程中的参与主体，目前参与环境治理的主体——政府、市场、公众（目前是志愿组织）——均存在失灵现象，我们单纯依靠任何一方的力量都无法有效解决环境污染问题。

当前，作为洁净环境需求方的居民在污染治理方面并未完全参与进来，甚至可以说基本上没有参与进来（只有少部分通过志愿组织捐赠、参与植树造林等义务活动），社会上最迫切希望环境洁净的群体——居民——却置身事外，这必然会影响环境治理的绩效。如果能够激励居民参与到环境公共品的供给中来，就会事半功倍。一方面，居民是污染源头之一，当其参与到环境治理中来时，就能意识到自己行为对环境造成的破坏，后续一定会对自己的行为有所抑制，比如改变出行方式、节省水资源、进行垃圾分类等；另一方面，当居民参与环境治理时，政府可以通过一些可行的措施来激励居民进行环保支付行为，比如制定合适的贴现率鼓励中青年居民为环保主动缴费，在居民年老时进行贴现兑付，这样可以缓解目前环境治理资金紧张的局面。此外，当居民参与到环境治理中来，就能通过言传身教带动身边的亲朋好友共同行动，尤其是会影响子孙的行为，让全民都具有忧患意识，对于代际传承的环保意愿必然会有深刻的影响；全民参与环境治理更加有利于社会监督，能够作为对法律漏洞的补充来增强政府回应性，让企业和公众的行为均有所收敛，大家朝着共同的美好愿景——蓝天白云——迈进！

当然，构建起居民参与的环境治理多元主体的治理机制，使得多方主体互相补充、相互协调，推动中国环境公共品迈上新的台阶，这一切必须有一个前提——居民参与，所以如何激励居民参与到环境公共品的供给中来，改变目前供给模式单一的情况，成为本书重点讨论的话题。

3.4 本章小结

本章通过数据分析，认清了当前我国存在严重污染的事实，尤其是空气污染、水污染和垃圾污染的严峻现状。

通过对污染源头的分析，我们发现工业企业是环境污染的重要来源，其排放的氮氧化物、二氧化硫、烟（粉）尘等让人们置身于恶劣环境之中。进一步的研究发现，居民排放的生活废水和生活垃圾正呈现逐步上升的势头，而且不断增长的私家车排放的尾气加重了空气污染。这就意味着不仅工业企业是造成环境污染的主要源头，伴随着物质生活的进步，一直追寻优质环境的居民也使自身的生存环境变得愈加恶劣。

污染治理已经进行了多年，国家投入治理的资金数额不断增加，但是效果并不是那么明显，除了通常提到的政府失灵和市场失灵的问题之外，本书还提出，环境公共品供给不足的原因主要有：供给模式单一，政府采取的政策大多倾向于行政干预型，对企业的外部性问题内部化政策力度不够，缺乏激励机制动员居民参与环境治理工作……其中，作为社会最大群体的居民一方面污染了环境，另一方面并没有参与环境公共污染的治理，由此我们意识到，在研究环境公共品的有效供给机制时，必须了解居民参与的可行性有多大，考虑如何动员和吸引居民参与到环境治理中来。因为其中的激励机制设计是非常关键的。

第4章　环境公共品供给的国际比较

4.1　发达国家环境公共品供给的实证分析

从20世纪50年代起，世界经济由第二次世界大战后恢复转入发展时期。西方大国竞相发展经济，工业化和城市化进程加快，经济持续高速增长，但这也使得工业生产和城市生活的大量废弃物排向土壤、河流和大气之中，最终造成环境污染的大爆发。英国作为最早实现工业革命的国家，其煤烟污染最为严重，水体污染亦十分普遍。除英国外，在19世纪末期和20世纪初期，美国的工业中心城市如芝加哥、匹兹堡、圣路易斯和辛辛那提等的煤烟污染也相当严重。至于后来居上的德意志帝国，其环境污染也相当严重，19世纪和20世纪之交，其工业中心的上空长期为灰黄色的烟幕所笼罩，工业区的河流也变成了污水沟。

1992年6月召开的联合国环境与发展会议正式否定了工业革命以来所谓"高生产、高消费、高污染"的传统发展模式。这标志着包括西方国家在内的世界环境保护工作又迈上了新的征途——从治理污染扩展到更为广阔的人类发展与社会进步的范围，环境保护和经济发展相协调的主张成为人们的共识，"环境与发展"则成为世界环保工作的主题。

"他山之石，可以攻玉"，在生态危机威胁着人类生存与发展的今天，在许多发展中国家依然重蹈发达国家覆辙的情况下，重新审视与研究发达国家环境污染与治理的历史，学习这些国家治理污染的经验，就显得十分必要和迫切。在研究我国的环境公共品供给机制和政策之前，我们不妨先看一下其他国家的情况，以便参考和借鉴。

4.1.1　美国：从保守的环保政策到市场化运作政策

1943 年在“天使之城”洛杉矶发生了灾难性的大气污染事件——光化学烟雾事件。之后 1952 年 12 月的污染事件造成高达 400 多名 65 岁以上老人的死亡，1955 年 9 月，又有 400 余人死于大气污染与高温，多人出现眼睛痛、头痛、呼吸困难等症状。这些污染主要源于汽车不完全燃烧尾气、炼油厂油气及工业废气排放物等。汽车尾气和工业废气中产生的碳氢化合物和二氧化氮被排放到大气中后，经紫外线照射发生光化学反应，其产物为含剧毒的光化学烟雾，一般在相对湿度低、气温较高的夏季中午或午后最为严重，危及人类生命安全。

在 20 世纪 90 年代之前，美国采取的是相对保守的政府供给环境公共品的模式，大多运用的是行政干预和命令控制模式，尽管美国通过了大量的环保立法，比如 1955 年的《空气污染控制法》（*Air Pollution Control Act*），这种强制性的命令方式在短时间内化解了环境危机，但是在运作过程中会带来治污成本的上升，引起大量企业的不满。

1. 政府供给环境公共品的模式

美国面对环境危机，采取了以政府行政干预为主的系列措施，以缓解严重的污染问题。

首先，美国政府成立专门监管机构进行大气污染防治。1970 年出台《清洁空气法》的同时，联邦政府层面成立了美国环境保护署（United States Environmental Protection Agency，EPA）。环境保护署通过制定全国的环保法规，提供资金和技术支持等，致力于环境问题的改善。每个州和地区按照环境保护署法律政策的规定，都有清洁空气的标准，定期提交空气质量“达标”的详细实施计划。如果州政府没有完成计划，环境保护署将采取强制性措施，确保空气质量达标。

其次，美国搭建大气污染联防联控管理机制，对大气污染进行全盘整合式管理。联邦政府部门之间相互协调配合，进行空气治理。如美国能源部、环境保护署等不同的机构和部门会推出各具特色的空气污染治理项目，相互配合进行空气治理，构筑大气跨界污染治理体系。环境保护署将美国各州划分成10个大区，每个大区设立区域环境办公室，对所辖大区的综合性环保工作进行监督，执行联邦的环境法律、实施环境保护署的空气治理项目，协调州与联邦政府的关系，以促进跨州的区域性环境问题的解决。同时，政府建立跨区域空气质量管理机构，共同应对空气污染。加利福尼亚州成立的南海岸空气质量管理局（South Coast Air Quality Management District，SCAQMD）具有立法、执法、监督、处罚等职权，通过强制执行和监控、技术改进、宣传教育等多种方式协调开展工作，保障了南海岸的空气质量达标。

2. 市场供给环境公共品的模式

从20世纪90年代以来，即从布什政府开始，美国执行基于市场化的环保政策，比较明显的是采取了降低财政补贴、可交易的许可证制度以及排污收费制度。

降低财政补贴。主要是对于有规模经济特性的自来水、电等行业，之前一直采取国家补贴的政策，而布什政府将这类补贴进行削减，取而代之以阶梯式上升的收费制度，大大提升了社会中用水用电的效率。

可交易的许可证制度。美国在大气污染防治过程中，最有特色的是利用市场经济手段控制污染排放，建立了排污权交易体系。美国是一个市场经济高度发达的国家，20世纪70年代以来，环境保护署借鉴了水污染治理的排污许可证制度，对大气污染企业进行管理，因不同所有者之间排污权的交易必须是有偿的，排污权交易市场应运而生，逐步建立起以气泡、补偿、银行、容量节余为核心内容的排污权交易体系。最初，一个工厂内部的多个排污口之间可以相互调配，只要工厂的排污总量未超过规定标准就不算违规，后来范围扩大到同一公司不同工厂之间，甚至同一地区的不同工厂。刚开始，排污交易只在部分地区进行，涉及二氧化硫、氮氧化物、颗粒物、一氧化碳和消耗臭氧层物质等多种大气污染物，交易形式也是多样的，为后来全面实施排污权交易奠定了基础。1990年《清洁空气法修正案》通过后，联邦政府开始实施酸雨控制计划，排污交易主要集中于二氧化硫，制定了可靠的法律依据和详细的实施方案，并在全国范围的电力行业实施，成为迄今为止最广泛的排污权交易实践。排污权交易制度充分发挥了市场的功能，既可以刺激技术落后的企业努力改进技术，减少排污量，又可以给治理成本比较高的企业留出交易空间，通过排污权交易体系获得排污配额，满足排污需求。其主要含义是政府在某一区域规定一个污染总量，然后根据规则将污染排放量分配给不同的企业，企业排污总量不能超过分配量，如果污染排放量尚未用完，允许售卖给其他企业，也可以将获取的排污信用存入银行以供以后使用。该政策激励了污染企业不断进行技术提升，降低污染，因为节省下来的排污量就是该企业收益的增加值。

排污收费制度。排污收费制度是根据企业的污染排放量征收税金的制度，这一举措直接使得污染企业不得不控制自己的三废情况，否则将会面对更高的税率。

3. *鼓励居民参与环境治理*

首先，政府信息公开，公众可以随时获得关于空气质量的信息。美国环境保护署（以下简称“环保署”）在网站上适时公布空气质量指数，环境信息的公开给了民间组织推动监测标准提高的机会。美国环保署和其他机构合作设立了“空气质量指数”，向公众提供有关地方空气质量以及空气污染水平是否达到威胁公众健康的及时、易懂信息。美国环保署自 1997 年 7 月率先将 $PM_{2.5}$纳入全国空气质量监测标准以来，民众可随时通过手机在政府官网上查询自己所在区域的空气质量总体状况、$PM_{2.5}$数值等信息，环保署将各区域空气质量标识为未达标、达标和被认为达标 3 种，其中未达标的州政府必须在 3 年内整改达标，实时数据通过信息平台随时接受公众的监督。

其次，公众环保意识增强，对大气质量有更高的要求。在经济快速发展的基础上，公众开始对生存环境更加关注，对大气质量有更高要求。1970 年 4 月 22 日，2 000 万民众在全美各地举行了声势浩大的游行，促成了 1970 年联邦《清洁空气法》的出台。

再者，公众积极参与民间诉讼，环保型公益组织发挥重要作用。20 世纪 60 年代，生态危机的加剧、民权运动的兴起让美国公众的环境保护意识空前觉醒。20 世纪 70 年代以来，美国公众参与空气质量诉讼案件有几百例。环保型公益组织发挥了日益重要的作用，每一次空气质量监测标准的提升，背后都有民间组织和公众起诉政府的司法推动。

4. 激励企业进行技术改进

当然，美国政府还积极促进企业提高技术水平，转变生产方式。

首先表现为加强科学研究，提高认识和治理大气污染的水平。科学研究不仅是科学制定大气污染防治法律和政策的需要，也是顺利、有效实施相应法律和政策的需要。环境保护署的主要任务之一就是研究造成空气污染的原因及应对方案，科学家的研究让公众日益了解到大气污染的危害和真正成因。人们逐步达成共识，工业文明下的生产和生活方式造成了大气污染，从而开始对汽车尾气排放和燃料生产进行限制。此外，企业针对各种污染大气的污染源都具有较为成熟的处理技术，如燃煤电厂的脱硫、脱硝、除尘等，先进的机动车排放控制技术结合清洁的燃油，能去除机动车尾气中的绝大部分污染物。

其次提高技术水平，提高大气污染监测标准。伴随着技术水平的提高，对于大气环境的监测标准也相应提高。针对 $PM_{2.5}$ 等空气污染物的标准制定是美国治理空气污染的科学保障，自 1997 年开始，美国开始将颗粒物细分为细颗粒和粗颗粒分别监测。因为 $PM_{2.5}$ 属于可吸入肺的颗粒物，对人体健康影响很大，美国于 2006 年还更新了 $PM_{2.5}$ 含量的新标准，由先前的 65 $\mu g/m^3$ 下降为 35 $\mu g/m^3$。

再者，转变生产方式，经济转型升级。奥巴马政府积极推出《清洁能源和安全法案》，鼓励资本投资清洁能源和可再生能源的开发和利用，提高能源使用效率，逐步转变依赖石油煤炭的生产方式。

总的来说，美国环保政策经历了从保守的政府行政控制或称为政府供给模式到市场化供给模式的转变，其环境管理运行机制比较完备，主要表现在环境管理体制中合作机制、协调机制、执行机制和监督机制四个方面。基于市场的环保政策使美国的经济发展和环境保护实现了共赢，企业的参与使得环境污染得到了更为有效的治理。

4.1.2　日本：从以治为主到以防为主

日本从“公害大国”发展到如今的环保先进国家，有很多值得我们借鉴的地方。发生在 19 世纪末的“足尾铜山矿毒事件”，因在精炼铜矿的过程中产生的硫化物（SO_x）对当地水质和空气造成严重污染而成为日本产业化开始后最初的有名污染事故。“二战”前日本的空气污染主要是局部工业区的污染，而战后高速经济发展时期的空气污染是由于工业化和城市化的快速发展，以重化学工业污染为特征，这一时期硫化物污染严重，光化学污染事故频发，最为典型的是四日市空气污染事件。1961 年，日本四日市居民呼吸道疾病骤增，尤其是哮喘病的发病率大大提高；1964 年，四日市连续 3 天浓雾不散，严重的哮喘病患者开始死亡；3 年后，一些哮喘病患者不堪忍受痛苦自杀。截至 1970 年，四日市哮喘病就诊患者达 500 多人，10 余人死亡，实际患者超过 2 000 人。此现象的出现源于工业冶炼和燃油废气排放，造成多种有毒气体粉尘形成硫酸烟雾，严重威胁人类健康①。

1. 环境保护立法及治理

日本的环境政策基本上都已上升为法律，有法可依、严格执法是日本环境管理的基本特征，也是日本环境治理的基本经验之一。为防治污染，在立法上面，从 20 世纪 60 年代开始，日本先后颁布了《公害对策基本法》《煤烟规制法》《噪声规制法》《大气污染防治法》等一系列法规。1970 年对《公害对策基本法》进行修订，将保护国民健康和维护其生活环境作为立法的首要目标。1972 年又出台了《自然环境保护法》，形成了完整的公害防治和环境保护法律体系。通过严格实施这些环境法律，到 20 世纪 80 年代基本控制住了公害问题。进入 20 世纪 90 年代，城市生活型环境问题和全球环境问题成为日本环境管理的重点，日本政府于是将环境法律从公害防治为主转向解决整体环境保护及全球环境问题上，法律监管对象也从以企业为主扩大为针对一般公民。历经“泡沫经济”进入 20 世纪 90

① 罗杨：《国外雾霾成因、治理经验对我国现阶段严重雾霾污染的启示》，载《冶金经济与管理》2017 年第 3 期。

年代后，日本面临着全球性环境问题的考验，并向着建设可持续化发展社会迈进。1987 年世界环境与发展委员会（World Commission on Environment and Development，WCED）提出“我们共同的未来”的报告，首次提出了“可持续发展”方针。随后日本的环境政策也进入了新阶段，其标志是 1993 年颁布的《环境基本法》，将可持续发展思想纳入其中，提出了三个基本理念：(1) 当代和后代都能继承和享受自然资源和环境；(2) 构筑环境负荷小的社会；(3) 积极参与解决全球环境问题。

同时，日本政府制定了环境质量标准，开展空气环境质量监测，开始了治理空气环境污染的工作。日本自 20 世纪 70 年代首次制定空气环境质量标准以来，主要经历了两个阶段。第一阶段是 1970—1996 年，这一阶段空气污染以产业公害型污染为主，主要空气环境质量标准项目以传统的大气污染物质为主。第二阶段是城市生活型空气污染阶段，以 1996 年日本修订《大气污染防治法》为标志，除已经开展监测的传统空气污染物外，将低浓度长期暴露于大气中对人类造成慢性毒害的污染物质纳入空气环境质量标准体系，确定了 234 种有害的空气污染物，并从中筛选出 22 种对人类健康威胁较大、环境风险较高的优控污染物开展监测。1999 年，根据《Dioxins 物质对策特别措施法》第七条，制定防治 Dioxins 类污染的环境质量标准（包括大气、水质及土壤）①。2000 年修订了《关于确保公民健康和安全的环境条例》，明确国家、政府、企业及公众在雾霾治理中的责任与义务。

2000 年，日本提出建立循环型社会的构想，为此颁布了《循环型社会形成推进基本法》，并颁布多项单行法，内容涉及废弃物管理、资源有效利用和容器包装、家电、建筑材料、汽车的再生利用等。日本环境法律体系的构成可分为三个层次：基本法、单行法和环境标准。环境基本法上承宪法下启各单行法，原则性规定了国家基本的环境保护制度、理念和组织方法、社会各主体在环境保护中的责任和义务。环境标准包括质量标准和排放标准，违反排放标准有两个平行的法律后果——行政制裁和刑事制

---

① 陈平，赵淑莉，范庆：《解析日本空气环境质量标准体系》，载《环境与可持续发展》2012 年第 4 期。

裁，其都是以终止环境破坏为目的。

2. 环境保护从以治为主到以防为主

日本的环境保护不但强调立法和监督，更重要的是注重宣传和学校教育，实现环境保护的社会化和全民化。

1972 年联合国在斯德哥尔摩召开了人类环境大会。日本参加了联合国环境规划署（United Nations Environment Programme，UNEP）的工作，于 1971 年设立了专门解决环境问题的政府机构——环境厅。1977 年联合国环境规划署各国委员到日本考察并提出了“日本环境政策评价”的报告，在肯定“公害对策”成果的同时，提出了“创造更舒适的环境”即提高生活质量的目标。20 世纪 70 年代是日本政府的环境政策“防止公害”向“保护环境”观念转换的时期，解决环境问题的重点放在规划和政策协调上。该阶段的环境政策具有以下特点：一是明确提出“环境权”，在法制上确立把“环境权”即享受良好环境的权利作为基本的人权，将环境确认为公共托管财产——这是环境理论上的一大突破；二是健全环境影响评价制度，1984 年内阁正式决定实施环境影响评价制度；三是不断修订标准趋严的环境政策。严格的环境标准不仅未给日本经济带来损害，反而促进了经济发展及提高了出口竞争力，这当中日本汽车强劲的出口竞争力就是证明。

在实际操作中，一方面日本政府鼓励企业进行绿色化的产品设计及生产。每年政府对企业的节能产品进行评估，通过表扬和奖励来鼓励最优秀的节能技术和产品，并且将主导研发的企业、产品进行宣传推广，促使更多的民众使用节能产品，这样也使得很多的企业由“被动治污”转向了“主动治污”。比如为了解决企业污水排放问题，日本政府采取了“鞭子加糖块”的政策。严厉打击非法排放的企业，做出严厉的处罚。另外，日本政府向投资建设污水处理系统的企业提供一定的财政补贴，还给予税率上的优惠。这些政策让企业知道，与其违法排污被罚高额罚金，不如拿出些资金修建废水处理设施，而且还能得到政府的补贴，政策引导使日本在短时间内就杜绝了企业排放污水问题。

另一方面日本政府激励企业进行资源的循环再利用。比如，日本为了提高资源的再利用率，规定了几近严苛的垃圾分类政策，该分类标准非常详细，甚至对周一到周日哪天只能扔哪种类型垃圾都做了规定。

再者，日本帮助大家树立环保意识，激励公众成为环境保护的主体，共同参与推动环保。居民不但注重对政府和污染企业进行监督，更值得学习的是他们身体力行，从自我做起，具有根深蒂固的“爱护环境，人人有责”意识。当前的日本大街上几乎看不到垃圾箱，但是居民基本能做到垃圾不乱扔，这依赖的是全民对环境、社会规则的敬畏，对自己国家的感情和高度的自觉性。

日本污染防治的经历表明，“先污染后治理”的代价巨大，及早采取治污措施是最明智的选择。污染治理投资促进了环境技术开发、环保产业发展和就业扩大，严格执行环境标准迫使产业技术革新、结构优化升级，实现了经济增长与环境保护的“双赢”。进入21世纪，日本大力发展“静脉产业”，将环境保护与经济、社会高度融合，循环型社会建设已初见成效。在一定条件下环境保护可以成为现代经济增长的一个重要驱动因素。

3. 自下而上的特殊环境治理模式

日本政府对产业污染做出反应是典型的自下而上方式。首先，地方政府发挥了先锋作用。日本实行地方自治制度，地方行政长官直接由居民选举产生。居民利用手中的选票使主张治理公害的反对党的市长人数从1947年的20人猛增到1973年的138人[①]。巨大的政治压力促使地方政府积极、主动地采取了产业污染治理对策，1964年横滨市与当地火电厂缔结了日本第一个《公害防治协定》，随后其他地方政府纷纷效仿，这些协定促使企业开发出除尘装置和排烟脱硫装置。地方政府还率先于中央政府颁布了许多具有法律强制性的《公害防治条例》。另外，地方政府还是环境政策的主要创新者，如环境影响评价制度，在许多地方政府实施了多年之后，中央政府在1997年才颁布了这方面的国家法律。其次，中央政府在1970年召开“公害国会”，1971年成立环境厅后，全国性环境管理的黄金时代开始了，其环境管理是一种典型的“分散式管理”结构[②]。环境厅主要负

---

① 任勇：《日本环境管理及产业污染防治》，中国环境科学出版社2000年版。
② 马书春：《日本的公害与环境治理对策及对我国的启示》，载《新视野》2007年第3期。

责环境法规的制定，统一监督管理全国的环境工作；其他相关省厅负责本部门具体的环境工作。这种管理结构在各部门统一认识的基础上，实施环境法规的阻力小、效果好，但在决策过程中为达成共识所需成本较大。2001 年环境厅升格为环境省，其目的就是为了克服在环境行政上各省厅职权交叉的弊端。最后是企业的自我环境管理模式。1971 年起，企业大都建立起环境管理员和节能管理员制度，对企业的环境管理起到了至关重要的作用。政府的环境法规、政策也使得企业采取污染控制措施的成本小于不采取措施的成本。为了企业的商业利益必须防治污染的意识已经融入日本企业文化之中。

日本政府还鼓励居民进行环境监督，比如为确保水资源安全，防止水污染，政府建立了信息公开和居民查询制度。在许多城市，主管部门都在供水系统的各个环节设立了监控系统。如东京都，从上游的水源到最终段的居民家庭管道，一共安装了 10 多个检测点，共有 60 多项检测项目，而且随时公布这些项目的检测结果。居民每天可以从东京都水道局的网站上看到有关信息。如果居民感觉自己家中的水质有问题，可以电话询问水道局，或登门查询，水道局必须给予说明，或上门检查。日本政府在环境保护方面其法律体系建设和执行有可圈可点之处，但更为主要的是政府通过财政补贴措施，激励并提升了企业的环保参与和配合度，通过法律和教育促使国民具有高度的环境保护意识及自发行动。

总之，日本在环境保护方面，既重视通过立法发挥政府的限制作用，又重视通过市场，利用经济手段来促进各项环境保护目标的实现。注重环境政策与产业政策的结合，使环境要素参与到产业结构调整中去，使国家的经济产业政策成为环保的、可持续的发展政策；同时环境政策考虑了经济发展的特点，能够对产业发展产生影响，从而引导企业自主地加强环境管理，实现企业经营的环保化。同时，日本政府重视建立政府同企业在环保方面的合作关系，开发各级政府机构与企业之间的对话和建设性的关系，在制定可接受的和有效的环境政策中一直扮演着重要的角色。建立政府—企业合作关系机制，一方面使政府政策具有公开性，企业能及时了解政府的规划与意图；另一方面，政府能与产业界磋商，提高计划可行性。

日本政府在实施行政管理的同时，注意提供指导和技术服务，而企业也经常给政府提供技术信息帮助以助其制定合理的排放标准。

4.1.3 英国：坚持法治思维，疏、堵、治多管齐下

伦敦雾霾的发生可追溯至1813年，随后的1873年、1880年、1882年、1891年、1892年等年份伦敦都曾发生大气污染事件，终于在1952年12月爆发了最为严重的一次空气污染——“伦敦烟雾事件”。1952年12月4—9日，雾霾大范围笼罩伦敦。据史料记载，12月5—8日的4天里，伦敦市因雾霾死亡人数达4 000人，肺炎、肺癌、流行性感冒等呼吸系统疾病的发病率也显著增加。在短短2个月中，污染事件总共造成12 000人死亡。研究表明，污染源是燃烧的劣质煤粉尘中的三氧化二铁成分催化二氧化硫氧化成为三氧化硫，混合水蒸气形成了硫酸型酸雾，经由呼吸道给人体带来了巨大损伤。

1. 环境治理，法律先行

英国作为具有悠久法治传统的国家，非常注重通过制定法律来治理污染。在大气污染治理中，英国政府逐渐建立了完备的防治大气污染的法律法规，并通过高效的法治实施体系、严密的法治监督体系来保证法律的有效实施。早在1843年，英国议会就讨论通过了控制蒸汽机和炉灶排放烟尘的法案；1863年，议会通过了第一个《碱业法》，要求制碱行业抑制95%的排放物，以控制路布兰制碱工艺所产生的毒气；1874年又颁布了第二个《碱业法》，要求采取切实可行的措施来控制有毒和有害气体的排放，并且第一次制定了法定的氯化氢的最高排放量；1906年，再一次颁布《碱业法》，对那些散发有毒有害气体的行业作了分类，以控制这些气体的排放。与此同时，议会也通过了控制烟气污染的其他法律。1952年烟雾事件在给英国带来重大损失的同时，也唤醒了市民对大气污染治理的冷漠态度，客观上为大气治理提供了契机。1952年烟雾事件发生后，英国卫生部马上成立了一个内部的质询委员会，但议会对这一委员会的独立性和公正性并不满意。在议会的压力下，1953年5月成立了由著名的工业家休·比弗主持的公共质询委员会。这一委员会高效率地开展工作，在半年

里就提出了中期报告，并在一年后提出了最终的报告。1955 年 11 月，以比弗报告为基础的《清洁空气法案》在下院二读通过，第二年正式生效。《清洁空气法案》是全球第一部有关空气污染防治的法案，也是一部将伦敦烟雾事件的教训具体化了的法律，它不仅规定具体，而且执行方法十分简便[①]。

英国政府真正的目标是改善人们的健康，提高环境质量仅仅是为达到该目标而采取的一个手段而已。由于烟尘和酸气对人们的生活和健康造成了严重影响，英国开始制定法律《烟尘禁止法案》《制碱法案》等限制烟尘和酸气的排放。各地根据自己地区的污染源问题，制定了一些地方性法律。比如《德比法案》《利兹改善法案》《伦敦公共卫生法》（1891）和《伦敦地区烟害控制规定》（1891），这些都是地方政府制定的地方性法律。1990 年英国通过了《环境保护法》，该法第一部分关于综合污染控制（Integrated Pollution Control，IPC）的措施，把环境作为一个整体看待，把多种类型的污染统一于一个法律控制之下，避免了污染物排放时的多部门管理导致的漏洞，也整合了管理部门，由皇家污染检察官统管多种类型的污染。

英国是一个典型的“先污染后治理”的国家，企业生产越多环境污染越严重，而且明显可见，在经济人的利润最大化动机驱动下，想要依靠企业自身的主动治理肯定是行不通的。为了解决这个难题，英国人运用了法律的资源，在立法上通过对企业的社会责任进行规定，使企业成为环境保护的主体，同时也使政府的干预有了法律上的依据。一旦在法律上有了这样的规定性，任何人包括企业都必须照此执行。从上面所提到的关于环境保护的诸多的立法中就可以看到，在英国，议会在环境治理方面起到了主导性的作用，也就是说，是议会的立法力量，而不是政府的行政力量在治理环境污染方面起到了决定性的作用。当然，议会的作用还不仅仅在于通过某些法律条文，更重要的是，议会能够敢于直面环境问题，倾听社会呼声。如议会为此组织了很多调查组，提出了一系列的议会调查报告，以便进行环境立法。例如，在 1865 年和 1868 年，议会两次建立皇家调查委员会，对全国的环境污染进行调查。因此，在环境治理等问题上，英国议会

---

① 赵承杰：《英国对大气污染的法律调整》，载《国外环境科学技术》1989 年第 1 期。

承担了相应的社会公共责任，并把解决这样的问题纳入了法律的体制内来解决，这不能不说是英国对环境治理的贡献。

2.“疏”和“堵”双管齐下

英国在20世纪八九十年代，空气污染主因源自汽车尾气排放，政府立即采取了疏导政策，主要表现为大力发展公共交通、抑制私家车发展的政策，通过安装尾气净化装置等降低环境污染，也大力支持新能源汽车等方式减少尾气排放；同时为了鼓励居民绿色出行，采取了大幅提高停车费用，征收私家车“拥堵费”等措施。2015年，伦敦政府建成2.5万套电动车充电装置，电动车可享高额返利、免交排放税和停车费等福利，同时大力发展自行车线路网；政府还大力发展城郊森林和社区森林，提高英国各重点大气污染排放城市绿化覆盖率至40%以上，建设和保护双管齐下。在建筑领域，为了减少房屋能源浪费，英国制定可持续住宅评估规范标准，根据建筑物能源利用率、水利用效率、材料使用等方面分为不同等级，英国宣布对所有房屋节能程度进行评级。英国规定自2016年起，所有新建住宅都必须是“零排放”。为了推广太阳能计划，政府对备有太阳能电池板的用户进行补助，而这些能源可以为人们提供充足、清洁的电能。在垃圾处理领域，英国以尽可能回收运用、节省处理成本为目标，伦敦采用垃圾分类收集制度。将不同种类废弃物放入各色垃圾桶中，有毒废弃物投入红色桶、医用垃圾投入黄色桶、家用废弃物投入黑色桶，在伦敦市，垃圾收集点就有几百处，还有专门到酒吧收集瓶罐的收集车。为促进垃圾减量化，英国采取以容积、质量缴费，以此约束人们随意制造垃圾。对于不可回收的垃圾，英国政府先后在全国50万个垃圾箱上装有监测居民垃圾产生情况的芯片，扔掉垃圾超过限量的居民必须交付额外费用，而对于只倾倒少量垃圾的家庭，政府则予以适当的奖励，以此促进不可回收垃圾的减量化。对于可回收的废弃物，英国政府会对实行垃圾回收处理的各地方政府给予资金支持，同时对从事废弃物回收和循环利用的企业给予税收优惠和免税的支持①。

---

① 张彩玲，裴秋月：《英国环境治理的经验及其借鉴》，载《沈阳师范大学学报（社会科学版）》2015年第3期。

3. 环境税的作用①

英国的环境税对于整个环境治理起到了很大的作用，随着时间的推移，英国的环境税费课征范围呈现不断扩大趋势，税费负担力度也呈现加大的趋势。

另外，在税收方面的经济政策中，英国政府于 1998 年推出对经济困难家庭购买环保原料给予 5%的增值税减免机制。为了促进大型企业、部门积极参与环保活动，创新节能减排技术，在 2001 年提出的气候变化税中，规定能完成政府所规定的减排量的企业就可获得 80%的税收减免。此后，政府又通过建立碳排放交易机制，让企业以直接、间接参与的方式进行碳排放交易，以达到预定减排目标，企业也获得经济效益。对于居民，政府允许个人通过可交易的温室气体排放许可证进行能源购买和旅行消费。为了能够推动和加强企业对政府政策的合作与落实，2006 年，英国成立了节能信托公司，它是由政府设立，以推广家庭节能减排措施为主的私人公司，通过企业融资居民能够申请 400~2 500 英镑来购买太阳能光电池等小型科技产品，以提高家庭使用环保能源的积极性。

4. 利用技术科学治污

200 多年前开始的第一次工业革命促进了钢铁、煤炭、化工和其他行业的繁荣，推动了英国经济和社会的发展。然而与此同时，对于废料处理和运营管理的疏失，也导致了化学废料流入土壤或者直接排入地下，带来非常严重的土壤及地下水污染问题。从 20 世纪中叶开始，英国就陆续进行土壤改良剂和场地污染修复研究。英国土地修复技术非常规范，目前主要采取物理方法、化学方法、生物修复三方面的技术。

对于泰晤士河的治理，英国成立了治理专门委员会和水务公司，对整个流域进行统一规划与管理，提出水污染控制政策法令。1850—1949 年，英国政府进行第一次泰晤士河治理，主要是建设城市污水排放系统和进行河坝筑堤。1950 年至今进行了两次污染治理，不仅重建和延长了伦敦的

① 谢颖：《英国环境税制的演变及效应评估》，载《生产力研究》2014 年第 9 期。

下水道，还建设了大型城市污水处理厂，加强工业污染治理，采取对河流直接充氧等措施治理水污染。目前，全流域建设污水处理厂470余座，日处理能力为360万吨，几乎与给水量相等。

在泰晤士河的治理中，科学技术的作用得到高度重视，尤其是泰晤士河的第二次治理。科学研究帮助水务公司制定合理的、符合生态原理的治理目标，根据水环境容量分配排放指标并及时跟踪监测水质变化。经过100多年的综合治理，特别是20世纪六七十年代的高强度治理，泰晤士河已成为国际上治理效果最显著的河流，也是世界上最干净的河系之一。1955—1980年，泰晤士河总污染负荷减少了90%，河流水质已基本恢复到17世纪的原貌，100多种鱼类重返泰晤士河。

5. 提高公民环保责任意识

英国在环境治理中强调公众参与，并有法律赋予的权利和特殊群体的合力，公众能够真正参与环境事务，保证了英国环境治理的有效性。与此同时，英国环保社团广泛动员全体民众参与，公众参与环保意识增强。环境问题是一个复杂的项目，公众参与是必不可少的。一方面公众参与不仅能够提高环保部门的决策质量，另一方面也是对公众参与政治生活的锻炼，是一个国家民主历程的重要部分。

社会各阶层的广泛参与和斗争，促进了环境的治理和改善。也正是在这一意义上，可以说，环境治理的历史也就是那些能够认识到环境污染问题和深受其害的社会大众斗争的历史，他们锲而不舍的努力，换来了环境的改善，使人们重新获得享有良好环境的权利①。

4.1.4 德国：环境保护依法治理，教育先行

从1972年制定、实施第一部环境保护法《垃圾处理法》开始，迄今，德国环境方面的法律法规有8 000多部，同时要实施欧盟的400多部相关法规，德国已经成为世界上拥有最完备、最详细环境保护法的国家。

德国在环境保护方面值得我们学习的地方很多，从供给角度出发，德

① 李宏图：《英国工业革命时期的环境污染和治理》，载《探索与争鸣》2009年第2期。

国采取的以下几项措施是非常突出的。

1. 污染治理原则——谁污染谁付费

德国的环境政策有一条原则：给环境造成影响或损害的人要负责承担环境受损的费用，属于典型的“吃不了兜着走”。由于污染治理的费用往往很高，这样就迫使企业将目标转为“防污染”而非事后的“治理污染”。德国推进制造业环境污染治理的市场化激励机制主要包括生态税、非税收的环境收入、押金与退款制度。生态税在施罗德执政时期颇受重视，其实施的目标是为了减少能源的消耗与环境污染，提高就业率。生态税的实施措施主要体现为提高汽油税、天然气税、低硫柴油税收等。非税收环境收入是指相关收费依据废弃物中必须处置的有毒有害物质的毒害程度而进行。收入基本上用于支持、咨询和研究开发有毒废弃物处置的技术与方法，消除有毒废弃物带来的危害。

2. 环保思路，教育先行

德国教育法规明确规定：幼儿园要把教育儿童维护自己以及周围环境卫生作为一项重要内容，并且在幼儿园阶段就要求孩子们必须进行垃圾分类投递。从一年级开始，会给学生发放“环保记事本”，教育学生记录他们自己的环保事件，鼓励他们为环保贡献自己的力量。对于成年人，则通过宣传教育少用私家车，争取采用公共交通方式出行；通过对塑料袋收费从而鼓励居民自带环保购物袋。

3. 摸清家底，区别对待

在工业化过程中，德国留下了许多污染场地，有 15%～20%的土地被怀疑可能受到污染。调查结果表明，德国有 30 万块土地需要治理。在后工业化时代，土壤保护已经成为德国环保的一项重要工作。德国开展了全面的土壤监测，全国共有 800 多个监测点，绝大部分是环保部门设立的，也有一些是农业部门设立的。联邦与各州政府设立土壤污染调查小组，根据土地的用途，对土壤进行监测，随时了解土壤特性的变化信息，同时观察土壤发展趋势，评估治理措施是否有效。建立污染场地数据库，所有与土壤保护相关的州政府部门都可以使用这个数据库，下一级地方政府也可以查找属于本地区的污染场地情况。同时，建筑公司也可利用这个数据库。通过这个数据库，可以对全州土壤保护进行有效的动态管理。

4. 垃圾回收分类清楚

在垃圾回收方面，德国通过黄、蓝、黑、绿四种颜色垃圾桶将各类垃圾进行分类，并且大多数居民会自愿将一些可回收利用的垃圾进行清洗后再投放；国家要求强制回收商店售出的饮料瓶铝制品、玻璃产品等。

可见，德国人将其严谨的思路用到了环保设计中，健全法律，做到有法可依，违法必究；通过市场化手段激励企业和居民参与到环境保护之中，环境保护，人人有责；最为重要的，德国的环保理念从幼儿园教育就开始了，这样使得全民的环保素质都很高。

4.2 发达国家居民参与环境公共品供给对我国的启发

李云新提出城市环境治理的公众或居民一般是指包括环境 NGO（Non-Governmental Organization）等环保组织、社区组织、新闻媒体、公民个人等与政府和企业相对的其他社会成员，通常被称为“第三部门”。公众参与城市环境治理的内容是十分广泛的，它既包括公民个人和公民团体在节约资源、保护环境、节制生育等问题上的自我约束，也包括对企业或他人破坏环境行为的监督和指控，通过新闻媒体等舆论工具推动政府部门及时采取保护环境资源措施的行为，还包括对环境决策提出建议或直接参与决策，作为独立主体或与政府、企业等其他主体合作供给环境物品和服务等。公众参与环境治理的过程应包括立法参与（即公众参与法律法规的制定）、决策参与（指公众在环境政策、环境规划和计划制定中和建设项目选择时的参与）、过程参与（指公众对环境法律法规、政策、规划、计划及开发建设项目实施过程中的参与）、末端参与（指公众对环境污染和生态破坏等环境事件发生之后的救济参与）、行为参与（公众自身在自觉保护环境、节约资源等方面的参与）。

4.2.1　公众参与环境治理的优势

公众参与城市环境治理可以实现环境决策的科学化、民主化。公众参与环境管理可以增强政府部门对环境事务决策和管理的公开性和透明度，使其更加符合实际情况和公众意愿，增加公众对政府的信任感，减少公众与政府之间的摩擦，增加公众与政府在环境事务方面的互动和合作。公众参与可以尊重公众意愿，实现决策的科学化和民主化。当论证一项政策、一个项目在环保方面是否可行时，让公众参与进来，就能使政府较全面地掌握信息，避免对项目发起者和倡导者的偏听偏信，同时又可以集思广益，发挥公众特别是环境 NGO 等民间组织的专业优势，减少在环境决策中的失误。公民个人或环境 NGO 等民间组织作为一种非政府的社会力量参与到环境事务中来，可以将公众意愿真实地、及时地反馈给政府部门，还可以发动广泛的分散的社会资源，有助于政府进行正确决策或直接参与决策，同时对政府环境管理和执行行为进行监督或直接参与执行，在决策执行过程中不断修正决策中的偏颇或失误。

公众参与城市环境治理可以保障公众的环境权益。公众是城市环境事务的最重要的利益相关者，是环境问题的直接受害者，也是环境公共品和服务的直接受益者。公众参与环境立法、环境决策、环境管理、环境监督、环境评估等环境事务，是对政府环境保护和管理行为的一种有益补充，同时也是对自身合法环境权益的积极维护。环境立法和环境决策阶段的公众参与是公民环境权的基础和保障，公众对环境状况等环境信息的深入了解和对环境权益的需求表达进入决策程序，能很好地保障公众的环境权益诉求，避免损害公众环境权益的事件发生；环境事务管理和决策执行阶段的公众参与，对公众环境权益的实现和维护状况起到事中监督的作用，公众可以对企业的环境污染行为进行监督，同时亦可以对政府部门的执法过程进行监督，保障公众环境权益；环境事务末端的公众参与，便于对公众环境权益维护工作的疏漏进行事后补救、对其所受损害进行补偿；公众可以通过环境公益诉讼等方式对自身环境权益方面所受损失索赔。环境事务中公众的行为参与是出于对自身和其他公众环境权的尊重和维护，基于志愿和公益精神促进自身环境权益实现和社会环境福祉实现的双赢结果。

4.2.2 发达国家公众参与环境治理的模式借鉴

1. 公私合作模式下的公众参与

新公共管理理论下的公共产品市场化、社会化供给。20世纪70年代，《民营化与公私部门的伙伴关系》等著作掀起了以撒切尔夫人、里根总统为代表的西方政府的新公共管理运动，政府倡导公共产品的市场化与社会化供给。社会化中比较典型的如NGO代表的公民参与，目前，环境NGO开展的活动大多集中在全民动员的层次上，通过环保教育，提高公众环境意识，使公众接受、自觉维护和实施环保政策。

公私合营模式指政府与私人组织之间，为了合作建设城市基础设施项目或是为了提供某种公共物品和服务，以特许权协议为基础，彼此形成一种伙伴式的合作关系，并通过签署合同来明确双方的权利和义务，以确保合作的顺利完成，最终使合作各方达到比预期单独行动更为有利的结果。

公私合作模式有很多种，比如BOOT（建设-经营-拥有-移交，Built-Operate-Own-Transfer）模式，主要为了让市场充分发挥其作用，该模式将部分政府责任以特许经营权方式转移给社会主体（企业），政府与社会主体建立起“利益共享、风险共担、全程合作”的共同体关系，政府的财政负担减轻，社会主体的投资风险减小。另外还有诸如BT（建设-移交，Built-Transfer）、BOT（建设-经营-移交，Built-Operate-Transfer）和TOT（移交-经营-移交，Transfer-Operate-Transfer）等模式。社会资本或民营资本看重政府的资源调配能力，但也应明白，政府的强势也是双刃的，建议政府不要过度介入或陷入私权交易，做好监管者的角色，对PPP过程和维系公正监管尤为重要。

2. 多中心治理下的公众参与

公众参与成为美国污染治理的重要渠道之一，联邦政府通过《国家环境政策实施程序条例》规定，公民可以自由参与并有权获取环境影响评价文件，持有异议者可提出意见。环境教育也是引导公众参与的主要途径之一，早在 1970 年制定的《环境教育法》就规定，政府可通过学校教育与新闻媒体宣传，推进公众参与污染治理。除了法律，联邦环保局通过信息化、制作重要文件、制定公民环境正义指南等机制与方法创新提高公众参与度。

德国公众参与污染治理的机制是多维度的。除法律规定公民拥有环境知情权以及参与环境影响评价报告的评论权、建设权等具体权利外，德国还成立了环保资源协会，充分发挥非政府组织力量，积极向民众宣传环保知识，建立公民参政体制。在宣传教育方面，德国建立多层次教育体系。首先，环境教育被纳入国家教育体系，从幼儿园、中小学开始就开展环境保护教育；其次，许多公共机构和军事机构提供环境教育；再者，在新闻媒体上采取多种形式进行广泛宣传。

4.2.3　发达国家环境治理过程中政府的主导作用

从发达国家进行环境保护的各项策略中不难发现，政府在督促企业绿色生产以及激励居民主动投入环保队伍中起到了很好的引导作用。

首先，最重要的一点就是政府能够依法治理环境问题。政府根据实际情况制定系统、完备的环境保护法律体系。比如英国，其立法部门能够根据环境治理新情况及时颁布新的法律法规并对原有法律法规进行相应的修正以适应新变化，实现法律法规涉及各领域，以确保环保工作有法可依；另外，英国政府考虑到了环境治理的综合性，在制定法律法规时，无论治理水污染、空气污染还是其他环境问题，其相关法律都不是独立存在的而是颁布各种配套法律法规以确保环境立法的有效实施，这样使得各项环境法律法规彼此衔接、有序互补，充分体现出英国政府层面进行环境治理的计划性。发达国家制定的法律法规不仅完备且具有可操作性，它还将各部门的权责义务以法律条文加以明确，在处罚上采取经济、惩役等多种手段，确保法律法规能够起到应有的作用。

其次，政府在环境治理方面能够起到从以治理为主到以防范为主的先导作用。发达国家环境治理方面的法律法规开始的重点是惩罚污染严重的企业，但伴随着治理的推进，政府已经从最初的以惩治已发生的严重污染行为为目标转为以预防型立法为主，这就大大减少了环境污染的危害、降低了环境治理的成本。无论是英国、美国还是德国和日本，立法理念都从原来的末端惩治转向了事前防范，这个理念的转变对环境治理起到了事半功倍的效果。

再者，政府在激励民众主动参与环境保护中有一定的制度及非制度性安排。比如从源头抓，从娃娃的教育抓起，无论是德国还是日本，都从孩子进入学校开始就教育他们逐渐认识保护环境的重要性，并有意识培养孩子多做些力所能及的环保事儿，典型的有垃圾分类、餐食不浪费、不污染环境等。在日本的制度性安排中，《环境基本法》《循环型社会形成推进基本法》《促进再生资源利用法》均规定了以培养民众环境责任意识与环境资源教育为目标的制度。除此之外，非制度性的安排也推进了公众参与制造业环境治理的积极性。例如，为保证民众的监督权，日本地方政府对于环境保护相关信息都保持开放的态度，公众可以及时了解环境政策及其执行情况；民众可以通过递交居民意见书、参加听证会来反馈意见。另外，日本政府还通过非制度性安排引导民众使用绿色产品。

4.3 本章小结

从以上几个国家的环保政策我们可以看出，这些国家的环境保护之所以能够不断取得新的进展，主要有以下值得我们借鉴的经验。

1. 法律健全，执法严格，监督到位。无论是美国、日本还是德国，这些国家的环保政策比较健全，尽可能考虑到环境污染的方方面面，更为主要的是他们的执法比较严格，监督紧跟，比如德国有环保巡逻员等，这样导致企业不敢轻易违法，只要有污染，企业的治污成本或代价都比较大，从而在一定程度上降低了污染源。

2. 环保理念从娃娃抓起。这一点在日本和德国比较明显，两个国家都比较注重从教育入手，强化对环保重要性认识的教育和培养，更为关键的是这些国家在不同的阶段配合不一样的教育模式跟进，比如德国的幼儿园进行垃圾分类等教育，小学开始有环保记录本，对成人则鼓励加入环保志愿者行列、提倡低碳出行等；而日本则将“爱护环境，人人有责”的理念深深强化在每一年龄段的公民身上。

3. 行政干预和市场运作双管齐下。通过对比美国两个阶段的治理主要手段，可以发现单一的行政干预在短期内效果明显，但是从长期来看会滋生很多负面的影响，导致环保政策大打折扣；日本也是跟进了市场化的手段，比如激励绿色化的产品设计及生产、评选“绿色环保企业名单”等方式。

4. 居民积极参与环境治理。这一点在发达国家特别突出，无论是志愿者组织还是个人，都有很强的环保意识，并能够积极参与到环境保护中来，不仅能够监督污染企业，更能身体力行，绿色出行，做坚定的环保主义者。

环境治理是典型的涉及所有人的公共事务，在政府发挥主导性作用的同时，企业和个人更应认识到“同呼吸，共责任”的事实，自觉实现绿色低碳生产以及生活方式的转型。

无论是美国、英国、德国还是日本，这些国家在进行环境公共品供给时，采用的供给机制并非是一成不变的，它们也经过了从严重污染到环境质量不断改善直至目前环境保护方面走在世界的前列的历程。

从以上国家的环保经验可见，单独依靠政府来进行治理是不够的，需要将社会的两大主体——居民和企业——的积极性调动起来，对待污染企业完全靠重罚的手段其作用比较有限，需要奖罚得当，利用合适的机制促使企业重视生产的环保性，提前预防比事后治污更加有效；而对于居民，不仅需要通过教育让全体居民重视环保，并要采取合适的措施促使居民将环保理念付诸行动。

当然，环境公共品由政府供给、市场供给还是由第三方供给，要根据不同的公共产品类型来定。

第 5 章　居民参与环境公共品供给的理论模型构建

本章借助一个私人（或家庭）追求效用最大化的模型框架，从微观层面来对居民进行环境公共品的自愿供给动机做出一定的解释。本章拟通过研究说明居民具有供给环境公共品的意愿，从而从理论角度解释现实中存在的私人自愿供给现象，也希望根据模型得出居民自愿供给条件的结论，为政府如何促进居民自愿供给提供一些有益的思路。

5.1　基本模型假设

我们考虑一个两期的代际交叠模型，将经济体简化为由两期（中青年 t 期和老年 $t+1$ 期）的代表性个人、完全竞争厂商和政府组成。模型构建从传统的政府供给环境公共品展开，并将优质环境需求侧的居民纳入模型中，从理论上来证明居民作为优质环境的供给侧可以带来的好处。

5.1.1　个体

假设人口增长率为 0，t 期的代表性个体投入 1 单位劳动工作，获取报酬 W_t，并选择当期消费 C_t、储蓄 S_t、改善环境质量的投入 M_t和年老时消费 C_{t+1}。两期的消费和环境质量直接影响个人的效用——U（C_t，C_{t+1}，E_t，E_{t+1}），E_t、E_{t+1}分别为 t 期和 $t+1$ 期的环境质量。个体的目标是在以上决策中获取效用最大化。效用函数由式（5－1）表示

$$U(C_t,\ C_{t+1},\ E_t,\ E_{t+1})$$
$$=\ln C_t+\phi_t\ln E_t+\frac{1}{1+\rho}(\ln C_{t+1}+\phi_{t+1}\ln E_{t+1})\text{①} \quad (5-1)$$

式中，ϕ_t 表示 t 期消费者对环境质量的重视程度；ϕ_{t+1} 表示 $t+1$ 期消费者对环境质量的重视程度；ρ 为贴现率，因为现在的消费和以后同样的消费带来的效用不一致，ρ 越大，消费者越倾向于当期消费，减少下期消费。

由于个体在 W_t 的有限收入下选择消费、储蓄以及用于环境质量改善的投入 M_t，故满足式（5－2）

$$\begin{aligned} &C_t+S_t+M_t\text{②}=W_t+TR_t^d \\ &TR_t^d=\mu^d M_{t-1} \end{aligned} \quad (5-2)$$

式中，S_t 为 t 期的储蓄；TR_t^d 为政府对个人的转移支付；μ^d 为政府在 $t+1$ 期对个人缴纳环保基金进行的医疗或养老补贴率，抑或遗产税抵扣率。

t 期的储蓄 S_t 及利息收入是老年时期 $t+1$ 期消费的来源，设 $t+1$ 期的名义利息收益率为 r_{t+1}，则有

$$C_{t+1}=S_t(1+r_{t+1}) \quad (5-3)$$

借鉴 John、Pecchenino[12] 和 Ono[121] 的做法，我们将环境质量方程表达为

$$\begin{aligned} &E_{t+1}=(1+b)E_t-P_t-\beta(C_t+C_{t+1})+\theta T_t+\varepsilon M_t,\ (\beta,\ \varepsilon,\ \theta>0)\text{③} \\ &P_t=\phi K_t \end{aligned} \quad (5-4)$$

式中，b 为环境质量的自发变化率或者称为自净化率，$b\in[-1,0)\cup(0,1]$；P_t 为企业生产活动产生的污染，表示因资本参与的生产活

---

① Ono（1996）、David（2004）和洪树林（2006）等效用函数中没有考虑当期的环境质量 E_t，认为当期环境质量是固定的，主要由上一期的资本和污染减少活动来决定。本文则认为当期的环境质量不仅取决于上期，还与当期的生产和消费活动有关。

② 由于个人所缴环保基金是根据地区的居民支付意愿进行核算的，所以本书的 $M_t=M_{t-1}$。

③ 原文中仅仅考虑了私人消费带来的环境污染，本文则考虑了私人消费和企业生产共同带来的环境污染。

动导致的环境质量恶化；β 为消费活动产生的污染影响程度；ε 是指个人对环境质量治理投入的有效系数，εM_t 即个人为减少污染愿意投入 M_t 带来的环境质量的改善；θ 是指政府对环境质量治理的有效系数；T_t 则为政府向企业征收环境税（庇古税）用于改善环境质量。

家庭的目标就是在式（5－2）和式（5－3）的预算约束下使自己的效用最大化即式（5－1）。

5.1.2 厂商

完全竞争厂商

$$Y_t = AF(K_t, L_t) = AK_t^{\alpha}L_t^{1-\alpha}$$

式中，Y_t 为 t 期产出；A 为技术水平；K_t 为 t 期资本投入；L_t 为 t 期劳动投入。

由于假设代表性个体每期使用 1 单位劳动，所以上式可简化为

$$Y_t = AF(K_t) = AK_t^{\alpha} \tag{5-5}$$

$$\pi = Y_t - r_tK_t - \delta K_t - W_t - \tau P_t \tag{5-6}$$

$$r_t = \alpha AK_t^{\alpha-1} - \delta - \tau\varphi \tag{5-7}$$

式中，α 为资本对产出的贡献率；r 为资本价格；π 为利润；δ 为资本折旧率；φ 为资本投入导致污染的比例；τ 为污染税的税率。

按照欧拉定理中的完全竞争厂商分配尽净定理，产出剩余部分作为工资进行分配，则劳动所得的工资为

$$W_t = (1-\alpha)Y_t = (1-\alpha)AK_t^{\alpha} \tag{5-8}$$

商品市场出清满足供给等于需求，实际生产总值=消费+总投资=消费+净投资+折旧，即

$$Y_t = C_t + C_{t+1} + K_{t+1} - (1-\delta)K_t \tag{5-9}$$

5.1.3 政府

由于环境的双重外部性导致市场失灵，因而政府部门通过向企业征收

环境污染税 T_t 以及将个体自愿缴纳的环保基金 M_t 投入环境治理中，M_t 为利用幸福感测度法来测算的居民边际支付意愿缴纳金额。

$$T_t = \tau\phi K_t \tag{5-10}$$

一方面，政府将征收的环境税投入对环境质量的提升治理中，并且通过以政府补贴的方式激励治污效果较佳的企业，比如给予技术进步的企业奖励 TR_t^f；另一方面，对于在 t 期（中青年时期）愿意缴纳环保基金的居民，政府则在 $t+1$ 期（年老时）以增加医保、养老保险或遗产税抵扣等方式转移给个人 TR_t^d。所以有

$$T_t + M_t = G_t + TR_t^f + TR_t^d \tag{5-11}$$

$$TR_t^f = \mu^f \tau\varphi K_t,\quad TR_t^d = \mu^d M_t \tag{5-12}$$

式中，μ^f 是政府对治污效果较好（有技术进步）企业的奖励比例；μ^d 是政府对缴纳了环保基金居民的激励比例（在老年期补贴）。

5.2　环境公共品完全由政府提供的基本模型

政府作为单一的环境治理主体时的市场均衡情况如何呢？这部分主要探讨庇古税的情况，我们将政府供给环境公共品的模型称为 G－P 模型（Government Provide Model）。

5.2.1　政府提供环境公共品的模型分析

由于空气污染具有典型的前向型代际公共品特征，其代内和代际外部性较明显，居民在“免费搭便车”的思想指导下，只能由政府通过向企业征收污染税来改善环境质量，矫正市场出现的外部不经济。若上述式（5－2）和式（5－4）中的 $M_t=0$，则 $T_t=\tau P_t=\tau\varphi K_t$，政府政策的目标是确保 t 期和 $t+1$ 期的环境质量稳定，即 $E_t=E_{t+1}$。

收入预算约束条件变为 $C_t+S_t=W_t$，个体在上述限制条件和式（5－3）

下，选择 C_t、C_{t+1} 和 S_t 使个体效用式（5－1）最大化

$$\mathrm{Max}U(C_t,\ C_{t+1},\ E_t,\ E_{t+1})$$

$$U(C_t,\ C_{t+1},\ E_t,\ E_{t+1})$$

$$= \ln C_t + \varphi_t \ln E_t + \frac{1}{1+\rho}(\ln C_{t+1} + \varphi_{t+1} \ln E_{t+1})$$

$$= \ln C_t + \varphi_t \ln E_t + \frac{1}{1+\rho}\{\ln C_{t+1} + \varphi_{t+1} \ln[(1+b)E_t$$

$$- P_t - \beta(C_t + C_{t+1}) + \theta T_t]\}$$

通过构建拉格朗日函数，消除影子价格，得出

$$\frac{C_{t+1}}{C_t} = \frac{1 + r_{t+1}}{1+\rho} \tag{5-13}$$

$$E_t = \frac{\theta}{b}T_t - \frac{\varphi}{b}K_t - \frac{\beta}{b}(C_t + C_{t+1}) \tag{5-14}$$

根据式（5－5）~式（5－9）及式（5－14），可得

$$K_{t+1} = AK_t^{\alpha} + (1-\delta)K_t - \frac{b}{\beta}E_t - \frac{\varphi}{\beta}(1-\theta\tau)K_t \tag{5-15}$$

当经济达到稳态时，$K_{t+1} = K_t$，则

$$E_t = \frac{\beta}{b}AK_t^{\alpha} - \frac{K_t}{b}(\beta\delta + \varphi - \theta\tau) \tag{5-16}$$

在稳态下，要达到最佳环境质量，则要求的资本 $\overline{K}$ 为

$$\overline{K_t} = \left(\frac{\beta\delta + \varphi - \theta\tau}{\alpha\beta A}\right)^{\frac{1}{\alpha-1}} \tag{5-17}$$

此时的环境质量 $\overline{E_t} = \overline{E_{t+1}}$ 为

$$\overline{E_t} = \frac{\beta}{b}A\,\overline{K_t^{\alpha}} - \frac{\overline{K_t}}{b}(\beta\delta + \varphi - \theta\tau)$$

即

$$\overline{E_t} = \frac{1}{b}\left(\frac{\beta\delta + \varphi - \theta\tau}{\alpha\beta A}\right)^{\frac{\alpha}{\alpha-1}}\left(\beta A - \frac{1}{\alpha\beta A}\right) \tag{5-18}$$

5.2.2　政府供给环境公共品的模型结论

由以上推导和式（5－18）可知，b、φ、δ、β 越小，则环境质量 E 越高；而 θ、τ 越大，环境质量 E 越高。也就是说，在稳态下：

(1) $dK/d\theta > 0$，$dE/d\theta > 0$，说明政府对污染的治理效率越高，越有利于积累更高的资本，带来更高的环境质量和经济增长；

(2) $dK/d\tau > 0$，$dE/d\tau > 0$，对企业征收越高的环境税，越有利于资本积累及环境质量改善；

(3) $d\bar{K}/d\varphi < 0$，$d\bar{E}/d\varphi < 0$；$d\bar{K}/d\beta < 0$，$d\bar{E}/d\beta < 0$。企业的污染程度越高（污染排放系数越大），居民消费活动产生的污染越大，资本积累越慢，环境质量愈加恶化；

(4) $d\bar{K}/db < 0$，$d\bar{E}/db < 0$，环境的自退化率越大，越不利于资本积累和环境改善；

(5) $d\bar{K}/d\delta < 0$，$d\bar{E}/d\delta < 0$，企业的资本折旧率越高，资本积累下降，环境质量恶化。

另外，当经济中的技术越先进（A 越大）、资本的产出弹性 α 越大时，资本积累越多，环境质量越能得到改善。

5.3　政府主导下居民和企业三方合力提供环境公共品模型

我们称居民、企业和政府三方共同提供的环境公共品为 REG－P 模型（Residents，Enterprises and Government Provide Model）。

为了减少居民“免费搭便车”的行为，促进个体消费的可持续性，政府鼓励居民积极参与环境治理，并通过鼓励低碳消费以及对愿意支付治污费的个体在年老时以增加医保、养老保险或遗产税抵扣的方式返还；对排污企业仍然采取征收碳税方式弥补市场失灵。

5.3.1　政府、企业和居民共同提供环境公共品的模型构建

若前述式（5－2）和式（5－4）中的 $M_t \neq 0$，政府政策的目标仍然

是确保 t 期和 $t+1$ 期的环境质量稳定，即 $E_t = E_{t+1}$。

收入预算约束条件变为 $C_t + S_t + M_t = W_t + TR_t^d$，个体在此限制条件和式（5－3）下，选择 C_t、M_t和 S_t使个体效用式（5－1）最大化

$$\mathrm{Max}U(C_t, \quad C_{t+1}, \quad E_t, \quad E_{t+1})$$

$$\begin{aligned}
&U(C_t, \quad C_{t+1}, \quad E_t, \quad E_{t+1}) \\
&= \ln C_t + \varphi_t \ln E_t + \frac{1}{1+\rho}(\ln C_{t+1} + \varphi_{t+1} \ln E_{t+1}) \\
&= \ln C_t + \varphi_t \ln E_t + \frac{1}{1+\rho}\{\ln C_{t+1} + \varphi_{t+1} \ln[(1+b)E_t \\
&\quad - P_t - \beta(C_t + C_{t+1}) + \theta T_t + \varepsilon M_t]\}
\end{aligned}$$

通过构建拉格朗日函数

$$\begin{aligned}
L = &\ln C_t + \varphi_t \ln E_t + \frac{1}{1-\rho}\{\ln C_{t+1} + \varphi_{t+1} \ln[(1+b)E_t \\
&- P_t - \beta(C_t + C_{t+1}) + \theta T_t + \varepsilon M_t]\} + \lambda(W_t + TR_t^d - C_t - S_t - M_t)
\end{aligned}$$

式中，λ 为影子价格。

根据居民选择 C_t、S_t和 M_t，即 $\partial L/\partial C_t$、$\partial L/\partial S_t$、$\partial L/\partial M_t$，消除影子价格

$$\frac{\partial L}{\partial C_t} = \frac{1}{C_t} - \frac{\beta \cdot \phi_{t+1}}{(1+\rho)E_{t+1}} - \lambda = 0$$

$$\frac{\partial L}{\partial S_t} = \frac{(1+r_{t+1})}{(1+\rho)C_{t+1}} - \frac{\beta \cdot \phi_{t+1}(1+r)}{(1+\rho)E_{t+1}} - \lambda = 0$$

$$\frac{\partial L}{\partial M_t} = \frac{\varepsilon \cdot \phi_{t+1}}{(1+\rho)E_{t+1}} + \lambda\mu^d - \lambda = 0$$

得出

$$E_{t+1} = \frac{1}{(1+\rho)}C_t + \frac{\varepsilon \cdot r \cdot \phi_{t+1}}{(1+\rho)(1+r)(1-\mu^d)}C_t \tag{5－19}$$

$$C_t = \frac{(1+\rho)(1+r)(1-\mu^d)}{(1+r)(1-\mu^d) + \varepsilon \cdot r \cdot \phi_{t+1}}E_{t+1} \tag{5－20}$$

$$C_{t+1}=\frac{(1+r)(1-\mu^{d})}{\beta\cdot\phi_{t+1}(1+r)(1-\mu^{d})+\varepsilon\cdot\phi_{t+1}}E_{t+1} \tag{5-21}$$

根据式（5－5）～式（5－9），企业利润最大化

$$\pi=\alpha AK_{t}^{\alpha}-(r+\delta+\tau\cdot\varphi)K_{t}$$

$$\frac{\partial\pi}{\partial K_{t}}=0$$

$$K_{t}=\left(\frac{r+\delta+\tau\cdot\varphi}{\alpha^{2}\cdot A}\right)^{\frac{1}{\alpha-1}} \tag{5-22}$$

$$K_{t+1}=AK_{t}^{\alpha}+(1-\delta)K_{t}-\left[\frac{(1+\rho)(1+r)(1-\mu^{d})}{(1+r)(1-\mu^{d})+\varepsilon\cdot r\cdot\phi_{t+1}}+\frac{(1+r)(1-\mu^{d})}{\beta\cdot\phi_{t+1}(1+r)(1-\mu^{d})+\varepsilon\cdot\phi_{t+1}}\right]E_{t+1}$$

当经济达到稳态时，$K_{t+1}=K_{t}$，$E_{t+1}=E_{t}$，则

$$E_{t}=\frac{AK_{t}^{\alpha}-\delta K_{t}}{\left[\frac{(1+\rho)(1+r)(1-\mu^{d})}{(1+r)(1-\mu^{d})+\varepsilon\cdot r\cdot\phi_{t+1}}+\frac{(1+r)(1-\mu^{d})}{\beta\cdot\phi_{t+1}(1+r)(1-\mu^{d})+\varepsilon\cdot\phi_{t+1}}\right]}$$

$$E_{t}=\frac{A\left(\frac{r+\delta+\tau\cdot\varphi}{\alpha^{2}\cdot A}\right)^{\frac{\alpha}{\alpha-1}}-\delta\left(\frac{r+\delta+\tau\cdot\varphi}{\alpha^{2}\cdot A}\right)^{\frac{1}{\alpha-1}}}{\frac{(1+\rho)(1+r)(1-\mu^{d})}{(1+r)(1-\mu^{d})+\varepsilon\cdot r\cdot\phi_{t+1}}+\frac{(1+r)(1-\mu^{d})}{\beta\cdot\phi_{t+1}(1+r)(1-\mu^{d})+\varepsilon\cdot\phi_{t+1}}} \tag{5-23}$$

令

$$C=\frac{(1+\rho)(1+r)(1-\mu^{d})}{(1+r)(1-\mu^{d})+\varepsilon\cdot r\cdot\phi_{t+1}}$$

$$D=\frac{(1+r)(1-\mu^{d})}{\beta\cdot\phi_{t+1}(1+r)(1-\mu^{d})+\varepsilon\cdot\phi_{t+1}}$$

因为 $\frac{\partial C}{\partial\mu^{d}}<0$，$\frac{\partial D}{\partial\mu^{d}}<0$

又因为 $AK^{\alpha} > \delta K$

所以 $$\frac{\mathrm{d}E_{t+1}}{\mathrm{d}\mu^{d}} = \frac{-(AK^{\alpha} - \delta K)(C' + D')}{(C + D)^{2}} > 0 \tag{5-24}$$

$$K_{t} = \frac{1}{\delta}\left\{A\left(\frac{r + \delta + \tau \cdot \varphi}{\alpha^{2} \cdot A}\right)^{\frac{\alpha}{\alpha-1}} - (C + D)E_{t}\right\} \tag{5-25}$$

同理得 $$\frac{\partial K_{t}}{\partial \mu^{d}} > 0 \tag{5-26}$$

5.3.2 政府、居民和企业共同提供环境公共品模型的结论

根据式（5－24）和式（5－26）可知，当对居民按照边际支付意愿缴纳治污费时，老年时（t+1 期）给居民的养老补助或医疗补贴率越高，环境质量越好，同时还能促进经济增长。反过来也可理解为当政府在 t+1 期给予缴纳治污费的居民补贴越高时，越能促进居民在年轻时（t 期）主动多缴纳治污费。改善环境质量不仅有利于自己的身体健康，同时对子孙后代的健康也是有益的，这样的行为能够确保经济和环境的可持续化增长。

5.4 环境公共品供给的博弈分析

经过前面的理论分析，我们知道了政府、居民和企业共同提供环境公共品能够带来多重红利。目前我们需要探讨的是：如何激励企业自愿治理排污？私人为何可以自愿提供环境公共品？我们通过建立企业自愿治污和政府对排污行为进行惩罚的博弈模型以及政府在提供环境公共品过程之中政府部门与私人部门之间的“智猪博弈”模型分析，得出环境公共品多元化供给的可行途径。

5.4.1 企业自愿提供环境公共品的机制

根据上述数据分析所得出的结果，我们可以探讨建立政府与企业之间的博弈模型。假设企业愿意自己治理排污，也就是说企业愿意提供排污的

环境公共品，其所需成本为 C，企业依靠自身业务所得到的利润为 w，企业由于自身排污并不对其进行治理而对周边居民造成损失需要的赔偿为 ε，企业生产所产生的社会效益为 α，企业排污所造成的社会损失为 β。当企业不愿意提供环境公共品，也就是政府承担所有环境公共品的费用时，政府可以选择对企业进行监督，当企业污染对环境造成严重影响时，对企业进行惩罚，惩罚的金额为 γ，并且政府要想知道企业的具体排污情况，需要对其进行监督，监督的成本为 s。

同时，本书假设满足以下两个条件：一是当企业不选择治理排污时，其对周边居民的补偿和接受的惩罚之和大于其选择治理时的治理成本；二是企业在不提供环境公共品时，其接受的惩罚大于其不提供环境公共品时对社会造成的损失。根据上述假设，双方的博弈矩阵如表 5－1 所示。

表 5－1　政府与企业之间的博弈矩阵

矩　阵		政　府	
		惩　罚	不惩罚
企业	治污	$\underline{\omega - C}$，$\alpha - s$	$\omega - C$，$\underline{\alpha}$
	不治污	$\omega - \varepsilon - \gamma$，$\underline{\alpha + \gamma - s - \beta}$	$\underline{\omega}$，$\alpha - \beta$

显然，由上述博弈矩阵可知，该博弈过程不存在纯策略的纳什均衡，现从定义出发求混合策略的纳什均衡。

设企业治污的概率为 p，则不治污的概率为 $1 - p$。

设政府对企业进行排污监督的概率为 q，则不监督的概率为 $1 - q$。

则企业的收益函数为

$$U_{企} = p[q(\omega - C) + (1 - q)(\omega - C)] + (1 - p)[q(\omega - \varepsilon - \gamma) + (1 - q)\omega] \tag{5-27}$$

政府的收益函数为

$$U_{政} = q[p(\alpha - s) + (1 - p)(\alpha + \gamma - s - \beta)] + (1 - q)[p\alpha + (1 - p)(\alpha - \beta)] \tag{5-28}$$

对式（5－27）求偏导，则有

$$\frac{\partial U_{企}}{\partial p} = q\varepsilon + q\gamma - C \tag{5-29}$$

由于企业的目标是自身利益最大化，因此令式（5－29）等于0，则有

$$q = \frac{C}{\varepsilon + \gamma} \tag{5-30}$$

对式（5－28）求偏导，则有

$$\frac{\partial U_{政}}{\partial q} = \gamma - s - p\gamma \tag{5-31}$$

由于政府的目标是自身利益最大化，因此令式（5－31）等于0，则有

$$p = \frac{\gamma + s}{\gamma} = 1 + \frac{s}{\gamma} \tag{5-32}$$

根据上述计算结果，我们对企业提供环境公共品的情况进行分析。

首先对 p 进行分析，由式（5－32）可知，p 值也就是企业愿意提供环境公共品来进行排污治理的概率与其受到的惩罚 γ 呈负相关，同政府的监督成本 s 呈正相关。也就是说，当企业在生产过程中产生污染并不治理所受到的惩罚越大，企业越有可能自愿提供环境公共品来减少污染的排放。同时，政府对企业污染排放行为的监管难度越大，也就是说政府对企业进行监督所需要的成本过高时，企业自愿提供环境公共品的概率越小，因为它们排污的行为越不容易被发现，它们就越愿意冒险去进行污染排放。

然后对 q 进行分析，根据式（5－30）可知，q 值也就是政府愿意对企业进行监督，在其排污超标时对其进行惩罚的概率与企业排污并不治理时对居民的补偿 ε 呈负相关，并且与企业受到的惩罚 γ 也呈负相关，而与企业提供环境公共品的成本 C 呈正相关。也就是说，当企业选择不自愿提

供环境公共品，对周边居民的补偿值以及受到的惩罚金额越高时，企业就越不敢排污，或者说企业不治理污染排放的边际成本过高，使得政府可以相应地减少监督的概率。同时，当企业自己提供环境公共品需要过高的成本时，企业就不会倾向于自己提供环境公共品，这就要求政府对企业的排污行为进行重点监督，q 值相应就会较大。

综上所述，本书可以得出以下结论：一方面，为了让更多的企业愿意自己提供环境公共品，从源头治理污染，可以通过强力监督和强力惩罚，用严格的惩罚手段让企业的 p 值增大，从而促使企业选择自己提供环境公共品；另一方面，政府可以对企业自愿提供环境公共品的行为进行一定补贴，从而降低他们只排污不治污的概率。

而我国的《环境保护法》仍然有许多需要改善的地方，比如对于企业污染物排放的规定，大多要求企业上缴一定比例的排污费，而对于污染排放严重超标的企业，政府有关监管部门会实行一定数额的罚款。但是，我国现行环境污染防治法律的排污费标准偏低、处罚力度不够，相当一部分法律、法规对污染行为规定的应缴费用过低。一些资料显示，目前污染企业缴纳的超标排污费只相当于污染治理费用的 10%～15%，远远低于正常的治污费用①。其实，在通过收缴排污费以及对造成严重污染的企业进行罚款之外，政府应当考虑同企业一起进行污染治理。对于很多企业来说，自己采取措施来治污不仅需要缴纳罚款、排污费等反向激励，也需要政府给予投资等正向激励。根据上述分析，当企业能够得到自己满意的补贴金额时，也就是说当自己自愿治污的边际成本低于边际收益时，企业就会选择自己提供治污的环境公共品。而只有拥有有力的法律保障，对不同企业、不同业务的补贴详情以及不同排污水平企业的惩罚标准等做出明确的规定，才能减少权力寻租等现象的出现。

5.4.2　政府部门与私人部门之间的“智猪博弈”

在环境公共品的供给过程之中，会出现同“智猪博弈”相似的地方。

---

①　陈靖：《对完善我国环境污染防治法律的思考》，载《新疆大学学报（哲学·人文社会科学版）》2005 年第 4 期。

我们假设，社会上所需要的环境公共品的提供成本为 C，当政府与私人部门一起提供环境公共品时，政府提供的部分为 C_g，则私人部门提供的部分为 $C-C_g$，在环境公共品供给之后，政府的收益为 U_g，私人部门的收益为 U_p，同时做出假设，当环境公共品仅由私人提供时，私人部门的收益 U_p 比提供环境公共品所需要的成本要小。根据上述假设，可以得出双方的博弈支付矩阵如表 5－2 所示。

表 5－2　政府与私人部门之间的博弈支付矩阵

矩　　阵		政　　府	
		提　供	不提供
私人	提　供	$U_g - C_g$，$U_p - (C - C_g)$	U_g，$U_p - c$
	不提供	$U_g - c$，U_p	0，0

最终，对于私人部门而言，不提供环境公共品是其占优策略，那么在私人部门不愿意提供环境公共品的情况下，政府只能够选择承担所有的提供环境公共品所需要的成本。这种情况就会导致政府在环境公共品上的投资负担过重，在此项目上的财政支出就会过高。这也从另一个方面限制了政府投入资金以支持其他产业的发展，从而使得社会的资源配置无法达到帕累托最优。

针对上述政府与私人部门在提供环境公共品方面的“智猪博弈”的问题，并不是没有办法解决此种情况。根据表 5－2，当政府和私人部门一起提供环境公共品时，双方都可以取得一定的收益。那么如何达到这一理想状态呢？政府可以主动摆明自己的选择，即当私人部门愿意提供环境公共品时，政府与其合作，而不是选择坐享其成。如果私人部门不愿意承担一部分的环境公共品的供给，政府也会选择不提供，此时，双方的收益都是 0。显然，私人部门在了解到政府的选择意向之后，为了自己的利益会选择提供一部分的环境公共品。但是在此过程之中，政府承诺的可信性就具有决定性的作用，如果政府部门承诺与私人部门合作供给之后却选择了不参与环境公共品的供给，就会导致在以后的选择中，私人部门不会再提供环境公共品。而要使政府的承诺可信度较高，一种方法是政府公开自己的承诺，让全社会作为监督者监督自己的行为，另一种方法是通过法律条文准确地规定出在环境公共品的供给过程之中政府部门与私人部门分别承担的比例，从而使得双方的行为受到强制约束，并且都具有很强的可信性。

5.5　本章小结

众所周知，环境公共品存在的非排他性、非竞争性和公益性等，导致消费者的真实需求和偏好难以获得，通过市场交易的价格机制无法反映出环境公共品的真实价格和需求，也难以通过收费获得投资收益，因此在市场机制下缺乏足够的投资来激励企业提供充足的公共产品，这种“市场失灵”状态的存在，促使学者们极力主张政府供给环境公共品。

本章通过理论模型分析，探讨了政府供给环境公共品的优势，政府为应对“免费搭便车”的现象，通过向企业征收污染税来改善环境质量，矫正市场出现的外部不经济。这样做的好处在于：一方面，可以鼓励正外部性，抑制负外部性；另一方面，也能敦促企业进行技术改造，从长远角度考虑可以降低成本。但是，由于信息不对称等因素，政府行政计划供给公共产品，会导致对公共产品的某些需求缺乏回应甚至被忽略，政府在进行资源配置时无法做到供需平衡。另外，政府的行政垄断性也导致公共产品供给缺乏创新性，公共产品的供给效率低下，广泛存在寻租现象，社会总效用偏低并且不易被改善，会存在“政府失灵”的现象。

本章对理论模型进行了推广演化，将政府作为机制设计的主体，并把居民纳入环境公共品的供给方，在居民效用最大化、企业利润最大化的利己动机下，通过模型推导证明了在一定的条件下，居民参与环境治理的确能够带来红利——环境质量提升、促进经济增长以及有利于后代健康成长。也就是说，从理论上来讲，居民作为“供给侧”参与环境治理，比起原来的政府主导下对企业征收庇古税的做法要更有效果。总之，居民参与环境公共品的供给能够起到帕累托改进的效果。

存在的问题是：居民会进行博弈——年轻时（t 期）自愿缴纳了治污费，政府真的会将资金用于环境治理吗？环境质量能否提升？如果环境的改善要到下代人才能体现出来，当代人如何保证自己的收益？年老时（$t+1$期）政府会补贴自己吗？补贴多少费用？政府可信吗？

通过博弈模型分析，我们发现在一定的激励条件下，尤其是当政府的可信度提高，或者直接通过法律文件明确责任后，会带动企业和居民进行环境公共品的提供。

由以上梳理可见，问题的关键在于政府如何制定政策激励居民参与环境治理，以及如何将居民从优质环境的“需求侧”转化为“供给侧”，这些均需要我们做进一步的探讨。

第6章　居民参与环境公共品供给的可行性研究

理论上，居民参与环境治理具有居民环境福利改善的效用，环境质量的改进也将促进子孙后代的健康，提升后代人力资本[129]。那么，我国居民是否具有这样的环保意识和责任呢？居民主观上愿意缴纳治污费吗？

6.1　居民参与环境公共品供给的主观意愿分析

建立政府主导下的居民自愿供给环境公共品的机制，关键的因素在于居民对于环保的主观意愿：是否愿意付费？如何确定付费标准等。为此，我们利用中国综合社会调查（CGSS）的有关数据进行实证分析，以期判断居民对环境污染的关注程度以及居民对改善环境的支付意愿（如缴税）。

6.1.1　居民对环境污染的关注度越来越高

目前，环境污染已经成为困扰可持续发展的民生难题，人们对改善生态环境的呼声非常强烈。2010年的CGSS数据显示，将近70%的居民都在关注环境问题，其中48.31%的居民选择“比较关心”；认为中国环境问题“比较严重”的居民占到48.42%，21.16%的居民认为“非常严重”。从中央政府到地方政府都加大了治理环境的力度。数据显示：2013年全国较上一年增加了124.89%的治理废气的投资，东部地区比2012年增加了82.19%的治废投资，而西部地区则比2012年增加了176.78%的治废投资①。但2013年

① 根据国家统计局网站数据计算得出。

的调查结果显示，认为环境问题“很严重”和“比较严重”两项的人数占比仍然高达41.82%，而2010年调研中这两项加总达到了69.58%的比例（表6-1）。这对政府环境治理的能力提出了新要求，如何采取有效措施进行环境治理成了全民关注的焦点。

为了解居民对哪些类型的污染感受最深？在2013年CGSS调查问卷中调查了该问题；“B21 以下是各种类型的环境问题，请问您是否知道它们?”其后罗列有12个选项——“空气污染、水污染、噪声污染、食品污染、工业垃圾污染、生活垃圾污染、绿地不足、森林植被破坏、耕地质量退化、淡水资源短缺、荒漠化及动植物减少”。这个题目回答“知道”的比例为：空气污染高达90.13%，其次为水污染（89.76%）、生活垃圾污染（87.13%）以及噪声污染（81.4%），具体数据详见表6-2。

表6-1 居民对环境问题的关注度分布 单位：%

	中国综合社会调查（a）				中国综合社会调查（b）	
问题表述	总体上说，您对环境问题有多关注？		根据您自己的判断，整体上看，您觉得中国面临的环境问题是否严重？		关于环境问题，在您所在地区的严重程度如何？	
备选项及统计结果	完全不关心	3.10	非常严重	21.16	很严重	17.34
	比较不关心	10.65	比较严重	48.42	比较严重	24.48
	说不上关心不关心	19.23	既严重也不严重	10.43	不太严重	17.44
	比较关心	48.31	不太严重	11.27	不严重	17.63
	非常关心	17.16	根本不严重	0.68	一般	9.99
	无法选择	1.42	无法选择	7.63	没关心/说不清	0.81
	不知道/拒绝回答	0.14	不知道/拒绝回答	0.41	没有该问题	12.30
样本	样本量	3 672	样本量	3 672	样本量	4 787

数据来源：（a）部分根据2010年CGSS数据计算整理；（b）部分根据2013年CGSS数据计算整理。

从调研数据统计资料可以看出，居民认为所在地区处于前五位的比较严重的环境问题依次为空气污染、荒漠化、生活垃圾污染、水污染、噪声污染等，详见表 6－2 和图 6－1。

表 6－2　居民对环境污染的主观感受频率分布　　单位：%

备选项	以下是各种类型的环境问题，请问您是否知道它们？			关于环境问题，在您所在地区的严重程度如何？							
污染项目	知道	不知道	拒绝回答	很严重	比较严重	不太严重	不严重	一般	没关心/说不清	无此问题	拒绝回答
空气污染	90.13	9.84	0.03	17.34	24.48	17.44	17.63	9.99	0.81	12.30	0.04
水污染	89.76	10.20	0.03	12.76	24.86	19.74	17.19	10.36	1.88	13.14	0.06
噪声污染	81.40	18.56	0.03	12.03	21.27	20.22	17.40	11.82	1.50	14.71	0.04
工业垃圾污染	76.74	23.21	0.05	8.79	18.82	14.75	16.15	11.01	3.72	24.69	0.06
生活垃圾污染	87.13	12.83	0.04	11.11	28.18	18.30	16.42	13.27	1.50	11.13	0.08
绿地不足	66.19	33.76	0.05	8.67	19.26	13.60	14.17	16.00	4.79	21.43	0.08
森林植被破坏	66.84	33.14	0.03	6.71	13.75	10.86	14.04	12.24	8.54	33.82	0.04
耕地质量退化	64.99	34.97	0.04	8.31	19.55	10.07	11.61	10.76	11.30	28.31	0.08
淡水资源短缺	69.58	30.35	0.06	8.52	16.02	11.57	16.50	11.34	6.45	29.50	0.08
荒漠化	74.06	24.87	0.07	17.46	22.12	11.57	13.06	10.82	6.43	18.40	0.13
动植物减少	50.88	49.06	0.06	3.95	8.11	7.10	9.09	6.91	10.93	53.77	0.15
样本量	11 438			4 787							

数据来源：根据 2013 年 CGSS 数据计算整理。

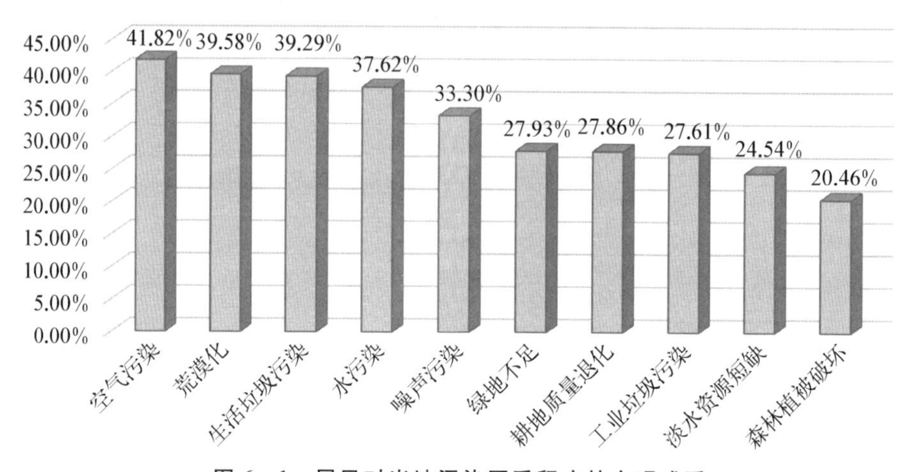

图 6-1 居民对当地污染严重程度的主观感受

（数据来源：根据 2013 年 CGSS 统计结果计算绘制，将调研中主观评价是“很严重”和“比较严重”这两项所占比例加总进行排序比较）

同样的问题在 2010 年 CGSS 的 3 672 份抽样调查中：“您认为哪个问题是中国最严重的环境问题?”以及“您认为哪个问题对您和您的家庭影响最大?”排在前三位的依次是空气污染、水污染和生活垃圾污染，并且以上三项污染也是居民觉得对家庭影响最大的污染，具体数据详见表 6-3。

表 6-3 居民对环境污染的主观感受

选择项目	您认为哪个问题是中国最严重的环境问题?		您认为哪个问题对您和您的家庭影响最大?	
	人数	占比/%	人数	占比/%
空气污染	1 119	30.47	845	23.01
水污染	652	17.76	615	16.75
生活垃圾污染	581	15.82	694	18.9
化肥和农药污染	328	8.93	497	13.53
气候变化	187	5.09	126	3.43
水资源短缺	170	4.63	176	4.79
自然资源枯竭	131	3.57	30	0.82
转基因食品	32	0.87	59	1.61

续　表

选择项目	您认为哪个问题是中国最严重的环境问题?		您认为哪个问题对您和您的家庭影响最大?	
	人　数	占比/%	人　数	占比/%
核废料	18	0.49	3	0.08
拒绝回答	9	0.25	5	0.14
不适用	2	0.05	4	0.11
以上都不是	35	0.95	253	6.89
无法选择	408	11.11	365	9.94
样本总量	3 672			

数据来源：根据 2010 年 CGSS 问题 17*a*/*b* 问题调研结果整理而得。

图 6－2 对居民心里认为污染源对家庭影响程度进行了排序，可见，与老百姓生活甚至生命息息相关的空气污染、水污染和生活垃圾污染成了居民的心中大患。空气污染严重影响我们的身体健康，学者们实证研究表明，SO_2污染不仅和婴儿死亡率高度相关[130,131]，还与成人死亡率有较高关联。Schwartz 和 Marcus[132]通过对伦敦 1958—1972 年时间序列数据分析，Mendelsohn 和 Orcutt[133]对美国 1970 年截面数据的研究都得出了以

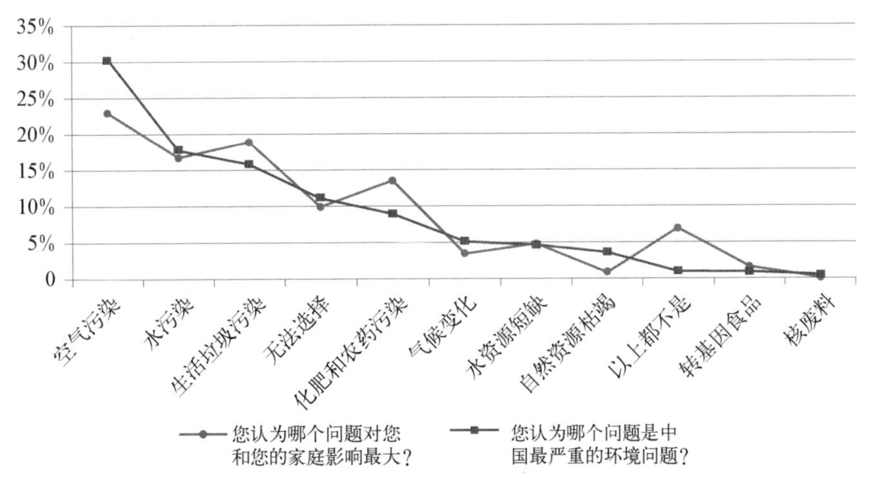

图 6－2　居民对当地污染情况的主观感受

（数据来源：根据 2010 年 CGSS 问题 17*a*/*b* 问题调研结果整理而得）

上结论。Yuyu Chen 等[5]通过实证研究发现，我国北方由于总悬浮颗粒污染比全国高出 55%，居民预期寿命缩短了 4.5 年。

面对如此严峻的环境问题，居民是如何应对的呢？表 6－4 统计了居民采取环保行动的情况，其中只有 19.23%的人采取了行动，高达 43.36%的居民没有任何行动。这就意味着，有将近一半的居民面对污染只是被动接受。另外还有一个数据值得我们关注，选择“试图采取行动，但不知道怎么办”的人数占比为 23.99%，也就是说相当一部分居民希望有环保行动，但需要专业的引导或培训。

表 6－4　居民采取环保行动的情况

为了解决您和您的家人遭遇的环境问题，您和家人采取任何行动了吗？		
选　　项	人　数	占比/%
没有采取行动	1 592	43.36
试图采取行动，但不知道怎么办	881	23.99
采取了行动	706	19.23
没有遭遇什么环境问题	474	12.91
其他	19	0.52

数据来源：根据 2010 年 CGSS 调研结果整理而得。

调研中探讨了居民对于环境污染的认知情况以及解决问题的办法，表 6－5 做了详细统计，其中仅有 28.59%的人比较了解环境污染的原因，其他居民有的是不太了解，也有的比较迷惑，还有 12.2%的人选择了“根本不了解”；调查解决环境污染问题的办法时，只有 14.68%的居民选择了“比较了解”，大多数居民是云里雾里或者根本就不知道。

表 6－5　居民对环境污染的原因及解决办法掌握程度

选　　项	您对造成上述各种环境问题的原因有多少了解？		您对解决上述各种问题的办法有多少？	
	人　数	占比/%	人　数	占比/%
不太了解	1 335	36.36	1 617	44.04
比较了解	1 050	28.59	539	14.68

续 表

选 项	您对造成上述各种环境问题的原因有多少了解?		您对解决上述各种问题的办法有多少?	
	人 数	占比/%	人 数	占比/%
说不上了解不了解	586	15.96	618	16.83
根本不了解	448	12.2	676	18.41
无法选择	155	4.22	180	4.9
非常了解	87	2.37	31	0.84
其他(不知道、不适用)	11	0.3	11	0.3

数据来源:根据2010年CGSS调研结果整理而得。

从以上调查的居民对于环境污染的认知行为、原因和解决方法中,我们可以看出面对严重的污染问题,尽管居民有所了解,但是采取实际行动的并不多,而且需要专业知识的培训和解决方法的引导。

6.1.2 居民对改善环境有一定的支付意愿

既然居民认同当前的环境污染比较严重,那么对于改善环境,居民的主观支付意愿是否也这么强烈呢?2010年度中国综合社会调查问卷中有相关的几项调查内容:其一是"为了保护环境,您在多大程度上愿意支付更高的价格?",并给出了"非常愿意、比较愿意、既非愿意也非不愿意、不太愿意、非常不愿意和无法选择"六大选择项目;其二是"为了保护环境,您在多大程度上愿意缴纳更高的税?",罗列的选择项目和上一问题一致。在表6-6中,我们展示了上述两个问题的调研结果,值得欣慰的是,仅分别有7.05%和8.71%的被调研者回答了"非常不愿意"。尽管回答"比较愿意"的比例也只有33.82%(居民比较愿意为保护环境支付高价格)和28.35%(居民比较愿意为环保承担更高税负),但是我们看到有将近10%的访谈者选择了非常愿意,而且中立者的比例分别为18.33%和18.85%。如果能够将中立者拉进愿意缴费的队伍中,我们可以看到,对以上两个问题回答愿意的比例可以达到60.65%和52.78%，均超过一半以上的人数。此外，主观上愿意为环保支付高价格的比例超过了愿意缴纳税负的比例，由此我们可以看出，居民参与环保的主观意愿还是很强烈的，这就为我们激励全民（主要是居民）参与环保打下了坚实的基础。

表6-6　居民对改善环境的支付意愿统计

备　选　项	为了保护环境，您在多大程度上愿意支付更高的价格?	为了保护环境，您在多大程度上愿意缴纳更高的税?
非常愿意	8.50%	5.58%
比较愿意	33.82%	28.35%
既非愿意也非不愿意	18.33%	18.85%
不太愿意	23.01%	27.89%
非常不愿意	7.05%	8.71%
无法选择	8.85%	10.19%
缺失值	0.43%	0.38%
样本量	3 672	

数据来源：根据2010年CGSS数据计算整理。

上述研究表明，随着经济增长的加速和居民生活水平的提高，居民的环境改善支付意愿也在不断提高。这印证了学者提出的观点：从社会层面看，当达到一定的物质基础后，居民的环境改善支付意愿是不断提高的；收入水平、环保参与度和受教育程度与居民环境改善支付意愿直接相关；此外，一个人越年轻，对环境的支付意愿就越高[134]。

6.2　居民的环保支付意愿评估方法

居民参与环境治理，尽管是自愿付费，但是政府主导下如何设立缴纳治污费的基准，这是一个重要的问题同时也是一大难题，只有将该问题解决了，政府和居民联合治理的机制才能有效运作，也才有科学评判标准。

关于居民对环境保护支付意愿的度量问题，即公共产品价值的评估方法，可以借鉴学术界提出的如下三种评估公共产品价值的研究思路：显示偏好法、陈述偏好法和幸福感测度法。

6.2.1　显示偏好法

显示偏好法的基本原理是根据消费者的购买行为来推测消费者的偏好，原因主要是消费者在一定价格条件下的购买行为暴露或显示了他内在的偏好倾向。因此，我们通过比较不同环境下的资产价值来推断居民对某类公共产品的偏好。

常用的方法有特征价格法，又称 Hedonic 模型法和效用估价法。该方法认为，商品的价格是由多个方面的不同特征或品质构成的，比如房地产的价格除了房型、面积、朝向等，其中也包含周边生态环境的影响。我们可以把房地产的价格影响因素进行分解，求出各影响因素所隐含的价格，如果控制地产的特征（或品质）数量固定不变，就能将房地产价格变动的品质因素拆离，以纯粹反映价格的变化。

对此，学者们开展了一些有意义的研究，如 Briscoe[135] 对巴西房产价格的研究表明，垃圾场的清理显著提高了当地的房价和房租，污染程度的加重显著地降低了住房价格。王艳等[136] 采用类似方法研究了青岛市居民对空气污染治理的支付意愿，结果表明每户愿意支付金额为 600 元/年。

另外还有交通成本法，通过研究人们消费公共医疗服务所花费的交通成本，从而判定人们对公共医疗服务的偏好程度[137]。冯皓和陆铭[138] 探讨了择校行为对上海房地产市场的影响。其他诸如防护支出法、旅行成本法等也是显示偏好法的运用。曾贤刚等[139] 通过研究北京市居民对大气细颗粒物（$PM_{2.5}$）健康风险的认知状况，测算了降低不同浓度污染物居民的支付意愿。

6.2.2　陈述偏好法

陈述偏好法是一种直接的偏好显示机制，常用的是问卷调研法，主要通过问卷形式反映人们对公共产品的真实支付意愿，即通过问卷了解调研者愿意为假想的非市场化产品和服务的利得或损失补偿多少货币。陈述偏好法在20世纪80年代之后得到了广泛关注，学者们通过该法了解居民对稳定水源供给的支付意愿，以及对降低健康风险的支付意愿。

李亦然等[140]采用陈述偏好法，通过对成都市居民的调查，计算得出居民每年平均愿意支付234.04元。魏同洋等[141]运用条件价值评估法——陈述偏好法中的一种，即直接调查咨询人们对生态服务的支付意愿（Willingness to Pay，WTP），以支付意愿和净支付意愿（Net Willingness to Pay，NWTP）表达环境商品的经济价值——评估了北京生态涵养区的延庆区生态保护和建设对改善北京大气质量的价值，得出每个居民户的支付意愿为283.91~404.34元/年。

以上两种方法都存在一些不足。显示偏好法基于主观判断，很多重要变量难以被衡量，研究人员不能获得非使用价值，无法评估效用损失；而陈述偏好法反映的是被访者的主观价值，可能会出现因个人支付意愿对公共产品的供给数量和范围不敏感而导致不可靠的结果，另外，由于被访者不熟悉公共产品，回答问题时不太会考虑预算约束和替代关系。

6.2.3 幸福感测度法

幸福感测度法的思路源于Easterlin[142]首次将居民收入和幸福感关联起来进行研究。之后，学术界越来越多的人开始研究这两者之间的关系，有学者发现收入提高会明显增加幸福感。随着环境保护呼声越来越大，近来的研究开始关注污染、收入对居民幸福感的影响。大量的研究显示，污染显著降低了居民的幸福感，而收入增加则提升了幸福感。在知道了收入的边际效用和污染的边际效用之后，人们可以计量污染对收入的边际替代率，从而了解居民愿意为污染下降1单位付出多少货币量，即支付意愿。利用LSA法，学者们实证研究了噪声污染、飓风、空气污染、洪灾、恐怖袭击等居民的支付意愿[143]。

幸福感测度法由德国学者Heinz Welsch[20]较早提出。该方法假设主观幸福感是个人效用水平的良好代理变量，且幸福感决定函数可以表达为

$$H = H(P,\ Y,\ X) \tag{6-1}$$

式中，H 表示主观幸福感，用以衡量个人的效用水平；P 表示环境污染程度；Y 表示收入水平。

式(6-1)中假设 P 和 Y 分别对幸福感存在负效应和正效应，即 $\partial H/\partial P < 0$ 且 $\partial H/\partial Y > 0$。上述一阶条件得到大量经验研究的支撑，学者发现二氧化硫、二氧化氮、悬浮颗粒物等空气污染物皆显著降低居民幸福感[153]；同时，从截面上看，高收入者相比低收入者具有更高的幸福感。X 表示影响幸福感的其他因素，并将其视为外生变量。令上述函数的全微分 $\mathrm{d}H = 0$，即 $\mathrm{d}H = (\partial H/\partial P)\mathrm{d}P + (\partial H/\partial Y)\mathrm{d}Y = 0$，从而得到环境污染和收入水平的边际替代率，即代表性个体对环境污染的边际支付意愿（Marginal Willingness to Pay，MWTP）

$$\mathrm{MWTP} = \mathrm{d}Y/\mathrm{d}P = -(\partial H/\partial P)/(\partial H/\partial Y)\cdots\cdots \tag{6-2}$$

式（6-2）的一个直观解释是，个人愿意支付 $-(\partial H/\partial P)/(\partial H/\partial Y)$ 数量的货币以降低1单位的环境污染，从而使得效用水平保持不变。如果进一步假设幸福感决定函数具有线性，且是收入的对数函数，那么其可以被简化为易于估计的线性方程

$$H = \alpha P + \beta \ln Y + X'\gamma \tag{6-3}$$

根据式（6-2）和式（6-3）可以得到平均边际支付意愿

$$\mathrm{MWTP} = -Y(\alpha/\beta)\cdots\cdots \tag{6-4}$$

式中，Y 表示收入水平的样本均值，参数 α 和 β 可以通过具体样本估计上述线性方程获得。

根据上文，$\alpha < 0$ 且 $\beta > 0$，因而 $\mathrm{MWTP} > 0$。如果收入水平 Y（而不是其对数）直接进入幸福感决定函数，那么边际支付意愿为 $\mathrm{MWTP} = \alpha/\beta$。

上述幸福感测度法的一个基本假设在于通过调查得到的主观幸福感是个人效用水平的良好代理变量。Levinson[22] 认为，主观幸福感接近于 Kahneman 所提出的“体验效用（Experience Utility）”[145,146]，效用水平较高的个体倾向于具有更高的幸福感。但仍需要指出的是，经典的选择理论

建立在序数效用论的基础上，因而即便幸福感可以衡量效用水平，但不同个体的幸福感可能并不可比。对于这一争议，Ng[147]认为序数效用是一个过强的假设，大量证据显示效用是基数且人际可比。同时，关于幸福感的经验研究往往默认幸福感是序数但人际可比的。

6.3 幸福感测度法度量居民的环保支付意愿

从理论上讲，居民对于环境公共品的边际支付意愿（Marginal Willingness To Pay，MWTP）——消费者为减少1单位的空气污染而愿意支付的货币数量——是制定最优环保政策的重要参数，其旨在衡量清洁空气的经济价值[157]。

6.3.1 幸福感测度法的测量优势

由于空气污染、水污染和垃圾污染等是典型的具有负外部性的公共产品，难以通过市场交易的方式揭示消费者所愿意支付的“价格”，因而如何推断这一参数一直是环境经济学关注的焦点。

目前，防护支出法、旅行成本法、内涵定价法和条件价值评估法等陆续被应用于研究工作中，这些方法基于人们的市场行为和支付的费用来推断人们对环境质量的估价。但是，防护支出法只考虑了环境污染所带来的直接成本，忽略其间接成本（如对景观的破坏），因而低估了环境质量的价值；旅行成本法只适用于景点，且实施成本较高；内涵定价法则依赖瓦尔拉斯一般均衡的存在，忽视了信息不对称、迁移成本等市场不完善因素。后者主要是条件价值评估法（Contingent Valuation Method），其通过假想一种环境变化，要求被访者直接给出经济评估。这类方法适用面广，但将被访者置于一个假想的陌生环境中，很可能导致估计的偏误。

相比于上述方法，幸福感测度法通过直接观察效用水平（主观幸福感）来推断个人意愿支付的“价格”，在一定程度上克服了公共产品没有市场交易从而没有市场价格的理论障碍，因而比“显示偏好法”更为直接；同时，该方法没有让被访者直接承担环境质量的评估工作，且只需要被访者的主观幸福感、当地环境质量等少量信息，因而与陈述偏好法相比，幸福感测度法更为间接。总之，幸福感测度法是对传统环境质量评估方法的重要补充。

6.3.2　已有研究所测度的居民对环境公共品边际支付意愿

在已有研究中，学者们[149~152]估计了英美等发达国家空气污染的边际支付意愿，即消费者为减少 1 单位的空气污染而愿意支付的货币数量，这是制定环保政策的重要参数。利用这一方法，学者们不仅估计了英美一些发达国家空气污染的边际支付意愿，还将上述方法拓展到对噪声[2]、洪灾以及恐怖主义[153]的评估之中。目前，中国案例的研究还不多见，杨继东和章逸然[154]采用幸福感测度法估计了中国居民空气污染的边际支付意愿，但他们仅使用单一年度的截面数据，且忽视了天气状况这一同时影响幸福感和空气污染的重要变量，也没有考虑空气污染的内生性问题，难以确定其估计的偏误程度。

这些研究根据幸福感测度法计量居民为污染愿意缴纳的费用，表 6－7 是已有研究的各国居民参与环境治理的边际支付意愿，这为国家出台政策及为我国经济发展不均衡的各地区缴纳治污费提供了测算依据。

表 6－7　空气净化和其他灾害防治的居民边际支付意愿

污染物	边际支付意愿/（元/年）	占收入①比例/%	估 计 方 法	样本及时间跨度
PM_{10}	834		普通最小二乘法（Ordinary Least Squares，OLS）	中国京、津、沪、渝 4 个城市 2003—2013 年 CGSS 合并数据
	1 784		工具变量法（Instrumental Variables，IV）	

① 这里的收入水平是一个核心解释变量，根据现有文献，大部分学者采用家庭总收入作为收入水平的代理变量，所以上表中的支付意愿指的是家庭的支付意愿而非个人。

续 表

污染物	边际支付意愿/（元/年）	占收入比例/%	估计方法	样本及时间跨度
NO_2	1 005	2. 71	有序 Logit	中国 2010 年
	1 250	3. 37	OLS	
	1 144	3. 09	有序 Probit	
SO_2	2 148		OLS	中国 2010 年 CGSS
烟尘	2 473			
PM_{10}	6 031		OLS	美国 1986—1996 年
	6 024		有序 Probit	
	4 927		IV	
SO_2	150 美元	0. 6	OLS	欧洲 13 国 1979—1994 年
	312 美元	1. 1	OLS（加 IV）	
	154 美元	0. 6	混合最小二乘法（Pooled Ordinary Least Squares，POLS）	
	344 美元	1. 3	POLS（加 IV）	
洪灾	6 399 美元	23. 3	有序 Probit	欧洲 16 国 1973—1998 年
	6 505 美元	23. 7	OLS	
恐怖行为		4. 2 4	OLS 有序 Probit	法国 1973—1998 年
		8. 2 7. 5	OLS 有序 Probit	
		24. 6 26. 6	OLS 有序 Probit	不列颠群岛 1975—1998 年
		37. 3 38. 4	OLS 有序 Probit	
SO_2		0. 9～1. 5	LSA	德国 1985—2003 年
		0. 03～0. 2	Hedonic 模型法	
NO_2	760 美元		OLS	欧洲 10 国 1990—1997 年
铅	1 390 美元		OLS	
NO_2	70 美元/千吨		OLS	54 国

Carlsson等[155]研究了瑞典居民空气治理的支付意愿，得出平均支付意愿为每年2 000克朗；高新才等[156]分别对北京市、兰州市居民的支付意愿进行了研究，得到北京市居民对5年内大气污染物浓度降低50%的平均支付意愿为652.33元/年，兰州市居民对空气质量达到二级标准的平均支付意愿是140.97元/（户·年）；何凌云和黄永明[157]还研究得出城市为了减少1个污染天（劣于城市二级标准），居民愿意支付353.41元/年，家庭对减少1个单位烟尘污染的支付意愿为2 473.88元，为减轻1 kg二氧化硫污染支付意愿为2 148.55元；曾贤刚等[139]得出在降低60%的细颗粒物（$PM_{2.5}$）浓度情况下，居民的平均支付意愿为39.82元/月。

6.4　本章小结

本章的研究得出了以下几个结论。

1. 居民对环境污染程度非常关注，并愿意为环境保护付费。CGSS数据显示，有过半的居民具有强烈的参与环境治理的愿望和行动，具体体现在42.32%的被访者明确愿意为环境保护支付更高的价格，18.33%的居民处于中立，仅有7%的居民选择不愿意付费。同样加上18.85%的中立者，共有52.78%的人选择愿意为环境保护进行缴税①。这项实证研究为环境公共品的有效供给路径提供了新的视角：作为优质环境需求侧的居民参与环境治理，转变为供给侧，这样可形成政府、企业和居民三方合力，共同治理环境污染。

2. 居民为环保自愿付费的量化指标可以根据幸福感测度法核算，受污染的地区不同、收入不一样、受教育程度不一样的居民，其自愿付费的标准可能也不一致，但都可以进行具体测度。比较一致的结论有：居民边际支付意愿与收入呈正相关，社会经济地位较高的人对高质量空气的需求度更强，他们的支付能力也更强；居民受教育程度越高，越希望有高质量的生存环境，支付意愿也越强；身体越健康的居民，越愿意为环保付费；

① 根据2010年中国综合社会调查（CGSS）统计结果计算整理得出。

支付意愿除了受到受教育程度、身体健康状况的影响，还和月生活成本、职业类型、居住位置、风险认知水平等因素有密切关系[139]。

居民有自愿进行环保支付的意愿，而且在方法上也是可行的。环境税本来是向污染企业征收的，现在居民参与治污，尽管调研数据是出于自愿支付/征收，但是国家应该出台补贴措施，让居民的效用提高，这样才能具有帕累托改进的效果。

第7章　居民参与环境公共品供给的影响因素拓展分析

从中国综合社会调查（CGSS）报告可知，将近一半的居民愿意为环境公共品付费，很明显，“免费搭便车”的居民仍然占据大部分。如果要激励更多的居民参与进来，主动作为优质环境的供给方，我们一定要了解清楚除了“免费搭便车”思想之外，影响居民支付意愿的因素还有哪些。

在已有研究中，Levinson[22]利用美国综合社会调查和美国环保署的空气质量系统数据，测算了居民为降低空气中PM_{10}浓度的支付意愿，发现收入越高的群体越愿意为降低污染多支付，空气质量好的地方的群体、越健康的群体以及受教育程度越高的群体更愿意为降低污染多支付费用。

在对中国的研究中，李莹等[158]用意愿调查价值评估法对北京市居民为改善大气环境质量的支付意愿进行了调查，结果表明，支付意愿随着收入水平的增加和受教育程度的提高而提高，随着年龄和家庭人口数的增加而减小。提高收入水平，增强环保意识，是提高公众支付意愿的有效途径。郑思齐[159]通过对2009年中国86个城市的污染和系列影响因素回归分析，发现较高人力资本、居民对环境更加关注的城市会较早达到环境库兹涅茨曲线（Environmental Kuznets Curve，EKC）转折点。较发达沿海地区环境规制政策更严格、城市居民有更强烈的追求较高环境质量的愿望，这些促使居民具有较高的治污的支付意愿。杨继东和章逸然[124]利用LSA法实证研究中国居民对空气污染的支付意愿，发现空气污染对低收入群体、男性和农村居民的影响更大，中国居民对空气污染的支付意愿显著低于西方发达国家。穆怀中和范洪敏[160]研究发现，大气污染知识认知程度与居民支付意愿存在显著的正向关系，居民对有关大气污染的知识越了解，就越容易得知大气污染的危害及环境改善后个人福利变化，从而更愿意支付大气污染治理费用，其中对有关大气污染的知识“非常了解”的居民愿意为治理大气污染支付费用发生的概率比“不了解”的居民高出7.72倍。

7.1 物质生活对居民参与环境治理的影响

一般情况下，环境质量与经济发展之间的关系多通过环境库兹涅茨曲线进行研究。伴随着经济发展水平的提高，人们对环境质量改善的需求也会提高，彭水军和包群[161]认为，当经济水平提高了，人们更愿意选择环保或绿色产品，这会促使企业向清洁生产方式转变，减少污染物排放。张连伟和张琳[162]认为，技术进步及结构改善、消费、生产、制度及污染减排等领域的公共或私人控制措施均可成为环境质量提高的推动因素。

罗斯托[163]的经济发展理论认为，经济发展的六个阶段依次是传统社会阶段、准备起飞阶段、起飞阶段、走向成熟阶段、大众消费阶段和超越大众消费阶段。人们的生活质量改善要经过贫困、起飞、高额物质消费、追求生活质量四个阶段。罗斯托认为“起飞”和“追求生活质量”是两个关键性阶段。他在《政治与增长阶段》一书中提出了“追求生活质量”阶段，主导部门是服务业与环境改造事业部门。通常情况下，越是处于罗斯托所说的后面的阶段，户外消费、公共物品及服务消费就越重要，人们更加关注生态环境，公共物品在人们的效用函数中的权重也越大。

7.1.1 收入水平对居民参与环保意愿的影响

我们处于什么样的发展阶段？我国大众的生活质量如何？如果我国大众的生活质量的确处于罗斯托所述的后面的发展阶段，那么大家对环保的关注度自然就会提高，自愿加入环保队伍的人数相对也会上升。

本书运用人均国内生产总值（Gross Domestic Product，GDP）、人均可支配收入以及恩格尔系数来衡量以上的发展阶段问题。恩格尔系数是用来衡量一个国家和地区人民生活水平的重要指标，一个国家（或地区）越贫穷，每个国民的平均收入中（或平均支出中）用于购买食物的支出所占比例就越大，随着国家（或地区）的富裕，这个比例呈下降趋势。

联合国根据恩格尔系数的大小，对世界各国的生活水平有一个划分标准，即：一个国家平均家庭恩格尔系数大于60%为贫穷，50%～60%为温饱，40%～50%为小康，30%～40%属于相对富裕，20%～30%为富足，20%以下为极其富裕。

2016年，全国居民人均可支配收入为23 821元，比2012年增加7 311元，年均实际增长7.4%。2017年上半年，居民人均可支配收入同比实际增长7.3%，超过国内生产总值增速0.4个百分点，超过人均国内生产总值增速0.9个百分点。居民的消费升级步伐加快。

表7－1和图7－1、图7－2比较了我国城镇居民和农村居民2006—2019年的物质生活条件与生活质量，物质生活水平的变化通过人均国内生产总值纵向比较得出，而居民的生活质量，我们通过恩格尔系数来分析。

表7－1　我国城镇、农村居民家庭人均收入和恩格尔系数①

年　份	城镇人均实际收入/（元/人）	农村人均实际收入/（元/人）	城镇恩格尔系数/%	农村恩格尔系数/%
2006	11 760	3 587	35.8	43
2007	13 154	3 951	36.3	43.1
2008	14 902	4 495	37.9	43.7
2009	17 296	5 190	36.5	41
2010	18 499	5 730	35.7	41.1
2011	20 692	6 620	36.3	40.4
2012	23 942	7 716	36.2	39.3
2013	25 796	9 191	30.1	34.1
2014	28 278	10 283	30	33.5

① 2013年前城乡居民收支数据来源于分别开展的城镇住户抽样调查和农村住户抽样调查；从2013年起，国家统计局开展了城乡一体化住户收支与生活状况调查，2013年及以后数据来源于此项调查。与2013年前的分城镇和农村住户调查的调查范围、调查方法、指标口径有所不同。

续 表

年　份	城镇人均实际收入/（元/人）	农村人均实际收入/（元/人）	城镇恩格尔系数/%	农村恩格尔系数/%
2015	30 764	11 264	29. 7	33
2016	32 957	12 121	29. 3	32. 2
2017	35 788	13 260	28. 6	31. 2
2018	38 444	14 316	27. 7	30. 1
2019	41 205	15 524	27. 6	30. 0

数据来源：国家统计局，其中城镇和农村人均收入以 2006 年价格指数为 100 作为基准进行实际值核算。

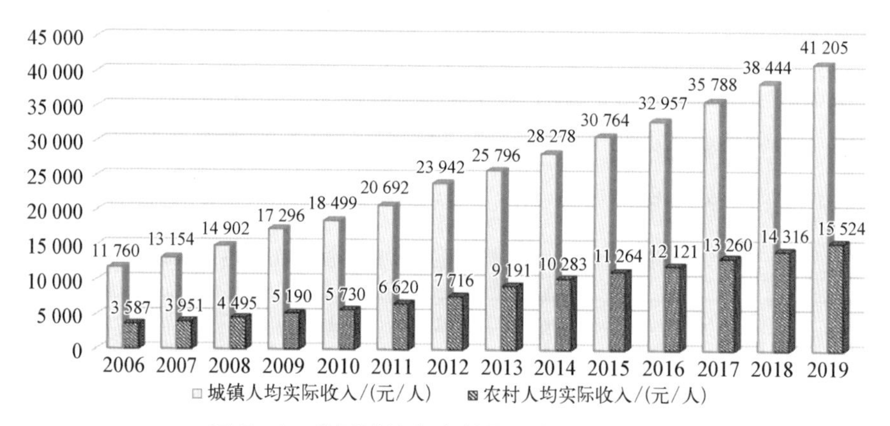

图 7－1　我国城镇和农村居民人均收入情况

（数据来源：国家统计局，其中城镇和农村人均收入以 2006 年价格指数为 100 作为基准进行实际值核算）

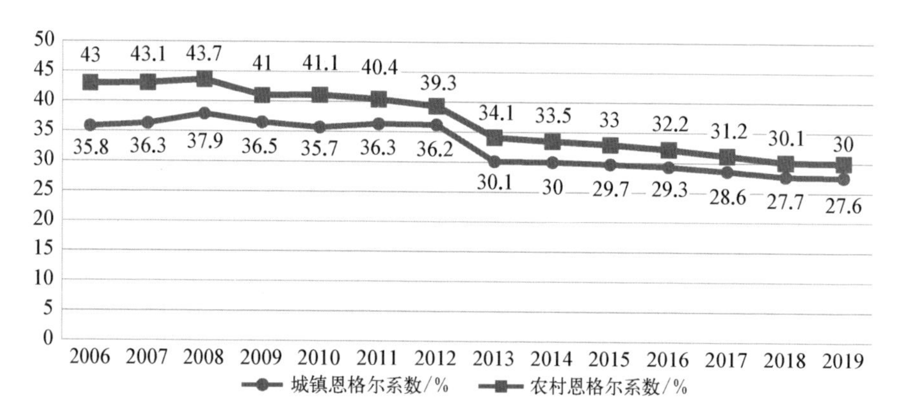

图 7－2　我国城镇和农村居民恩格尔系数

（数据来源：国家统计局）

图7－2显示，我国的恩格尔系数呈不断下降趋势，从近些年的数据来看，中国民生改善成效显著，发展成果惠及全民，具体表现在居民生活水平不断提高。2016年，我国居民恩格尔系数为30.1%，比2012年下降2.9个百分点，接近联合国划分的20%～30%的富足标准。

2013年至2016年，国内生产总值年平均增长7.2%，高于同期世界2.6%和发展中经济体4%的平均增长水平；中国对世界经济增长的平均贡献率达到30%以上，超过美国、欧元区和日本贡献率的总和；2017年，人均国民总收入提高到8 000美元以上（按照人民币对美元汇率100美元兑换675.18元人民币计算），接近中等偏上收入国家平均水平。2019年，我国人均国内生产总值突破了9 000美元（按照人民币对美元汇率100美元兑换689.85人民币计算），可见，我国人民的生活水平在快速提升（图7－3）。

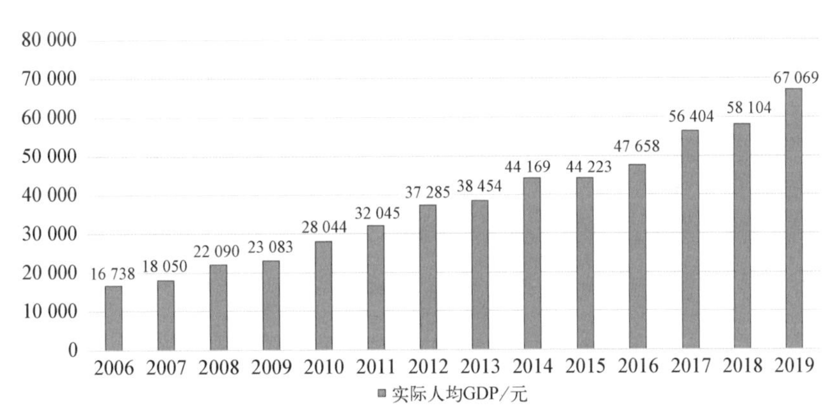

图7－3　我国人均国内生产总值（GDP）

7.1.2　技术进步对居民参与环保意愿的影响

很多学者重点研究了技术进步对碳的减排的影响[164]，而Poortinga等[165]通过在1999年对2 000个荷兰家庭进行实地调查发现，高收入家庭更倾向于通过技术改进而不是行为方式的改变来节能。

实际上我们发现，技术的不断进步不仅直接影响企业减排的效果，也能促进居民更好地配合执行环境保护的有关规定。比如生活中我们比较关心的垃圾问题，当我们实现了技术进步后，对各类垃圾进行分类，不仅能够做到无害化处理，还可以将其中一部分进行回收处理并循环利用，这些技术促进了居民在生活中更加重点关注并实行垃圾分类投放，间接带动了居民积极参与环保行动。

表7-2、表7-3和图7-4整理了我国居民的生活垃圾处理率情况，由于技术进步的影响，我国各省（自治区、直辖市）的生活垃圾无害化处理率不断提高，上海和山东两地连续三年的无害化处理率达到了100%，到2016年，生活垃圾无害化处理率超过90%的省（自治区、直辖市）达到了27个，超过80%的省（自治区、直辖市）达到了29个。

表7-2 我国30个省（自治区、直辖市）生活垃圾无害化处理率

单位：%

年份	2008	2009	2010	2011	2012	2013	2014	2015	2016	2017	2018
全国平均	66	71	78	80	85	89	92	94	96	97	98
北京	98	98	96	98	99	99	100	79	100	100	100
天津	94	94	100	100	100	96	96	93	94	94	95
河北	57	59	70	73	81	83	86	95	98	100	100
山西	47	63	74	78	80	88	92	97	95	95	100
内蒙古	55	72	83	83	91	94	95	98	99	99	100
辽宁	60	60	71	80	87	88	92	94	93	99	100
吉林	33	38	45	49	45	61	62	85	85	72	87
黑龙江	25	30	40	44	48	54	59	78	81	83	87
上海	74	79	82	61	84	91	100	100	100	100	100
江苏	91	91	94	94	95	97	98	100	100	100	100
浙江	90	98	98	95	99	99	100	99	100	100	100
安徽	54	61	65	86	91	99	100	100	100	100	100

续　表

年份	2008	2009	2010	2011	2012	2013	2014	2015	2016	2017	2018
福建	88	93	92	95	95	98	98	99	98	99	100
江西	80	84	85	88	89	93	93	94	95	98	100
山东	79	91	92	93	98	99	100	100	100	100	100
河南	67	74	83	84	85	90	93	95	99	100	100
湖北	53	55	61	61	72	84	90	92	95	100	100
湖南	60	66	79	85	94	95	100	100	100	100	100
广东	64	64	72	72	79	85	85	92	95	98	100
广西	82	85	91	94	98	95	94	99	99	100	100
海南	65	65	68	91	100	100	100	100	100	100	100
重庆	88	95	99	100	99	99	99	99	100	99	100
四川	81	84	86	88	88	95	94	96	99	99	99
贵州	76	82	91	89	92	92	93	94	95	95	96
云南	80	81	88	74	83	88	92	90	93	93	98
陕西	69	69	80	90	88	95	95	98	99	99	99
甘肃	32	32	38	42	42	42	63	64	73	98	100
青海	74	64	67	89	89	78	85	87	95	95	96
宁夏	55	42	93	66	71	93	93	90	98	99	99
新疆	52	61	71	79	79	78	82	81	83	89	91

表 7－3　生活垃圾无害化处理率比较

年份	2008	2009	2010	2011	2012	2013	2014	2015	2016	2017	2018
全国平均/%	66	71	78	80	85	89	92	94	96	97	98
超过全国平均省市/个	16	16	16	19	19	19	21	18	17	22	23
超过90%/个	3	8	10	11	13	19	23	23	27	27	28

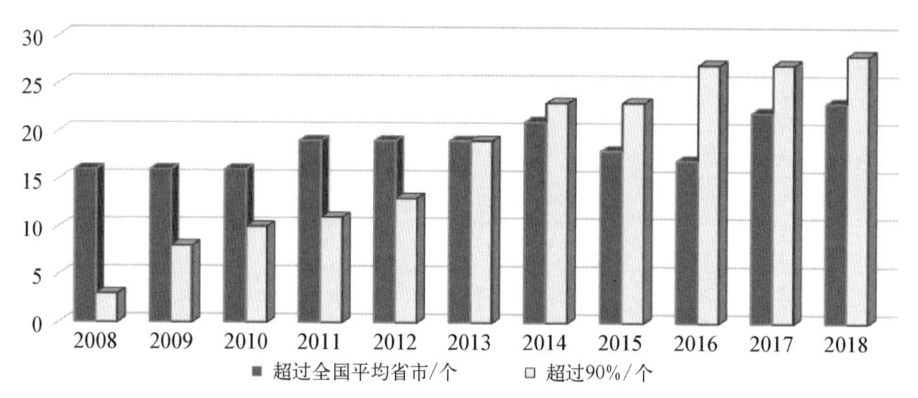

图 7－4 我国 31 个省（自治区、直辖市）生活垃圾无害化处理率

（数据来源：原环境保护部）

7.2 居民的环境保护意识分析

在未来的中国，人们追求更加高质量的生活，比如更好的教育、更稳定的工作、更满意的收入、更可靠的社会保障、更高水平的医疗卫生服务、更舒适的居住条件、更优美的环境、更丰富的精神文化生活。这些需求是多样化、个性化、多变、多层次的。

优美的环境需要全体居民的共同参与，如果能够做到清楚了解居民的环保意识及参与意愿，那么在解决环境治理这类问题时，政策措施就会更有针对性。

7.2.1 我国居民在环保意识上有比较强的政府依赖心理

环境意识是人在处理与自然环境关系中所反映的社会思想、理论、情感、意志、知觉等观念形态的总和，表现为环境知识、环境态度、环境行为等主要方面[166]。我们的环境保护和治理措施的制定应当建立在广大市民现有的环境意识基础之上，高云梦[167]利用 CGSS 数据回归分析得出如下结论：作为一种环保观念，居民对环境问题的关注程度对环保支付意愿起着重要的正向推动作用，居民对环境的关注程度越高，居民的环保支付意愿就越强。那么，我国居民的环保意识如何呢？2010 年和 2013 年的中国综合社会调查报告均涉及了居民环保意识的问题。归纳起来，我国居民环保意识有下述比较明显的特点。

1. 居民的环保意识不强，个体环保行为比例小

2010 年的中国综合社会调查涉及了部分关于居民环保意识的问题，调研的有效问卷总数为 3 672 份，我们选择了如下问题及被调研者的回答内容（见表 7－4、表 7－5）。

表 7－4　2010 年居民环保意识相关问题

问题序号	问题具体表述
1	您经常会为了环境保护而减少开车吗？
2	您经常会特意将玻璃、铝罐、塑料或报纸等进行分类以方便回收吗？
3	您经常会特意为了保护环境而减少居家的油、气、电等能源或燃料的消耗量吗？
4	您经常会特意为了环境保护而节约用水或对水进行再利用吗？
5	您经常会特意为了环境保护而不去购买某些产品吗？
6	您经常会特意购买没有施用过化肥、农药的水果和蔬菜吗？

表 7－5　我国居民的环保意识统计分析

问题	总是	经常	有时	从不	拒绝回答	不知道	不适用	居住地没有回收系统/没有提供	我没汽车或不能开车
问题 1	1.96	3.43	8.91	4.77	0.44	0.08	0.44	—	78.98
问题 2	11.93	19.72	23.75	17.35	0.33	0.03	0.03	25.88	—
问题 3	9.86	22.41	39.79	25.77	0.71	0.22	0.25	—	—
问题 4	17.21	31.54	33.82	15.94	0.35	0.11	0.03	—	—
问题 5	7.30	15.69	41.07	33.61	0.35	0.74	0.25	—	—
问题 6	5.70	14.96	28.13	23.86	0.33	0.25	0.25	24.54	—

资料来源：根据 2010 年 CGSS 数据整理计算得出。

从以上回答可以看出，明确回答“总是”和“经常”的居民具有较强的环保意识，但是这部分比例最高只占到 48.75%（对于问题 4 的回答

“您经常会特意为了环境保护而节约用水或对水进行再利用吗?”),其他均没有达到40%的比例。这充分表明了居民的环保意识比较淡薄。同时,我们也看到了另外一组数据:居住地没有垃圾分类的回收系统(25.88%),居住地没有提供未施过化肥及农药的蔬菜和水果(24.54%)。

2013年,CGSS的B卷有如下问题:“22.我们想了解一下,在最近的一年里,您是否从事过下列活动或行为?”调研的问题中和居民环保意识相关度比较大的有:问题1,垃圾分类投放;问题2,采购日常用品时自己带购物篮或购物袋;问题3,对塑料包装袋进行重复利用;问题4,自费养护树林或绿地。2013年调查的有效问卷是11 438份。

从表7-6的调研数据中,我们看到:对购物袋重复利用问题回答“经常”的比例最高,即49.25%,其次是对自带购物袋问题回答“经常”的,比例是39.46%;对以上两个问题回答“偶尔”携带的比例也达到30%以上,而对于垃圾分类投放及植树造林活动回答“经常”的比例就比较低。从表面上看是居民的个体环保行为不太积极,但并不能说明居民主体上不愿意去进行环保行为,而可能是因为条件不具备或不充分,比如没法找到垃圾分类投放点等。

表7-6 2013年我国居民的环保行为统计 单位:%

回答选项	垃圾分类投放	采购日常用品时自己带购物篮或购物袋	对塑料包装袋进行重复利用	自费养护树林或绿地
从不	54.12	24.17	18.72	84.79
偶尔	32.41	35.14	31.78	11.23
经常	12.27	39.46	49.25	3.81
拒绝回答	0.05	0.07	0.11	0.05
不知道	0.14	0.12	0.11	0.11
不适用	0.01	0.04	0.03	0.01

资料来源:根据2013年CGSS数据整理计算得出。

2.从众心理较强,有严重的依赖政府治理环境的意识

在调研问卷中,有这样一个问题:“‘除非大家都做,否则我保护环境的努力就没有意义了’您是否同意该观点?”,大家的回答如图7-5所示。

有 63%的人选择了“同意”，意味着大部分居民在参与环保时有从众心理。数据显示，尚有 21%的居民选择了“不同意”，10%为中立者，6%为“其他”，这几个数据给了我们希望，也就是说，还是有相当一部分居民从自己做起，积极主动参与环境保护的。

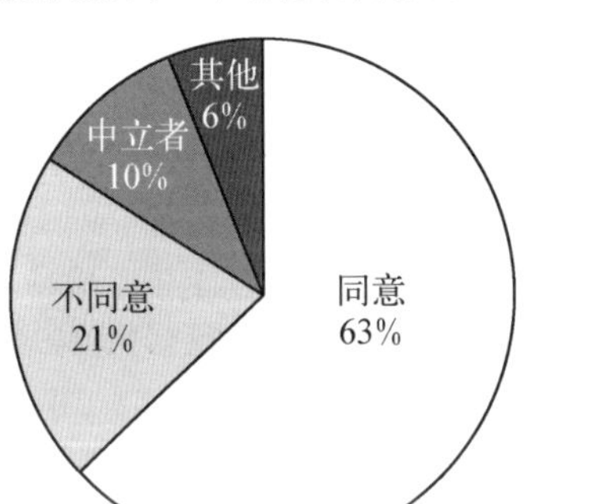

图 7－5　我国居民环境保护的心理分析图

（资料来源：根据 2013 年 CGSS 数据整理分析得出）

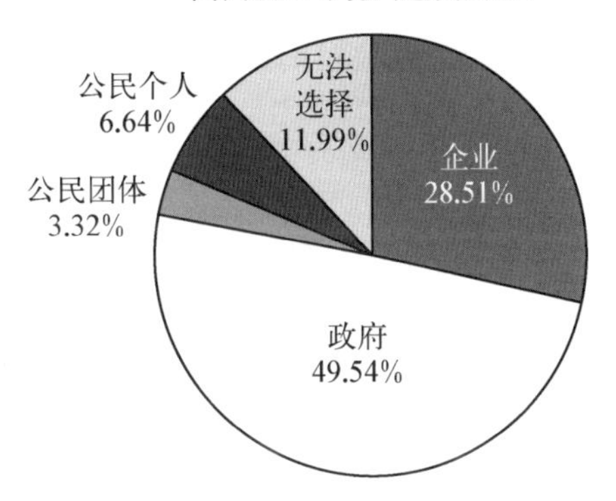

图 7－6　居民的主观认识：中国环境问题的承担方

（资料来源：根据 2013 年 CGSS 数据整理分析得出）

图 7－6 展示了在居民心里，环境问题主要应该由谁承担。调研问卷中罗列了企业、政府、公民团体和公民个人这些选项，调查结果显示，将近一半的人认为应该由政府来承担，该比例高达 49.54%，其次是企业，占比为 28.51%，有 11.99%的居民无法做出选择，而认为由公民个人承担的比例仅仅为 6.64%。可见，在老百姓心里，公共问题的解决应该落在政府头上，这印证了经济学上“免费搭便车”的情况。

7.2.2　我国居民环境保护的有关知识相对薄弱

在调研问卷中，为了了解居民的环境保护意识，我们特别设置了如下一些问题让参与者作答，问题和回答类别比例详见图 7－7 和图 7－8，其中之一是了解居民对造成环境问题的原因的认知情况，仅有 31%的居民选择了“了解”，选择“不了解”的比例达到了 49%。

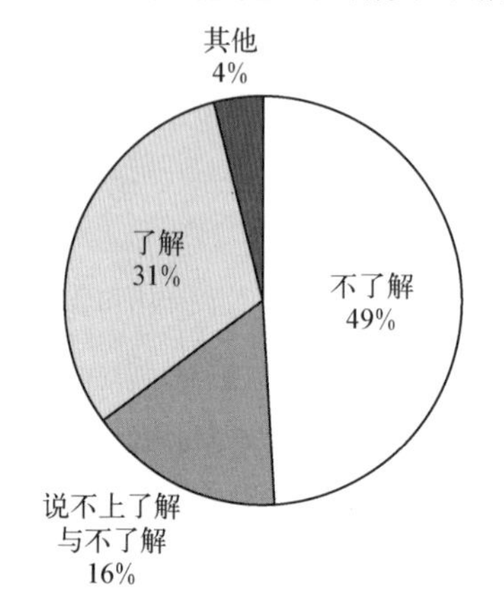

图 7-7 居民的主观认识：环境问题产生原因

（资料来源：根据 2013 年 CGSS 数据整理分析得出）

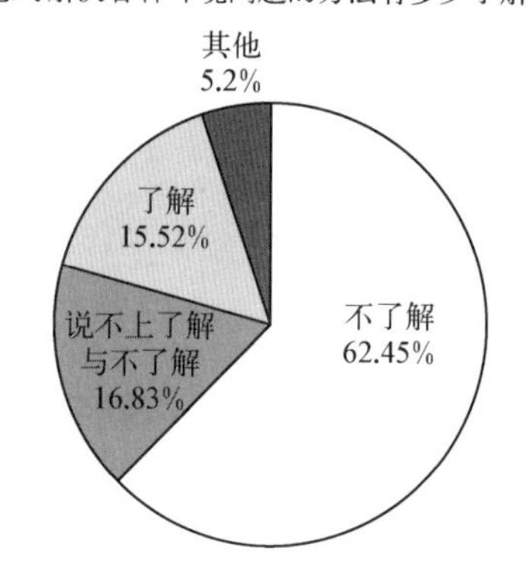

图 7-8 居民的主观认识：解决环境问题的方法

（资料来源：根据 2013 年 CGSS 数据整理分析得出）

至于对解决环境问题的方法有多少了解，62.45%的人选择了“不了解”，仅仅有 15.52%的人回答“了解”。可见环境政策在群众中的知晓面不够广泛，需要加大宣传力度。

在 2010 年和 2013 年，CGSS 均调查了居民对有关环境保护知识的掌握情况，提出的 10 个问题都是一样的，本书将这两年受访者的回答进行了如下对比，详见表 7-7。

表 7-7 居民对有关环境保护知识的掌握情况 单位：%

问题描述	回答“正确”比例		回答“错误”比例		“无法选择”比例	
	2010 年	2013 年	2010 年	2013 年	2010 年	2013 年
汽车尾气对人体健康不会造成威胁	12.34	12.38	80.99	75.46	5.43	11.1
过量使用化肥、农药会导致环境破坏	83.42	79.32	9.53	8.15	5.78	12.48
含磷洗衣粉的使用不会造成水污染	12.83	11.4	61.79	54.84	24.81	32.69
含氟冰箱的氟排放会成为破坏大气臭氧层的因素	51.36	43.92	9.64	4.81	38.32	50.18

续　表

问题描述	回答“正确”比例		回答“错误”比例		“无法选择”比例	
	2010 年	2013 年	2010 年	2013 年	2010 年	2013 年
酸雨的产生与烧煤没有关系	10.70	8.53	43.85	39.61	44.34	51.77
物种之间相互依存，一个物种的消失会产生连锁反应	51.88	45.92	4.77	4.73	41.31	48.21
空气质量报告中，三级空气质量意味着比一级空气质量好	10.87	8.61	24.98	21.44	62.06	69.86
单一品种的树林更容易导致病虫害	43.95	41.7	9.18	5.99	44.86	51.18
水体污染报告中，Ⅴ（5）类水质意味着要比Ⅰ（1）类水质好	7.82	5.31	15.23	13.95	74.75	79.64
大气中二氧化碳成分的增加会成为气候变暖的因素	52.72	49.28	4.90	4.35	41.53	45.26

资料来源：根据 2010 年 CGSS 中问题 l2401～l2410 和 2013 年 CGSS 中问题 b2501～b2510 的回答整理得出。

通过对中国综合社会调查问卷中有关数据进行整理、分析之后，我们发现，从整体上来看，中国居民对环境保护的认知度不高，对有关环境保护方面的知识掌握得较少，需要对其进一步普及环保知识。

7.3　本章小结

本章拓展分析了影响居民环保支付意愿的因素，重点讨论了居民的物质生活条件和环境保护意识问题。

对我国农民、城镇居民实际收入，恩格尔系数以及我国人均 GDP 的对比研究表明，我国居民的物质生活相对充裕，已经达到了全面建成小康社会的经济条件，居民达到了“追求生活质量”的阶段，也就是罗斯托提到的主导部门是服务业与环境改造事业阶段，人民会越来越重视户外消费，越来越关注生态环境。这就为我们研究居民的环保支付意愿打下了坚实的基础。

研究发现，我国居民的环保意识还有待增强，环保意识上存在“免费搭便车”现象，对环境质量的改善主要寄希望于政府。但同时我们也发现了一个问题，即调研数据中的居民环保行为并非是其真实的体现，凡是客观上自己能够做到的，居民一般还是会去做的，比如随身携带环保购物袋、重复利用环保购物袋等项目的调研结果显示，居民的环保行为比例就相当高；而对诸如垃圾分类等需要所在社区提供设施的，居民的自觉环保行为比例就相对较低，这些数据分析为我们后续研究进行了很好的铺垫：如果政府牵头采取措施，使得居民的环保行为更加方便地实践，居民进行环保投入是很有希望的。

本章从物质条件方面分析了激励居民进行环境保护的可行性，也从居民的环保观念和环保行为方面分析了只要措施得当，就有可能规范居民的环保行为。同时，这里也传递了一个信息：我们应该大力推广普及环保知识，这样才更有利于环境保护政策的推行。

结合上一章的研究，本书发现环境公共品供给的难题之一“免费搭便车”问题可以通过适当的激励措施鼓励居民传递其真实需求，并且这个真实需求可以度量，也就是将公共产品供给中的另一个难题“如何定价”，通过幸福感测度法来实现。其中关键点在于激励居民参与环保政策的制定和执行，这部分将在后续政策研究中给出方案。

第8章　环境公共品供给的实证分析
——以洁净空气为例

依据之前的理论模型，本章以中国空气污染治理为研究对象，探讨居民作为环境公共品的供给者参与环境治理的可操作性，即测算居民的环保支付意愿。

进行环境公共品供给的实证分析，我们必须考虑我国存在的特殊情况：户籍制基本上否决了居民跨省市进行“用脚投票”的可能性；城镇化过程中由于迁移带来的外来人口户籍和居住地分离，这也会严重影响有关居民的环保支付意愿，或者说由于归属地不清晰，导致有关居民不确定自己对居住地的环保支付意愿。但同时，中国的高房价以及居民对产权房的偏好会使居民身份固化和区域空间固化。在一个地方拥有产权房，这是居民们经过深思熟虑做出的选择，我们可以设想，拥有产权房的居民对环境质量的要求更高，更希望房产所在地的环境质量提升，这不仅与自身健康有关，还可能带来房产升值的财富效应。基于以上分析，本书提出如下假说。

假说1：拥有产权住房的居民对环境保护的支付意愿更高。

群体差异在中国是一个值得关注的问题。国家统计局数据显示，我国的基尼系数在近些年一直超越了国际警戒线0.4，贫富差距是一个不争的事实，高收入群体和低收入群体在对环境保护的支付意愿上存在什么差异？有学者提出较高的收入促使居民追求较高的生活质量，从而有更高的治污的支付意愿[159]。

此外，环境保护属于典型的具有代际正外部性的公共产品，家庭有没有孩子、抚养的孩子数量多少，这些都直接影响居民的环保支付意愿。另有研究显示，居民对环境质量的关注度、居民本身受教育程度的差异以及健康状况直接影响当地的环境保护。基于以上研究，特提出假说 2。

假说 2：居民对环境保护的支付意愿在不同收入群体、不同家庭（有孩子和没有孩子）和受教育程度不同的个体之间存在差异性。

本章余下部分将检验以上假说。

8.1 基本模型构建

本章使用的微观数据来源于 2010 年中国综合社会调查的数据，我们从中获得了被访者对环境保护的支付意愿、户口登记地以及房产登记情况。另外关联的个体收入、家庭收入、被访者受教育程度、是否有小孩等也可以从该数据库中获得。

8.1.1 数据来源及变量描述

1. 居民对环境保护的主观支付意愿

居民的主观支付意愿为模型的被解释变量。在调查统计中有两项指标可以反映居民的支付意愿：其一是“为了保护环境，您在多大程度上愿意支付更高的价格”，另外一个是“为了保护环境，您在多大程度上愿意缴纳更高的税”。本书将上述两个指标均纳入模型中，利用两个模型分别进行回归，这样会更具说服力。在对样本进行处理时，我们将回答“非常愿意”和“比较愿意”的记为 1，其余的记为 0。

2. 拥有房产情况

房产拥有状况是本书的主要解释变量之一。之所以选择将房产作为解释变量，主要考虑到房产是居民“用脚投票”的最好体现。2010 年 CGSS 关于居民住房问题进行了两项调研：其一是家庭拥有房产套数，从该指标中，我们可以了解拥有房产者相对于无房产者是否具有更高的支付意愿；其二为住房套内总建筑面积。通过这个指标，我们可以了解住房面积大小对居民支付意愿的影响程度。本书在基础模型回归分析时运用第一个指标“是否拥有房产”，另外将第二个指标“住房套内总建筑面积”作为控制变量引入模型回归分析。我们在进行变量处理时，考虑到偏误，将回答套内总建筑面积小于 10 平方米和大于 900 平方米的异常情况剔除。

3. 控制变量

为了尽量避免变量遗漏所带来的估计偏误，我们考虑控制以下变量。

第一，收入情况。居民收入状况不但直接影响居民对环境保护的支付意愿，而且还会影响居民拥有房产的情况。值得探讨的是，CGSS 的问卷调查了被访者的家庭收入和个人收入，两者都与被访者的支付意愿高度相关，但考虑到居民在回答环保支付意愿问题时一定会从家庭负担角度出发，因而本书的模型采用家庭收入这个变量，再对其取对数。根据调查手册，"被访者家庭的全年总收入，包括工资、各种奖金、补贴、分红、股息、保险、退休金、经营性纯收入、银行利息、馈赠等所有收入在内。如果是农业劳动者，就询问他/她的农业收入、家庭和家人的情况。"

第二，受教育程度。由于被访者受教育程度直接影响居民的环保意识和行为，而且还影响居民的户籍情况，比如高学历人员可以作为人才被引进等。本书采用受访者受教育年数作为变量："未受教育"为 0、"小学"为 6、"初中"为 9、"高中、中专和技校"为 12、"专科"为 15、"本科"为 16、"研究生"为 19，以上各项的单位为"年"。

第三，健康情况。个人健康情况不但受到所在地区环境污染的影响，而且与个人对环境保护的支付意愿紧密相关[21]。因此，本书将"自评健康程度"作为个人健康的代理变量纳入模型。CGSS 要求被访者对自身健康程度做出评价，我们依次将其从 1 到 5 赋值，即"很不健康"为 1、"比较不健康"为 2、"一般"为 3、"比较健康"为 4、"很健康"为 5，从而得到一个衡量自评健康程度的有序选择变量。

第四，其他个体特征。包括：(1) 性别，"男性"为 1、"女性"为 0；(2) 是否有后代，"有小孩"为 1、"无小孩"为 0；(3) 居住状况，"城市居民"为 1、"农民"为 0；(4) 婚姻状况，包括"已婚或同居"为 1、"单身""离婚、分居或丧偶"为 0；(5) 民族状况，"少数民族"为 1、"汉族"为 0。

第五，空气污染指标。本书对居民最关心的空气污染进行分析，选择

了 NO_2作为衡量空气污染的指标，主要因为 NO_2相对于 PM_{10}、$PM_{2.5}$等更容易长时间悬浮在空气中，对人体健康危害更大[19]。

本书对各变量的描述性统计见表 8-1。

表 8-1 变量的描述性统计

变　量	单位	观察值	平均值	标准差	最小值	最大值
环保支付意愿		3 656	0.425	0.494	0	1
产权房	套	11 698	1.098	0.562	0	1
家庭年收入	元	10 333	41 345	84 772	1	3 000 000
受教育年数		11 666	8.678	4.519	0	19
孩子数量	个	11 669	1.771	1.344	0	11
居住状况		11 768	0.487	0.500	0	1
婚姻状况		10 642	0.886	0.318	0	1
性别		11 783	0.482	0.500	0	1
自评健康状态		11 768	3.615	1.115	1	5
年龄		11 780	47.30	14.68	17	96
主观幸福感		11 767	3.766	0.883	1	5
二氧化氮	mg/m^3	11 042	0.043	0.010	0.015	0.067

8.1.2 模型设定及结果

根据上述各变量的构造，本书设定如下计量经济模型

$$SWTP = \alpha h + X\gamma + \varepsilon \tag{8-1}$$

式（8-1）中，SWTP（Subjective Willingness to Pay）是指居民为进行环境保护的主观支付意愿；h 是居民和配偶拥有房产情况；X 是各类控制变量，比如家庭收入、健康状况、被访者受教育年数、性别、年龄、城镇或农村户口、是否有孩子等；α、γ 是待估参数，ε 是随机误差。

本书利用 2010 年中国综合社会调查有关数据进行 OLS 回归，结果如表 8-2 所示。

表 8-2　基本模型的估计结果①

被解释变量	模型 1	模型 2	模型 3	模型 4	模型 5	模型 6	模型 7
	居民对环境保护的主观支付意愿					拥有房产居民对环境保护的主观支付意愿	
拥有房产	0.071*** (0.015)	0.053*** (0.016)	0.066*** (0.016)	0.051*** (0.017)	0.047*** (0.015)	0.085*** (0.021)	0.081*** (0.021)
家庭收入的对数		0.025 7*** (0.007)		0.023 9*** (0.008)	0.022*** (0.008)	0.026*** (0.008)	0.023*** (0.008)
健康状况		-0.006 (0.008)		-0.010 (0.009)	-0.010 (0.009)	-0.014 (0.010)	-0.014 (0.009)
受教育年数		0.015*** (0.002)		0.014*** (0.003)	0.014*** (0.003)	0.014*** (0.009)	0.014*** (0.003)
性别			0.037** (0.018)	0.034** (0.020)	0.030 (0.020)	0.034* (0.020)	0.032 (0.021)
孩子数量			0.024*** (0.009)	0.033*** (0.010)	0.032*** (0.010)	0.031*** (0.010)	0.030*** (0.010)
居住状况			0.118*** (0.019)	0.054*** (0.023)	0.055** (0.024)	0.036 (0.024)	0.039 (0.024)
婚姻情况			0.027 (0.030)	0.009 (0.033)	0.008 (0.031)	0.013 (0.034)	0.014 (0.033)
年龄			0.000 3* (0.004)	0.001 (0.004)	0.002 (0.004)	0.000 3 (0.004)	0.001 (0.004)
年龄*年龄			-0.004 (0.004)	-0.004 (0.004)	-0.004 (0.004)	-0.002 (0.004)	-0.002 (0.004)
二氧化氮	控制	控制	控制	控制	控制	控制	控制
观察值	3 389	2 965	3 042	2 697	2 662	2 489	2 460
R^2	0.007	0.035	0.043	0.053	0.053	0.056	0.055

注：*、**、***分别表示在 10%、5%、1%水平上显著，括号内数字表示标准差。

模型 1 到模型 5 是对被访者全样本进行的回归，我们可以看出，无论是否加入控制变量或个体特征变量，拥有房产的居民对环境保护的支付意

① 用“居民愿意为环保缴纳的税收”替代“居民愿意为环保支付的价格”，模型模拟结果非常相似，因篇幅问题，此处省略估计结果。

愿都明显高于无房产的居民。模型 1 未加任何控制变量和个体特征变量，结果仍然显示拥有房产的居民具有较强的环保支付意愿；模型 3 加入个体特征变量后，尽管系数稍微有所下降，但仍然体现了有房者较高的支付意愿；模型 2 加入控制变量结果仍然显著；模型 4 在前面基础上加上了所有控制变量和特征变量，也充分说明了拥有房产的居民比无房产者环保支付意愿提高了 4.11%。模型 6 和模型 7 是针对有房者进行的经验验证，结果显示，有房者的环保支付意愿较全样本有较大提高，从 0.047 提高到了 0.081，如果不对住宅面积加以控制，有房者每多增加一套住房，环保支付意愿会提高 8.50%。

以上所有模型显示的结果均表明了拥有房产与否的确会影响居民对于环境保护的主观支付意愿，并且伴随着房产数量的增加，居民的环保支付意愿也会增强，验证了前面的假说 1 情况。

8.2 对居民洁净空气支付意愿异质性的分析

8.2.1 变量选择及基本描述

根据基本模型，我们发现除了房产影响居民的环保支付意愿外，还有其他一些因素（收入、后代、受教育程度、个体特征等）也给居民环保支付意愿带来了影响。为了检验一些重要指标对居民环境保护支付意愿的影响程度，本研究特别选择了收入、居民有无孩子和受教育程度等变量进行分析。

选择以上三个变量进行分析，主要基于以下原因：一是居民家庭的收入水平，来源于伊斯特林的研究结论——居民的幸福感与收入相关，收入增加时，居民幸福感增强，本研究会将样本按照收入均值分成两组，即低收入和高收入；二是已婚家庭是否拥有小孩，有孩子的家庭和没有孩子的家庭，主要为了检测居民出于对后代的保护是否会对环境保护产生影响；三是受教育程度，在已有的研究中，有学者特别指出，受教育水平越高的人的环保支付意愿越强。为此，作者选择了受教育程度 12 年（高中）作为基准，将样本分成了受过高中以上教育和只有高中及高中以下的受教育程度。

8.2.2　模型回归结果

经过对三个变量的对比回归，我们对居民环保支付意愿的异质性进行了检验，表 8-3 是回归结果。模型 8 是低收入群体和高收入群体的对比，明显可见，拥有房产的高收入居民对环境保护的支付意愿更加强烈，而低收入居民对此并未表现出强烈的意愿；模型 9 检验了拥有后代的受访者对环境保护的支付意愿更加明显，不仅数据上显著，而且数值上比没有孩子的居民高；从模型 10 可以看出，受教育程度的高低均能通过检验，但是受过高中以上高等教育的居民对环境保护的支付意愿更高。

表 8-3　居民环境保护支付意愿的异质性

被解释变量	居民对环境保护的主观支付意愿					
	模型 8		模型 9		模型 10	
	较低收入	较高收入	没有小孩	有小孩	受较低教育	受较高教育
房产	0.028 (0.024)	0.062** (0.028)	0.021 (0.056)	0.038** (0.018)	0.048** (0.020)	0.063** (0.037)
自评健康程度	是	是	是	是	是	是
空气污染程度	是	是	是	是	是	是
其他控制变量	是	是	是	是	是	是
观察值	1 957	705	235	2 608	2 327	361
R^2	0.043	0.040	0.081	0.048	0.035	0.047
F 值	4.82	1.93	1.49	10.09	5.02	1.74

注：*、**、***分别表示在 10%、5%、1%水平上显著，括号内数字表示标准差。

可见，拥有房产的居民对环境保护的支付意愿较高，并且在高收入者以及有小孩的已婚居民中表现得更加显著。高收入家庭的确比低收入家庭具有更高的支付意愿，已婚居民如果有后代的明显具有更高的环保支付意愿；居民所受教育程度越高，越愿意为环保出力。这些结论充分显示了居民集利他主义和利己主义于一身的特点，从利己主义出发，有房产的居民更愿意为环境保护付费，这样不仅有利于自己的健康，同时也可以提高所拥有房产的价值；另外如果从利他性出发，有小孩的家庭明显比没有孩子的家庭更愿意为环保付费，这可以从父母出于对孩子的关爱即人力资本投资角度去解释。

8.3 幸福感测度法度量居民的环保支付意愿

8.3.1 幸福感测度法变量选择

我们通过基础模型可以看出，居民对环境保护的支付意愿是显著的，而且基础模型采用的主要是陈述偏好法，但有学者认为该方法通过假想一种环境变化，要求被访者直接给出经济评估，得出的结论不太可靠。为克服以上方法带来的问题，此处用新的公共产品定价方法即幸福感测度法度量居民的支付意愿。

本书将被访者分成拥有房产者和无房产者两组，分别测算他们对环境保护的支付意愿。由于环境保护涉及项目较多，这里选择了居民关注度最高的一项：空气污染。之所以选择空气污染，主要是该项目在2010年和2013年CGSS问卷中无论是居民的关注度还是对污染主观评判的严重程度均居榜首（见表6-2和表6-3）。并且回答所在地区比较严重的环境污染问题前四项依次为空气污染（41.82%的居民认为非常严重）、荒漠化（39.58%）、生活垃圾污染（39.29%）、水污染（37.62%）（图6-1）。可见，和老百姓生活甚至生命息息相关的空气污染、水污染和生活垃圾污染成了居民的心头大患。

空气污染指标中有氮氧化物、二氧化硫、PM指标等，本书按照杨继东等的分析，选择了将NO_2作为衡量空气污染的指标，主要是因为NO_2相对于PM_{10}、$PM_{2.5}$等更容易长时间悬浮在空气中，对人体健康危害更大。

特构建如下回归方程

$$H_{ic} = \beta P_c + \theta Y_{ic} + Z'_{ic}\eta + \mu_c + \varphi \tag{8-2}$$

式（8－2）中，下标 i 表示被访者；下标 c 表示被访者所在省份；H 代表居民主观幸福感；P 是指地区的污染，仍采用 NO_2 指标；Z' 为控制变量，包含健康状况、受教育年数及其他个体特征（孩子情况、性别、城镇居民）等；μ 是地区控制变量；φ 为随机误差。

幸福感测度法所用数据除了空气污染的指标来源于国家统计局网站外，其余均来自 2010 年中国综合社会调查的数据。

我们根据式（8－2）可以估计出，每降低 1 单位污染，居民的幸福感将增加 $\hat{\beta}$，即污染的边际效用；同理可以估计当居民收入增加 1 元时，居民的幸福感将增加 $\hat{\theta}$。令上述函数的全微分 $\Delta H = 0$，可得环境污染和收入水平的边际替代率，即为降低 1 单位污染 P 居民愿意花多少收入 Y。

$MRS_{PY} = -\dfrac{\Delta Y}{\Delta P} = \dfrac{\frac{\partial H}{\partial P}}{\frac{\partial H}{\partial Y}} = -\dfrac{\hat{\beta}}{\hat{\theta}}$，假设幸福感决定函数是收入的对数，则式（8-2）可变换为式（8-3）

$$H_{ic} = \beta P_c + \theta \ln Y_{ic} + Z'_{ic}\eta + \mu_c + \varphi \tag{8-3}$$

用上述方法进行推导，得出

$$\text{AWTP} = \frac{MU_P}{MU_Y} = -\frac{\frac{\partial H}{\partial P}}{\frac{\partial H}{\partial Y}} = -\frac{\hat{\beta}}{\hat{\theta}} \cdot \overline{Y} \tag{8-4}$$

式（8－4）中，$\overline{Y}$ 为所求群体的收入平均值；MU_P 为污染带来的效用；MU_Y 为收入带来的边际效用。

故而得出的支付意愿为平均支付意愿 AWTP(Average Willingness to Pay)。考虑到中国高房价对居民各种消费的挤出效应，在这部分回归分析中，有房者增加选取了拥有房产多于 1 套的居民。

8.3.2 模型回归及结论

1. *房产对居民的环保支付意愿影响*

根据式（8－3）进行房产对居民环保支付意愿影响的回归，得出的结果如表8－4所示。模型11、模型12和模型13代表没有房产的居民，模型14、模型15和模型16代表有一套房产的居民，模型17、模型18和模型19表示有不止一套房产的居民。对每一种类型的居民分别进行了无控制变量回归、加入个人特征控制回归以及控制受教育程度的回归，结论可见，拥有越多房产的居民的环保支付意愿越高，在数值上大大领先于仅有一套房产的居民，相比于无房产者，其支付意愿是他们的十来倍；从居民对环保的支付意愿占家庭收入的比例来看，加入控制变量后，无房者的环保支付意愿均不到家庭收入的1%，我们可以认为这部分居民在存钱添置房产，也可以理解为他们还在温饱阶段，无暇顾及其他；有一套房产的居民的环保支付意愿占比也不到1%，我们可以认为这部分居民受还贷压力影响，主观上还是不太愿意为环保出力；但是当居民拥有多套房产时，环保支付意愿不管是从支付的货币绝对值还是从占据家庭收入的百分比来看，均高于前两者（无房者和仅有一套房产者），这从数据上验证了有房者的环保支付意愿更强的假设。

表8－4 房产对居民洁净空气平均支付意愿的影响

模型	对象	控制变量	家庭平均年收入/元	β	θ	平均支付意愿（AWTP）	AWTP占家庭收入比重/%	样本量	R^2
11	无房产居民	无控制	33 505	−1.019 (3.471)	0.073*** (0.026)	465.24	1.389	733	0.022
12		个人特征		−0.694 (3.703)	0.125*** (0.032)	185.68	0.554	640	0.048
13		受教育程度		−0.996 (3.729)	0.120*** (0.033)	278.01	0.830	632	0.050

续　表

模型	对象	控制变量	家庭平均年收入/元	β	θ	平均支付意愿（AWTP）	AWTP占家庭收入比重/%	样本量	R^2
14	有房产居民	无控制	41 983	-1.283 (0.927)	0.145*** (0.007)	371.20	0.884	8 984	0.044
15		个人特征		-0.988 (0.969)	0.129*** (0.017)	322.17	0.767	8 221	0.058
16		受教育程度		-0.948 (0.091)	0.114*** (0.018)	348.28	0.830	8 146	0.063
17	有一套以上房产居民	无控制	82 725	-2.306 (1.996)	0.077*** (0.016)	2 480.68	2.999	1 395	0.018
18		个人特征		-2.801 (2.145)	0.076*** (0.017)	3 049.30	3.686	1 239	0.025
19		受教育程度		-2.901 (2.157)	0.076*** (0.018)	3 154.00	3.813	1 229	0.031

注：*、**、***分别表示在10%、5%、1%水平上显著，括号内数值为标准差。

显然，利用幸福感测度法得出的结果和描述性显示法是一致的，加入了个人特征和控制变量后，有房产居民的环保支付意愿的确高于无房产居民，并且拥有产权房数量越多，居民的环保支付意愿也越高。

2. 拥有不同房产居民的环保支付意愿异质性分析

接下来，我们进一步利用幸福感测度法进行居民支付意愿的异质性检验。我们按收入、有无后代和收入高低对无房者、一套房产者以及多套房产者进行了分组，检验结果如表8-5所示：模型20中，有房者中收入较高的群体，他们的环保支付意愿（数值上）为无房产者的2倍多；模型22中，受过高等教育的居民的环保支付意愿（数值上）大约为受教育程度较低居民的10倍，当然，这个数据可信度有待进一步查证，毕竟观察值仅为109人；对于有后代的居民来讲，模型21区分了有一套房产居民和有多套房产者对环保支付意愿的大小，结果显示，有多套房产并且有孩子的居民，其环境保护的支付意愿为仅有一套房产者的8倍左右。

表 8-5 不同群体居民净化空气的平均支付意愿

被解释变量	居民主观幸福感					
	模型 20		模型 21		模型 22	
家庭情况	有房产者		有一套房产者	有多于一套房产者	有房产者	
	较低收入	较高收入	有孩子	有孩子	受较低教育	受较高教育
二氧化氮	-1.728 (1.175)	-0.390 (1.367)	-0.695 (0.978)	-2.015 (2.167)	-1.018 (1.013)	-11.589 (8.381)
家庭年收入的对数	0.113*** (0.009)	0.058 1** (0.026)	0.108*** (0.008)	0.074*** (0.018)	0.127*** (0.008)	0.027*** (0.079)
家庭平均年收入/元	18 961	100 960	39 497	74 749	36 670	90 154
其他控制变量	未控制	未控制	控制	控制	控制	控制
观察值	6 578	2 401	7 986	1 199	7 749	109
R^2	0.020	0.002	0.056	0.022	0.055	0.029
F 值	67.61	2.43	58.32	4.01	55.41	2.26
支付意愿	290.21	677.82	253.34	2 040.61	295.07	38 131.19
支付意愿占家庭收入比/%	1.53	0.67	0.64	2.73	0.80	42.30

注：*、**、***分别表示在 10%、5%、1%水平上显著，括号内数值为标准差。

可见，在居民支付意愿的异质性回归检验中，仍然是高收入群体、享受教育时间越长的居民的环保支付意愿就越高；在后代情况这一因素中，我们特别回归了有房产居民和有超过一套房产居民的支付意愿，发现在有后代的居民中，有更多房产的居民的支付意愿更高。需要特别说明的是，高收入居民对环保的绝对支付意愿远远超过低收入居民的支付意愿，但是从支付意愿占家庭收入的比例来看，低收入家庭的环保支付意愿占 1.53%，而高收入家庭环保支付意愿仅占 0.67%。

3. 模型结论

从基础模型可以检验出：有房产居民的环保支付意愿明显高于无房产居民的。从模型 1 到模型 7 整体都十分显著，而且各解释变量的显著性和方向在所有模型中保持一致，因而估计结果是比较稳定的。

控制变量估计的结果也能给我们带来一些启示。

首先，被访者受教育年限越高，其环保支付意愿越强，而且所有模型均在1%水平上显著，这与郑思齐等[159]的研究结论一致。

其次，有孩子的家庭对环保的支付意愿更高。之前学者们已经得出实证研究结论：空气污染严重影响我们的身体健康，SO_2污染与婴儿死亡率高度相关，CO对婴儿死亡率的影响最显著。可见，有孩子的家庭会更加关注环境污染问题[168,169]。

再次，具有宗教信仰、党员、男性、城镇居民这些特征提高了居民的支付意愿。需要补充说明的是，受访者的身体健康与环保支付意愿成反比，尽管不显著，但是所有模型符号一致，说明了身体越不健康的群体越关注环境污染问题。

最后，我们发现，当用幸福感测度法测算具体的居民平均支付意愿时，收入提高明显增加了居民的幸福感，而污染则降低了居民的幸福感，并且从数据上可看出，拥有房产的居民平均支付意愿为无房产居民的1.25~1.75倍，拥有一套以上房产的居民平均支付意愿为无房产居民的5.3~15.4倍。用陈述偏好法得出高收入群体的环境保护支付意愿明显高于低收入群体，但是在用幸福感测度法计量时，高收入家庭对洁净空气的支付意愿绝对量（每立方米空气中减少1 μg NO_2，有房产居民愿意支付677.82元）确实高于低收入家庭（290.21元）。就家庭收入而言，高收入群体对于环境保护的支付意愿占家庭收入比（0.67%）远远小于低收入群体占家庭收入比（1.53%）。

8.4 本章小结

政府通过征收庇古税强制企业共同治理环境污染时，对企业征收越高的环境税，越有利于环境质量改善，并加速企业的资本积累；当企业采取的技术越先进、资本的产出弹性越大时，资本积累越多，环境质量越能得到改善。这些研究结果说明对污染企业征税的方法是有效的。如果激励居民共同参与环境污染治理，从将居民作为优质环境的“供给侧”这个角度考虑问题，将只有政府和企业的两部门模型扩展到企业、居民和政府三部门模型，就能极大地改善环境质量，加速经济增长，还能提升后代的人力资本，对经济和环境的可持续发展均有利。

在实证研究中，居民参与环境治理，同时采用幸福感测度法对环境公共品进行估价，将居民“用脚投票”的住宅关联起来进行研究，探讨有产权房居民和无产权房居民对环境保护主观支付意愿的不同，得出结论：有产权房的居民环保支付意愿明显高于无产权房的居民的环保支付意愿。

本章引入了居民关心的房产问题来研究环保支付意愿，主要是为了说明，环境公共品的供给在政府主导下，激励居民和企业共同参与污染治理是可行的，具体环保支付的货币量也可以运用幸福感测度法度量，这样就能对异质性的个体实行差异化环保收费。

第9章　环境公共品供给的案例研究
——浙江省“五水共治”

随着人民生活水平以及城市化质量的提高，许多私人需求转化为公共需求，集中排水、集中出行、集中垃圾处理等城市公共需求是城市化过程中所特有的。具体到水资源来说，当前我国许多城市面临水环境恶化的问题，各种水污染事件反映出城市污水处理能力不足、无法迅速就地消化等一系列问题。城镇水污染防治事业的发展，直接关系到城市公共卫生安全和人居环境质量的改善。近些年来，城镇水污染日益严峻，学术界进行了水污染防治机制的探讨，从公共物品“免费搭便车”问题引申出来政府治理最有效率，到提出公共产品供给领域可以引入市场机制，再到市场化、社会化多元治理的模式。到底哪种运作机制对我国城镇水污染防治更为有效？浙江省“五水共治”的成绩给我们带来了深入的思考和一系列的启发。

9.1　浙江省水污染的现况及其防治困难

9.1.1　浙江省水污染的现状及治理起因

“日出江花红胜火，春来江水绿如蓝。”从这诗句中，我们可以体会到江南独特的自然美，也可看出水在自然美中的不可或缺。水，是人类离不开的宝贵资源。水资源约束了经济社会的发展，尤其对于浙江省而言，浙江可以概括为七山一水二分田[①]，是典型的地域小省、资源小省，平原

① 浙江陆域10万多平方千米，其中山区面积占70.4%，平原面积占23.2%，河流和湖泊面积占6.4%，有“七山一水二分田”之说。

面积仅为2.2万平方千米，人均水资源量只有1 760立方米，已经逼近了世界公认1 700立方米的警戒线。浙江以全国1%的土地，承载全国4%的人口，产出全国6%的GDP，是全国人口密度和经济密度最高的省份之一。在快速工业化、城市化的过程中，浙江省的水环境受到了不同程度的污染，部分河网湖泊处于亚健康状态。2013年，全省有27个省控地表水断面为劣Ⅴ类①，32.6%的断面达不到功能区要求。八大水系（自北向南有苕溪、京杭运河浙江段、钱塘江、甬江、椒江、瓯江、飞云江和鳌江8条主要河流）均存在不同程度的污染。

9.1.2 浙江省水污染的源头分析

水污染如此严重，治理任务迫在眉睫。一般来说，造成水污染的原因之一是自然规律的变化和土壤中矿物质对水源的污染，俗称自然污染；另一原因则是人为污染，而且我们认为该原因是主要的，人为污染指的是人类的生活以及生产活动所造成的污染，往往包括了工业废水污染、生活污水污染、农业污染以及城市生活垃圾带来的水污染等。

研究发现，造成浙江省水环境的污染原因主要有农业污染、生活污染、畜禽污染等，而且占比最大的是低层次产业造成的工业污染。2013年，印染、造纸、制革、化工等四大重污染产业，其产值占全省工业总产值的比例不到37%，但化学需氧量和氨氮排放量却占全省工业排放量的67%和80%；电镀、制革业产值占全省工业总产值的比例不到5%，但总铬排放量却占全省的92%。生活污染包含了生活垃圾和生活污水的污染情况。生活污水是指各党政机关部门、学校和居民在日常生活中产生的废水，包括了厕所粪尿，洗衣、洗澡水，厨房等家庭排水以及商业、医院和游乐场所的排水等，生活用水量大、成分复杂，未经处理而直接进入水体，严重造成水环境的污染。城市生活垃圾污染主要是厨房垃圾、废塑料、废纸张、碎玻璃、金属制品等。伴随着经济的快速发展，居民的生活

---

① 依据地表水水域环境功能和保护目标，我国的地表水按功能高低分为五类：Ⅰ、Ⅱ、Ⅲ、Ⅳ、Ⅴ，Ⅴ类主要适用于农业用水区及一般景观要求水域，劣Ⅴ类就是污染程度已超过Ⅴ类的水。

垃圾数量也呈不断上升的趋势，这些垃圾在堆置或填埋过程中，产生大量酸性、碱性物质，其排放出来的含汞、铅、镉等废水，渗透到地表水或地下水中，会造成水体黑臭、地下水浅层不能使用以及水质恶化等后果。

当然，作为我国经济发达地区的浙江省，人口密度大，人口集聚、城市化进程加快、人民生活水平提高，使得各种污水排放越来越多。

水环境污染严重影响社会稳定。水环境问题不仅影响民生改善，也给社会稳定带来了挑战。2013 年前后，环境信访尤其是涉及水污染引发的信访案件上升势头明显。这类事件还容易突破地域限制，产生连锁反应，若处理不当，极易对社会稳定造成不利影响。既然原因找到了，那么如何治理水污染呢?

9.2　公众参与的“五水共治”

2013 年 6 月，夏宝龙在任浙江省委书记时赴浦江进行调研，他强调，要以治水为突破口，坚定不移推进转型升级，加快走出“绿水青山就是金山银山”的发展新路，直接推动省委省政府头号工程“五水共治”出台。2013 年 11 月 29 日，浙江省委十三届四次全会提出了“五水共治”，其具体内容为：治污水、防洪水、排涝水、保供水、抓节水。

2013 年年底，浙江省委、省政府做出了“五水共治”的决策部署：宁可局部暂时舍弃（每年以牺牲 1 个百分点的经济增速为代价），也要以治水为突破口，倒逼产业转型升级，决不把污泥浊水带入全面小康。

9.2.1　“五水共治”的具体含义及规划

图 9－1　“五水治理”的五指图

浙江在省委、省政府领导以“重整山河”的雄心和壮士断腕的决心下，各级领导干部积极响应号召，全面吹响了实施“治污水、防洪水、排涝水、保供水、抓节水”的冲锋号，俗称“五水共治”。浙江形象地把此项治理比喻为五根手指，如图 9－1 所示，五指张开则各有分工，既重统筹又抓重点，五指紧握就是一个拳头，以治水为突破口，打好转型升级组合拳。

1. 治污水

治污水是“大拇指”，主要体现在城镇生活污水治理、农村生活污水治理、工业污染治理和农业污染治理四个方面。从社会反映来看，老百姓对于污水的感受最直接、最深恶痛绝；从实际操作来看，治污水，最能带动全局、最能见效；治好污水，老百姓就会竖起大拇指。治污水主要以改善水质为核心，实施清淤、截污、河道综合整治，加强饮用水水源安全保障，全面落实河长制，开展全流域治水。2013—2016 年，杭州市在污水治理过程中，就关停了 6 847 家治污设施不合格的养殖场，对 789 个 50 头（生猪和牛）以上养殖场完成治理验收。全市生猪存栏量从 2013 年年底的 219. 23 万头减少至 2016 年年底的 126. 91 万头。余杭区关停 9 200 亩①的黑鱼和3 000亩的甲鱼养殖，种上莲藕后变身千亩荷塘、千亩花海，且藕带产值大大高于养鱼，产业转型效益明显。治污水先行，让群众竖起大拇指。

2. 防洪水

通俗来说，防洪水主要是解决人与洪水（大自然）如何和谐相处的问题。该工作既要满足人们生存发展的需要，保障人民生命财产的安全，也要满足洪水“奔流入海”的需要。当今人类在水资源方面面临“水多”“水少”“水脏”三大问题。治污水解决的是“水脏”的问题，那么防洪水就是要解决“水多”的问题。对于各地来讲，一旦碰到大雨、洪水，人们出行受阻，道路变成河流，轿车被淹，严重的还会造成房屋倒塌危及生命等。防洪水，主要是指防御洪水灾害的措施、对策和方法。对于处于沿海地带的浙江居民来说，这项工程是刻不容缓的。防洪水的目标主要是推进强库、固堤、扩排等工程建设，强化流域统筹、疏堵并举，治服洪水之虎。

3. 排涝水

排涝水和防洪水一样，都是为了解决“水多”的问题。排涝水主要是打通断头河，开辟新河道，着力消除易淹易涝片区。现实生活中，倾盆大

---

① 1 亩≈666. 67 平方米。

雨考验着一个城市的市政工程，暴雨袭击，地区“看海”城市内涝的问题出在哪里？下水道是否通畅？水管布局是否合理？平时设施维护是否到位？雨涝预警系统是否起作用？杭州市围绕着防汛排涝展开了编制规划、有计划展开工作、加强防汛法规建设、完善雨涝预警系统、完善基础设施检测系统、严格执行设施建设标准、提高排涝设施维护水平、提升防汛应急抢险能力八项主要工作。这八项工作从预防到实施再到平时的维护等，为杭州的排涝工程做了整体规划，对杭州市的排涝工作起到了很大的作用。

4. 保供水

保供水，指的是保证供水的数量和质量符合一定标准的要求。它也是解决水资源难题“水少”的问题。确切地说，保供水主要是推进开源、引调、提升等工程，保障饮水之源，提升饮水质量。水乃生命之源，可以这么说，我们人类离开了水，连生命也将不保。浙江多地采取了饮用净水改造工程、给水加压泵站扩建工程等，确保在炎热夏天的用水高峰期，居民有水用、用好水（水质优）、好用水（改善之前出水不畅问题）。

5. 抓节水

开源节流，抓节水，主要是改装器具、减少漏损和收集再生利用，合理利用水资源，着力降低水耗。保供水和抓节水主要是为了解决“水少”的问题。

以杭州市为例，从2013年开始，杭州大力开展县域节水型社会建设，其中余杭区被省政府确定为第一批节水型社会建设县（市、区）并通过国家和省级验收。截至2017年，杭州市已成功创建节水型企业80家，五大高耗水行业节水型企业创建率达到36%；创建省级节水型小区138个，节水型居民小区覆盖率为17.03%；创建节水型机关66家，市级节水型机关覆盖率为69.5%；创建节水型灌区8个。对于高耗水、高污染企业，杭州采取了关、停、并、转、迁的举措，特别是在2014年，完成了重点行业企业整治479家，淘汰落后产能涉及企业522家。

可见，浙江省的“五水共治”是围绕着人类用水的“水多、水少、水脏”三大难题展开的，如图9-2所示，防洪水和排涝水主要解决水多的问题，保供水和抓节水用于解决“水少”的问题，治污水一方面解决了

“水脏”的问题，另一方面也能够在一定程度上解决“水少”的问题。“五水共治”，共同整治水资源的三大问题，做到有的放矢。

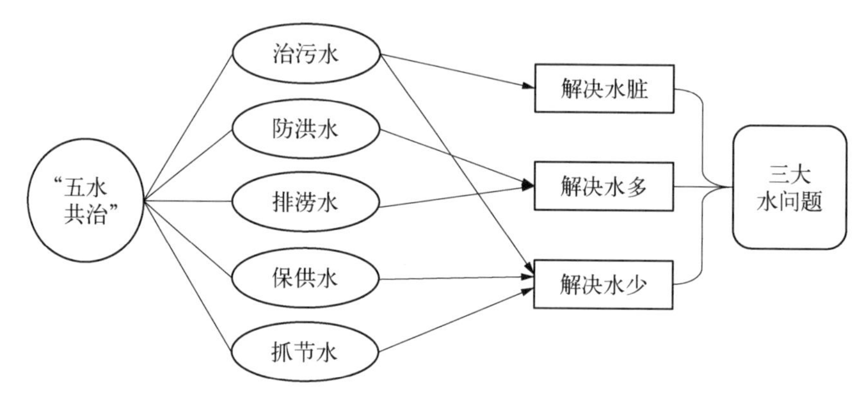

图 9－2　“五水共治”解决水资源三大难题

9.2.2　“五水共治”的机制设计

1. 领导干部思想上重视、行动上参与

2014 年初，浙江省委、省政府正式成立“五水共治”领导小组，由省委书记、省长任双组长，6 位副省级领导任副组长，全面统筹协调治水工作。省里从领导小组办公室抽调了 40 多名骨干，集中办公，实体化运行。领导小组办公室设立了治水时间计划表，按照“三年（2014—2016 年）要解决突出问题，明显见效；五年（2014—2018 年）要基本解决问题，全面改观；七年（2014—2020 年）要基本不出问题，实现质变，决不把污泥浊水带入全面小康”的“三五七”时间表要求和“五水共治、治污先行”路线图，从全省水质最差河流入手，率先在浦阳江打响水环境综合整治攻坚战，并迅速向全省铺开，有序推进逐个重点地突破，分阶段地深化。

从规划到具体行动来看，浙江省领导干部不仅仅把水治理作为口号来喊，并能够付诸行动，起好表率带头作用，这在公共产品治理中是非常关键的。

2. 建立健全各项制度建设

“五水共治”要确保按照行动计划推进，除了领导干部的带头作用之外，还需要配套的运行保障机制，这样才能实现“规划能指导、项目能跟上、资金能配套、监理能到位、考核能引导、科技能支撑、规章能约束、指挥能统一”。

组织保障机制。建立一套省市区（县、市）三级专业班子“五水共治”领导小组机构，下设办公室，办公室主任由环保、住建、城管主要负责人担任，并由组织部选派骨干组成。

问题解决机制。限期解决问题，并且要求在系统上留有痕迹，方便查询监督，解决问题时点对点执行，避免了中间重复拖沓，确保问题顺畅解决。

问责机制。编制了一套“一河一策”政策，并设置了市长督办单，发现问题及时采取措施，严重的可以通报、约谈并根据问题性质决定是否由市长亲自督办。

联动机制。水治理过程中的一大难题是区域之间的划分，比如下游治理好了，上游的污水排放又污染了河流。浙江省水治理过程中建立了流域之间的上下协同治理、区域间的协同治理以及境外联动和部门联动机制。

预警机制。对于河道水的水质的监测，启动了橙色、黄色、红色三色预警机制。各区治水办要对照预警标准，对超标河道进行通报、预警。比如杭州富阳河道治理中，如果河道监测结果超过《浙江省垃圾河、黑臭河清理验收标准》所确定的黑臭河标准，将发布红色预警。被列入红色预警名单的河道，河长单位、属地乡镇（街道）须在接到预警通报后一周内完成整改，确保各项指标达到黑臭河摘帽标准，并将排查整改情况书面报送区治水办。河道监测结果若超过《地表水环境质量标准》所确定的Ⅴ类标准和《城市黑臭水体整治工作指南》（建城〔2015〕130 号）所确定的黑臭水体标准，将发布黄色预警。被列入黄色预警名单的河道，河长单位、属地乡镇（街道）须在接到预警通报后半个月内完成整改，确保各项指标达到《地表水环境质量标准》中的Ⅴ类水和《城市黑臭水体整治工作指南》中所确定的标准，并将排查整改情况书面报送区治水办。对于监测结果超过《地表水环境质量标准》所确定的Ⅳ类标准的河道，发布橙色预警。被列入橙色预警名单的河道，河长单位、属地乡镇（街道）接到预警通报后则必须重点关注，加强管控，完善长效管理机制，努力提升水质。

考核监督机制。实行专项考评机制、展开专项督查，并实行媒体互动监督。

3. 发动全民积极参与

水污染背后，是人的不良行为：企业主行为的不当造成了工业污染，农民农业生产的不当造成了农业污染，居民生活方式的不当造成了生活污染……治人是治水的根本，如果不对人的行为进行有效约束，那么污染是处理不完的。只有约束人的不良行为，才可以阻止或减少污染的发生。

绿色浙江"吾水共治"行动，是民间环保组织绿色浙江及其所在的党支部杭州市下城区文晖街道彩虹人生党支部，为响应浙江省委、省政府"五水共治"行动，推动公众积极参与江河治理工作，联合会员中的治水专家共同发起，以"家园之水是吾水，五水共治是吾责"为主题，以第二批党的群众路线教育实践活动为契机，深入基层，发动以党员带头的公众参与式治水，助力各地方"五水共治"的公益行动。绿色浙江"吾水共治"行动，包括利益相关方圆桌会议、推动建立民间河长、公开征集治水方案等三项具体举措。杭州市建立的治水微信群、QQ群达到1 100多个，如图9-3,形成了金字塔形的问题快速联系、交办以及反馈的网络。并开设了杭州河道水质APP，及时发布水质数据，并且该平台可以让公众一键直拨河长电话，一键投诉问题，了解河长巡河轨迹以及履职情况等，便于后续监督问责。

"人间天堂"杭州因水而美、因水而兴，处处浸透着江南韵味，凝结着世代匠心。为进行水治理，浙江省出台了《浙江省美丽河湖建设实施方案（2018—2022年）》《杭州市"美丽河湖"评定管理办法（试行）》等一系列政策，并积极动员全民参与河湖水的治理，图9-4展示了杭州市在水治理过程中的全民参与情况，政府牵头，以河（湖）长制为抓手。

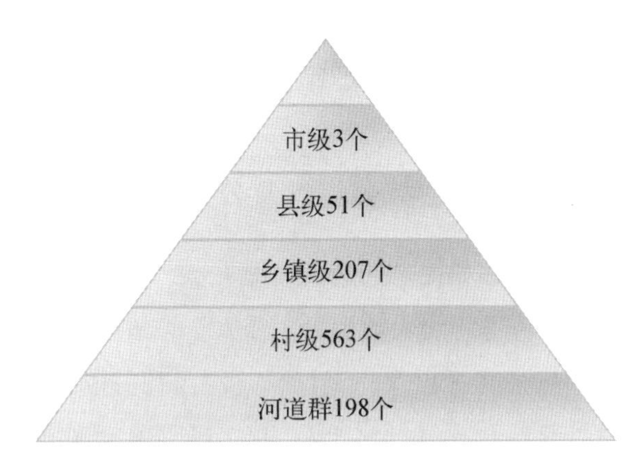

图 9－3　杭州市水治理过程中的各级治水网络联系群

构建由1 418名民间河长、7 512名巡河志愿者、5 800名河道保洁兼职信息员
组成的社会参与网络

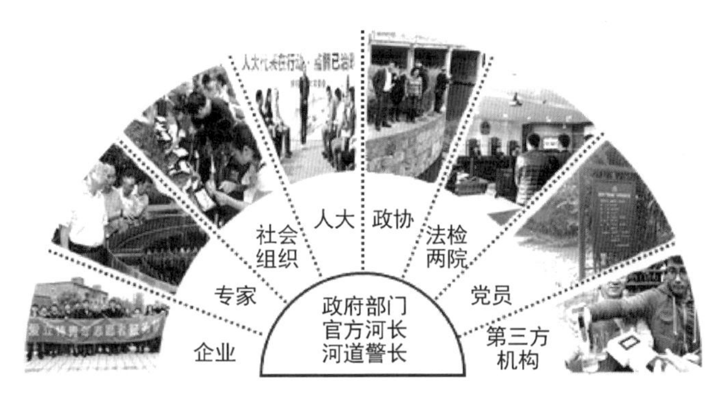

图 9－4　杭州市水治理过程中的全民参与

全杭州设置各级河长 5 847 名、湖长 1 119 名，2018 年评选中，枫林港等 39 条河道被评为市级“美丽河湖”，其中 4 条河道被评为省级“美丽河道”。美丽背后，是 1 455 名民间河长的默默付出。2018 年全市累计开展河（湖）长培训 261 场次，受训 14 500 余人次，实现了水治理过程中的从“小白”到“能手”。组织开展市、县两级河长制全覆盖督查，积极拓宽公众参与渠道，完善河长制、义务监督员制度，全面引入媒体监督，在其中自查发现问题 912 个、市级督查发现问题 163 个，均已全部完成整改。

9.3 浙江省“五水共治”对我们的启发

9.3.1 政府主导下媒体、社会组织及公众的有序参与

浙江省的水治理能够如此及时有效，是居民（包括志愿者等）、社会组织、政府以及媒体等齐心协力的效果。商人金增敏的“重金悬赏环保局局长下河游泳”固然是“导火索”，但如果没有得到社会各界的积极响应和支持，恐怕“吾水”仍然是“污水”。从感受最深的老百姓（后面的悬赏游泳热风潮）到处于风口浪尖的环保局局长，以及人大常委会主任、省长、省委书记等，再至后面的各大新闻媒体的争相报道，这些均有力促进了浙江省各级政府的积极行动以及居民的有力配合。政府引导强化舆论宣传，并发动各地干部群众、企业家、省外浙商、华人华侨等捐资投劳，为自己和后代能够享受绿水青山而出力。在发动群众方面，浙江省充分考虑到了中国老百姓的民风民俗，并抓住居民要面子、争先进的心理，各地设立“五水共治”村规民约、推行自家门前“三包”责任书等，共同推进河道保洁的制度化和社会化。

9.3.2 将公共产品治理提升到与粮食、公共安全同等重要的位置

浙江省的“五水共治”能够取得今天的成绩，很重要的一个原因就是政府部门不仅敢于正视存在的问题，并且将该问题上升到了和食品安全同等重要的高度，从治理队伍来看，浙江省市县都建立了“五水共治”工作机构，党政一把手担任领导小组组长，党委或政府分管领导担任治水办公室主任，并抽调人员集中办公，全省共抽调上千名同志到各级治水机构工作。各地还纷纷建立“五水共治”作战指挥室，集中指挥、挂图作战，部分市县还建立“五水共治”信息平台，实时监控、实时指挥。

从责任制度上进行约束。浙江省政府强化责任落实机制，把河长制和交接断面水质考核制度结合起来，把地方政府负责制与领导分工负责制结合起来，建立河长制工作考核办法，出台河长制水环境监测评价实施方案。

9.3.3 政府系统性、综合性进行水治理的重要性

浙江省在水污染治理过程中，积极探索区域联动治水机制。比如在桐乡、南浔和建德、兰溪等地开展了跨地市交界区水环境联防联治工作，建立跨区域联动协作机制，流域之间的上下协同治理、区域间的协同治理以及境外联动和部门联动机制，这样就在一定程度上避免了“外部性”的问题。

另外，为了解决水资源方面存在的“水多”、“水少”和“水脏”的三大难题，浙江省不仅采取了“五水共治”，而且群策群力，优先重点攻关“治污水”大拇指工程，只有这项工程进行顺利，老百姓才能够竖起大拇指，并且能够积极主动投入水治理，这样“五水共治”的展开就相对容易些。可见，政府能够系统地进行公共产品的治理，是非常重要的一环，甚至可以说是治理成败的关键一环。

我国城市污水处理管理缺乏持续改进机制，其根源在于体制低度开放。建议完善群众参与城市水环境管理机制与途径，鼓励参与开放和公共治理。公共治理是开放式的公共事务管理方式，充分的社会参与能够推动城市污水处理管理体制持续改进。管理体制开放有助于持续改进机制的建立，进而推动城市污水处理管理不断改进。

9.4 本章小结

浙江省的“五水共治”在某种程度上可以说取得了巨大的成绩，回顾其治水路径及过程，我们发现有如下经验。

建立多元主体的协调机制。参与水污染治理的主体——政府、市场、公众（目前是志愿组织）——均存在失灵现象，单纯依靠任何一方的力量都无法有效解决水污染问题，浙江省从政府引导、领导干部带头，到志愿组织参与、浙商筹资捐款，再到居民主动积极参与，对水污染进行了有效的治理。这些经验充分说明了多方主体应该相互补充、相互协调，构建起中国水污染治理多元主体的协调机制，才能推动水污染治理迈上新的台

阶，引申到公共产品其他领域，多元主体的协调机制在大多数情况下也是适宜的。

完善水污染治理中公众参与的制度建设。推动公众参与水污染治理，增强政府回应性。浙江省的成功可归功于全民参与水治理：领导干部担任河长，也有民间河长，还有平民志愿者等，老百姓的自愿参与，都对浙江的水污染治理起到了重要作用。

搭建全民参与公共产品供给的平台。浙江省通过微信平台、QQ 平台、水治理 APP 等，让生活在不同层面的居民均有发言权、参与权和监督权，这样就大大激励了各阶层老百姓参与公共产品供给的积极性，也极大提高了效率，在一定程度上节省了治污成本。通过电视媒体宣传，以及推广《寻找最美浙江人》的节目等传播正能量，利用正面典型人物的宣传带动全社会的共同参与。

建立和健全饮用水的安全应急机制，主要内容包括城市供水的水质污染或输送饮用水设备出现故障时采取的应急措施。实现供水行业不同阶段的市场化改革，寻求适合水污染防治的阶段性项目管理模式。这些都是值得借鉴的。

第10章　环境公共品供给的案例研究
——上海市垃圾分类

2018年6月，习近平总书记在上海合作组织成员国元首理事会第十八次会议上的讲话中提到，我们要进一步弘扬“上海精神”，提倡创新、协调、绿色、开放、共享的发展观，践行共同、综合、合作、可持续的安全观，秉持开放、融通、互利、共赢的合作观，树立平等、互鉴、对话、包容的文明观，坚持共商共建共享的全球治理观，破解时代难题，化解风险挑战。2018年11月6日上午，习近平来到上海市虹口区市民驿站嘉兴路街道第一分站，习近平强调，垃圾分类工作就是新时尚！垃圾综合处理需要全民参与，上海要把这项工作抓紧抓实办好。

10.1　上海市生活垃圾污染的严峻事实

城市化是改革开放以来我国经济发展的主要推动力，奠定了进一步现代化发展的基础。进入21世纪后，我国发展步入新常态，城市化进程已不再局限于对经济指标的盲目追求，而逐渐转向以“绿色、协调、可持续发展”为主题的新型城市化发展道路。十九大报告所提出的“加快生态文明体制改革，建设美丽中国”的目标，则是对我国各大、中、小型城市践行绿色健康发展的最新要求。

在建设绿色城市、打造文明环境的过程中，生活垃圾分类与治理是同百姓生活联系最为密切的问题，同时也是各级政府所关注的重点与难点问题。近年来，随着我国城市化进程的快速推进，城市人口不断导入，人民生活水平不断提高，“垃圾围城”的问题也愈发严峻。环境保护部（现为生态环境部）公布的《2017 年全国大、中城市固体废物污染环境防治年报》显示，2016 年我国 214 个大、中城市生活垃圾产生量为 18 850.5 万吨，处置量为 18 684.4 万吨，处置率达 99.1%。虽然我国城市生活垃圾的无害化处置率在近几年维持在 90%以上的较高水平，但城市生活垃圾的产生量呈现逐年上升趋势，垃圾问题并未得到根本性解决。

从城市生活垃圾清运量的角度来看，我国城市每年所产生的生活垃圾量依然保持逐年稳步上升的趋势，年均增长率达 3.9%。从区域角度来看，2016 年我国垃圾产生量排名居于前 10 位的城市包括北京、上海、广州等特大型城市，其垃圾产生量占全部发布城市垃圾总量数据的 30%，这表明我国城市生活垃圾产生量与城市发展水平和城镇人口的数量有较为明显的关联。由此可见，大城市已日益成为我国环境问题的重灾区，凸显出我国在绿色城市建设过程中存在垃圾治理方面的短板。

上海市作为我国经济水平与城市化发展最为先进的代表性城市之一，对于垃圾分类问题进行治理的历史可追溯至 20 世纪 70 年代，而 1999 年出台的《上海市区生活垃圾分类收集、处置实施方案》，则标志着上海市对于生活垃圾分类处理问题正式上升到政府推进的层面。但与此同时，上海市对于垃圾分类治理的实际推进情况却历经坎坷与艰难，社会各界参与的积极性难以提高，垃圾产生量有增无减。近些年来，除 2011 年垃圾产生量呈现短暂下降趋势以外，其余各年份的产生量均呈现逐年上升的趋势，特别是 2016 年，上海市生活垃圾产生量增长率高达 11.4%，也使得 2017 年上海市的生活垃圾产生量达到近 900 万吨的历史最高水平，仅次于北京市，位居全国第二。

由图 10 - 1 可见，上海市的城市生活垃圾产生量除在 2011 年有小幅下降外，其余年份均保持小幅增长的趋势，即便 2017 年的生活垃圾增长率有所回落，但由于基数庞大，其总体发展态势依然不容乐观。对于该问题，虽然《上海市 2018—2020 年环境保护和建设三年行动计划》已经发布，采取了一系列措施以引导和规范全市生活垃圾治理流程，并不断吸收国内外其他城市的经验进行尝试，但由于试点规模小、政策缺乏持续性、居民配合意愿不强等多方面因素，其所达到的效果极为有限，实现全市垃

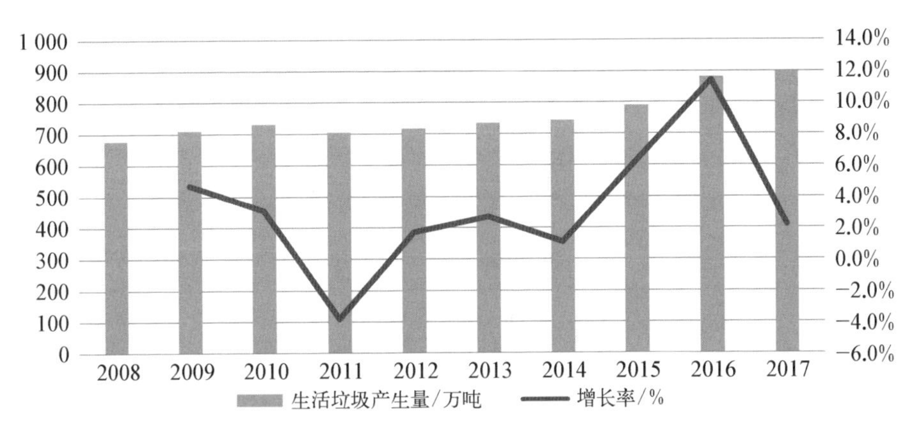

图 10－1　2008—2017 年上海市城市生活垃圾产生量及增长率

圾有效治理的目标依然任重而道远。

因此，为推进上海建设绿色可持续的新型城市化建设，2018 年市政府颁布了《关于建立完善本市生活垃圾全程分类体系的实施方案》，正式将垃圾分类列入立法，试图用更为严格的法律制度和规范，多管齐下监控垃圾处理的各个环节，并利用多种手段鼓励社会各界积极参与垃圾分类治理。

10.2　上海市生活垃圾污染治理历程

10.2.1　上海市生活垃圾治理的政策

上海市是全国率先提出对于生活垃圾进行分类的城市之一，并对垃圾分类的模式、方法及实施流程进行了反复实践，积累了一定的经验。

其源头可追溯至 20 世纪 70 年代，当时上海曾以可用作农肥和非用作农肥为标准对生活垃圾进行分类，而这种按照“厨余垃圾”与“其他垃圾”进行分类丢弃的方式，也成了市民对于垃圾分类的最初概念。

从 20 世纪 80 年代中期起，上海市开始推行垃圾袋装化收集；同期长宁区新华街道曾小规模试点生活垃圾分类倾倒和清除，然而由于试点区域单一，因此效果并不显著。

在20世纪90年代前，上海市对垃圾进行分类处理，单纯依靠政府、社会媒体的宣传与呼吁，以及居委会的监督与市民的自觉行动，并未有相关的配套条例及法规。随后自1995年开始，上海市政府率先提出生活垃圾无害化、减量化、资源化处置，这也成了上海市垃圾治理的核心并延续至今。

1999年，上海市垃圾分类工作细则正式以书面文本的形式被列入政府文件，详见表10－1,其中罗列了分类细则以及具体的政策。此后，在推广、调整、实施阶段，全市的垃圾分类实施细则经过了较大幅度的调整和重新编撰。

表10－1　上海市各阶段垃圾分类标准

阶段	年份	分类细则
推广	2000—2003年	干垃圾、湿垃圾、有害垃圾； 废电池、废玻璃专项分类回收
	2003—2006年	焚烧区域：不可燃垃圾、有害垃圾、可燃垃圾； 其他区域：可堆肥垃圾、有害垃圾、其他垃圾
调整	2007—2010年	居住区：有害垃圾、玻璃、可回收物、其他垃圾； 办公场所：有害垃圾、可回收物、其他垃圾； 公共场所：可回收物、其他垃圾； 其他：装修垃圾、大件垃圾、餐厨垃圾、一次性塑料饭盒等实施专项收运、专项处置
	2010—2011年	大分流：装修垃圾、单位餐厨垃圾、大件垃圾、枯枝落叶等； 小分类：有害垃圾、玻璃、废旧衣物、厨余果皮、其他垃圾等
	2012—2013年	可回收物、有害垃圾、厨余垃圾（湿垃圾）、其他垃圾（干垃圾）
实施	2014年至今	干垃圾、湿垃圾、有害垃圾、可回收物

同年，上海市政府正式出台的《上海市区生活垃圾分类收集、处置实施方案》，标志着上海对于垃圾分类问题的解决与执行正式上升至政府层面。2000年，上海市被建设部列入全国首批垃圾分类试点城市，在中心城区600个小区推动垃圾分类。同时从该年起，市政府启动“环境保护和

建设三年行动计划”，具体的政策见表 10－2，在这七轮的行动计划中，政府明确了每一轮的目标，并出台相应配套的政策。可以看到，在每一轮行动计划中，上海市政府均将“加强固体废弃物处置”列为重要的治理目标之一。围绕一系列的三年行动计划的纲领，市政府又专门针对生活垃圾问题制定了具体的实施细则、办法及方案，包括 2014 年的《上海市促进生活垃圾分类减量办法》、2017 年的《上海市单位生活垃圾强制分类实施方案》及 2018 年的《关于建立完善本市生活垃圾全程分类体系的实施方案》，期望推动社会持续关注这一问题，确保生活垃圾分类能够顺利推进。

表 10－2 上海市“环境保护和建设三年行动计划”垃圾治理政策

阶段	轮次	目标	具体政策
推广	第一轮：2000—2002 年	重点推进固体废弃物处置	《上海市区生活垃圾分类收集、处置实施方案》
	第二轮：2003—2005 年	加快推行生活垃圾分类收集，城镇垃圾分类收集率达到 60%	
	第三轮：2006—2008 年	完善生活垃圾收集转运系统，建成一批综合处置设施，全市生活垃圾无害化处置率达到 80%	
调整	第四轮：2009—2011 年	加快生活垃圾收集、转运和处置设施建设，优化处理、处置结构，实现市区生活垃圾集装化密闭运输。全市生活垃圾无害化处置率基本达到 85%	
	第五轮：2012—2014 年	全面推进生活垃圾分类收集，完善相应的分类收运和处置系统，推进垃圾渗滤液安全处置和达标排放。全市生活垃圾无害化处置率达到 95%以上	《上海市促进生活垃圾分类减量办法》
实施	第六轮：2015—2017 年	加快生活垃圾无害化、减量化进程。继续完善“全程分类体系”，扩大垃圾分类实施区域，不断提高垃圾分类处理的资源利用效率和标准化、规范化管理水平。全市生活垃圾分类减量工作覆盖 500 万户，进入末端生活垃圾处理量控制在每人每日 0.62 kg，生活垃圾处理能力新增 5 000 t/d 以上	《上海市单位生活垃圾强制分类实施方案》

续 表

阶段	轮　　次	目　　　标	具体政策
实施	第七轮：2018—2020 年	在重点解决当前面临的处置能力不足等突出问题，巩固无害化成果，突破减量化瓶颈，打通资源化渠道，基本建成系统完善的固体废弃物分类收运、处置和循环利用体系的背景下，继续推进生活垃圾分类减量、完善生活垃圾末端处置体系。到 2020 年，生活垃圾资源回收利用率达到 38%；生活垃圾无害化处理能力达到 3.28×10^4 t/d；湿垃圾分类处理能力力争达到 7 000 t/d	《关于建立完善本市生活垃圾全程分类体系的实施方案》

从表 10－2 可见，在第一轮“环境保护和建设三年行动计划”中，上海市就已将“固体废弃物处置”列为重点推进的五大领域之一。而随着城市垃圾治理水平的不断提高，历年的治理目标也不断被细化，在巩固垃圾无害化处理水平的基础上引入循环经济思想，加大生活垃圾资源化利用的比例，并在处理设施建设及处理能力方面提出更高要求。颁布于 2018 年 4 月的《上海市生活垃圾全程分类体系建设行动计划（2018—2020 年）》，利用两章详细规划了全市新一轮的生活垃圾治理目标及要求，并具体罗列了一批生活垃圾无害化和资源利用建设项目。篇幅的增大表明市政府对于生活垃圾的治理问题达到了史无前例的重视程度。在此之前，2018 年 3 月出台的《关于建立完善本市生活垃圾全程分类体系的实施方案》提出了全面实行生活垃圾强制分类的要求，通过制度及行政手段对垃圾分类的有序推进保驾护航。

10.2.2　上海市生活垃圾分类试点处理实况

从 2007 年起，上海市就已开展全市范围内的垃圾分类试点小区推广示范工作。经过十多年的努力，到 2018 年，试点范围从最初的 100 个小区扩展到 1 万多个居住区。调查发现，试点小区居民生活垃圾分类的参与度有明显提升，居民的分类意识也有明显增强，但依然存在一些问题，包括试点区域实施成效参差不齐、城市生活垃圾硬件设施建设不足、各年龄阶段居民参与意愿差距较大等。

最新一期《上海试点小区生活垃圾分类现状调查报告》显示，通过近期持续不断的媒体宣传和采取了一些激励措施，在 16 个区的 51 个试点小区中，已有九成居民知晓生活垃圾“四分类”的要求，并支持垃圾定时定点投放；超过半数居民参与了绿色账户行动；同时近三成的试点小区居民养成了主动分类的习惯。这说明经过持续不断的政策颁布及媒体渠道的多方宣传，大部分居民已对生活垃圾的分类细则和标准有所耳闻，并逐渐尝试付诸行动。

但在垃圾分类普及程度日益提高的背景下，各试点区域之间的实施程度却存在着较大差异。如在绿色账户的参与度方面，虹口区居民的参与度为 81.8%，而杨浦区仅为 27.7%，差距高达 54.1%；在垃圾桶标准设置方面，长宁区为 48.7%，而嘉定区仅为 5.4%，相差 43.3%；在分类准确率方面，崇明区准确率为 61.0%，徐汇区准确率为 45.9%，差距为 15.1%。

调查发现，全市各区域的垃圾分类硬件设施的建设依然有较大提升空间。如在垃圾桶设置方面，全市标准四分类垃圾桶仅占总量的 21%，而二分类垃圾桶占比最高，为 36%；同时在试点与非试点小区之间，垃圾处理设施的完善程度也存在一定差距，如在试点小区中有 25.4%的小区已使用四分类垃圾桶进行收集，而非试点小区中这一比例仅为 2.0%。

此外调查还发现，目前 61~69 岁的中老年居民是生活垃圾分类的主力军，而 18~25 岁的年轻人对于垃圾分类的意识则较为淡薄，其中“怕麻烦”是影响其行动的主要因素；同时该部分人群由于工作学习繁忙，缺乏闲暇时间进行垃圾“户内分类”，也是影响其参与积极性的重要因素。通过调查也发现，大部分居民认为，充分发挥居委会及物业的作用是落实垃圾分类的关键。因此，如何通过政策制定和基层治理相结合，实现垃圾分类“自上而下”与“自下而上”的有序推进，成为当前工作的核心。

10.2.3　上海市生活垃圾治理的核心机制

随着社会组织结构、社会联系及国家—社会关系发生的深刻变化，国家层面开始实现从“加强社会管理”向“创新社会治理”转变，并提出创新社会治理的新要求。十九大报告提出，要建立“共建、共治、共享”的社会治理格局，以此强调社会多元主体共同参与治理的核心理念。此外，中央还进一步要求推动社会治理重心向基层下移，强调了社会组织在城乡社区的作用。可见，在公共事务上，基层组织正发挥着日益重要的作用。

1. 垃圾治理的主体——居民自治+政府监督激励

生活垃圾治理问题是一项兼具个人利益和公共利益属性的问题，从现状可见，垃圾治理工作，一方面由政府制定政策进行推进，另一方面依靠居民的自觉配合。居民作为垃圾排放及分类的行动主体，其行为能直接影响治理成效及水平。同时，其作为一项生活化问题也具有一定偶然性，居民行为极易受到政策激励等外部因素影响，正如“集体行动不是自然现象，而是一种社会建构，是行动者利用自己特有的资源和能力创立、发明并加以确定的偶然”，政府和社会（企业）组织在其中所起到的作用同样不容小觑。基于此，本章选取垃圾治理的直接行动者——居民——作为主要研究对象，并将政府和社会（企业）组织的外部影响纳入体系之中，提出以下两种观点。

观点一：建立“居民自治”的基层体系是推动垃圾治理的重要基础。

垃圾治理能够成功的关键在于居民积极行动。居民作为理性人，会权衡垃圾分类的成本与收益，然而垃圾分类是一项纷繁复杂的工作，居民进行户内分类将直接导致其时间成本上升，且在短期内难以获得实际收益，因而如何降低垃圾分类的成本并提高居民的获得感，成为有效推动垃圾治理的核心。结合十九大报告中对于完善基层组织的重视，本章进一步提出建立“居民自治”的垃圾治理模式。通过熟人社会的关系结构，利用人情、面子等非制度化要素，对垃圾分类实行自我监督及激励，通过邻里间的互相交流及日常影响，化“被动”为“主动”，并利用社区竞争及评比提高居民的获得感。

观点二：政府与社会（企业）组织在垃圾治理中起着监管与激励的作用。

由于“居民自治”体系主要依靠人际关系的互动，具有一定的脆弱性和不确定性，因此还需要利用制度化手段的"硬约束"，对居民树立基本的行为榜样并进行监管。政府通过颁布法令条例对垃圾治理问题进行严格规范，同时对奖惩措施进行创新，例如学习德国模式采取"连坐式"处罚机制，对在垃圾分类中不予配合的个人，将提高其所在整个片区的清运费用；或学习日本模式，将垃圾处理设施建设在社区内部，将外部环境问题内部化，使居民成为直接利益相关者等。此外，社会组织与企业利用其专业及资金优势，对居民进行物质激励，配合政府共同进行治理。

2. *居民参与垃圾治理的动机*

动机理论是指关于动机的产生、机制，动机与需要、行为和目标关系的理论。动机的概念源于心理学，主要表现为追求某种目标的主观愿望或意向，是人们追求某种预期目的的自觉意识。当人的需要达到一定强度并存在满足需要的对象时，需要就能够转化为动机。本章将基于该理论，以居民履行垃圾分类义务的动机作为核心，并将动机划分为内生动机与外生动机，研究其对居民行为的影响及相互间的作用。

（1）内生动机

居民对垃圾分类的内生动机，即居民能够自觉参与垃圾治理行动，主要源于居民改善生活环境的愿望及对自身社会利益的考量。在以往垃圾治理的实践中，由于我国社会公民意识的长期缺位，因而居民缺乏对社区公共事务参与的积极性。而对于社区事务的冷漠使得其个人理性占据上风，在面临选择时首先考虑自身利益的最大化，却忽视了群体利益的得失。再者，由于社区治理具有非排他性，因此大部分居民往往乐于成为"搭便车者"，对社区事务不愿予以付出而希望直接享受其治理成果。这种旁观者思想最终导致垃圾分类的职责落实不明确且执行不严，使环卫部门负担过重。

因此，为有效提高居民参与垃圾分类的积极性，各地需要构建"居民自治"体系，使提升区域整体环境水平成为社区居民的共同目标。"居民自治"以熟人社会为基础，依赖于紧密的人际关系而非严格的规章制度；而现代的"居民自治"在传统非制度化要素的基础上纳入了基层治理思想，引入楼组、居委会等基层管理组织协助治理。这种制度化与非制度化相结合的管理体系，使居民充分受到家庭、邻里与社会环境的影响，促进居民增强对社区的归属感和认同感，以此加强社区利益与居民个人利益的联系。

（2）外生动机

垃圾治理的外生动机主要来源于政府在事先进行政策制定，事中进行监管以及事后的奖惩措施，同时还包括社会（企业）组织的协助及协调作用。发掘外生动机的最终目的在于激发并巩固内生动机。由于目前政府在我国的公共治理中占据了主导地位，因此其职责权力的有效落实是政策推进的重要前提。居民对垃圾治理的内生动机的形成需要明确的目标指引，而政府则为该目标的有力制定者。政府通过使用监督和奖惩手段，并借助企业的资金优势和社会组织的人力资源优势，利用激励措施影响和改变居民行为，使居民能够在明确努力方向的基础上自觉参与垃圾分类行动。此外，政府及有关部门依法依规的处罚手段能够在一定程度上提高违规成本。在违规成本高于环境改善所获得的收益的前提下，居民作为理性人能够在权衡利弊后主动配合有关方面搞好垃圾分类。

（3）内生动机与外生动机的互动关系

虽然垃圾治理的内生动机即改善居住环境的强烈意愿是改变居民行为的根本原因，但其依然需要一定外生动机的配合才能得以激发。政府通过规章制度的建立使居民的私人利益与公共利益得以紧密结合，使居民在个人理性的基础上进一步考虑群体利益，从而促使其增强参与垃圾分类的主观动力。内生动机与外生动机的相互作用，使垃圾治理水平得到循序渐进的提高。

此外，内生动机与外生动机还构成了“执行—反馈—调整—再执行—再反馈”的回路，如图 10 - 2 所示。基于反馈原理，在目前已有的垃圾治理实践中，政府先制定出垃圾分类目标与规范，同时携手有关单位和企业梳理垃圾治理流程及关键环节。居民按照目标要求执行垃圾分类工作，并由有关单位管理统计后进行反馈，帮助政府根据现状与发现的问题及时调整下一阶段目标；同时居民对有关企业的激励行为进行反馈，使企业能够根据居民意愿及时调整工作。在不间断的“反馈”与“执行”的循环中，居民将逐渐培养起垃圾分类的意识，即内生动机。

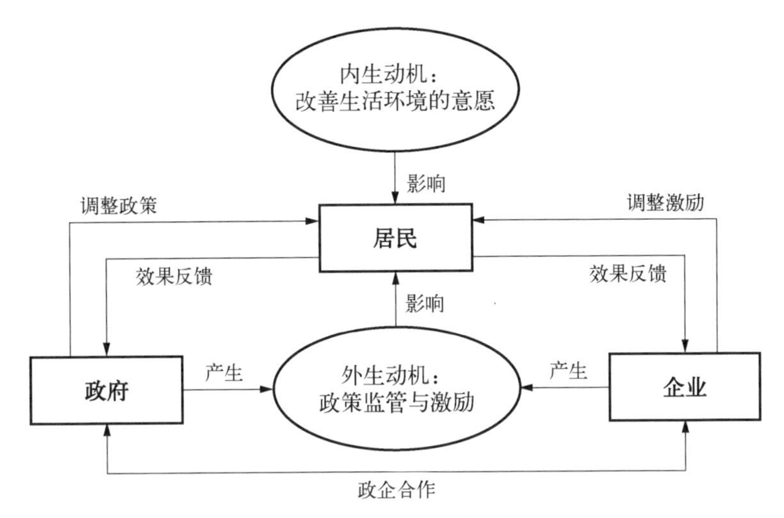

图 10－2　内生动机与外生动机的互动关系

10.3　典型案例：上海长宁区“政府引导，居民自治，多方协作”模式

长宁区作为全国文明城区，在垃圾分类处理方面同样走在了全市前列：从 2014 年起在全市范围内率先试点推行“绿色账户”制度，到 2017 年实施生活垃圾分类收运和再生资源回收“两网协同一体化”及垃圾定时定点分类投放，再到 2018 年成为全市首批试点进行生活垃圾分类的区域之一，长宁区为上海市大力推进生活垃圾的“减量化，资源化，无害化”提供了宝贵的经验。在实施垃圾分类减量的过程中，长宁区以“党建引领，多方协作”为宗旨，通过联合政府、企业、居民三方共同努力，通过政策引导及激励措施的配合，全方位提高社会各方对垃圾处理的积极性，并取得了可喜的成绩。

10.3.1　上海长宁区作为首批试点生活垃圾分类区域的原因

上海市政府选择长宁区作为全市首批试点生活垃圾分类的区域之一，主要考虑到以下三个方面原因。

第一，长宁区多次被评选为全国文明城区，辖区居民综合素质较高，有利于试点工作的推广实施。2011 年，长宁区荣膺“全国文明城区”称号，并于 2017 年成功通过复查，继续保留该称号；此外长宁区 10 个街道（镇）均被评选为市级文明社区，并成功创建了一批市级或区级文明小区、文明单位。另外，长宁区又于 2017 年被重新确认为国家卫生城市（区）。为顺利通过中央督查组前期多轮的评定及审核，辖区内各街道及单位大力宣传并积极行动，不仅通过多条渠道宣传文明城区建设，动员单位及居民对市容环境进行整治，同时也加强监督巡查，对单位及个人的不文明行为进行严格处罚。作为评选全国文明城区及国家卫生城市（区）的重要指标之一，生活垃圾治理向来是长宁区政府与社会各界关注的焦点及重心，垃圾分类的有效推进能够进一步巩固并提升辖区形象，同时为其他各区提高文明水平、改善市容环境等工作做出表率。

第二，长宁区在 20 世纪 80 年代已在个别社区先行试点进行了垃圾分类，拥有一定的群众基础。早在 1984 年，区政府已在新华街道进行了生活垃圾分类倾倒和清除试点；而在第二年，该试点便在全市各区指定的一个街道进行了小规模推广。当时的垃圾分类原则基本遵循了 20 世纪 70 年代所推行的“是否可用作农肥”的分类方法。居民把菜皮、果壳、煤屑等倒入绿色垃圾桶，把废铁、玻璃等倒入橘红色垃圾箱；而将建筑垃圾倾倒在指定垃圾集中点。经过有关单位分拣后，可用作农肥的有机生活垃圾由环卫部门直接运送至田间作为堆肥，废铁、废玻璃等能够循环使用的垃圾则直接送至废品回收站，而大件建筑垃圾则进一步分类进行清除。虽然由于规模较小，试点效果不甚理想，但这在一定程度上潜移默化地培养了辖区内居民的垃圾分类意识，为如今更大规模、更加规范、更为严格的生活垃圾分类治理工作的实施奠定了扎实基础。

第三，长宁区辖区内的人口结构复杂、企事业单位众多、重点功能区域密布，在全市范围内具有代表性。截至 2017 年年底，长宁区常住人口为 69.37 万人，辖区内外来常住人口占比超过四分之一；而境外人员则占全区常住人口总数的 10.29%，并接近全市境外人员总数的五分之一。与对外来人口进行生活垃圾分类的宣传及指导相比，对外籍居民开展有关社区工作更为困难。为解决语言障碍、文化鸿沟、风俗习惯差异等问题，长宁区要求有关工作人员掌握一定外语技能，并对各国文化有一定了解。作为海纳百川的国际化大都市，上海理应在实施生活垃圾分类的过程中，使外来及外籍人员的参与程度加强，因此若能在长宁区的实践过程中取得一定成效，则能为上海社区工作的国际化水平提升积累宝贵经验。此外，长宁区内拥有虹桥商务区、虹桥开发区、临空经济园区、中山公园商圈等一批全市重点功能区域；辖区内新建小区与老式里弄并存；第二产业与第三产业交叉分布，兼而有之。复杂的区域构成对生活垃圾处置工作的推行是极大的挑战，如能根据每片区域的特点，因地制宜制订推进计划，就能举一反三，对全市其他区域的工作提供借鉴和参考，最终实现垃圾分类“以点带面”的突破。

10.3.2　上海长宁区生活垃圾分类实施模式

长宁区按照《关于建立完善本市生活垃圾全程分类体系的实施方案》的宗旨，建立了以“政府带头，居民配合，企业协作”为核心的垃圾治理模式，通过政府引领和社会公益组织的共同配合，充分调动起各企事业单位及居民个人的积极性，利用政策手段对流程进行严格监督管理，使得生活垃圾分类工作能够持续有效推进。

1. 政府带头，制度保障

推进垃圾分类减量，首先需要政府发挥好模范带头及政策引导作用。长宁区政府根据市政府颁布的《上海市生活垃圾全程分类体系建设行动计划（2018—2020 年）》的要求，结合区域自身特点，从硬件与软件两个方面入手，双管齐下地实现垃圾治理的稳步推进。

为充分了解各个小区垃圾治理中所遇到的实际难题，因地制宜提出解决方案，长宁区提出垃圾分类工作必须注重共性与个性相结合，在复制推广成功经验模式的同时，也要结合各小区不同特点，不搞“上下一般粗”。因此，各街道多次召开由居民区党组织、业主委员会、物业公司和居民代表参加的调研座谈会，形成了“一小区一方案”，根据小区户数、居民构成情况、垃圾箱房情况、民意基础等基本情况，列出了垃圾分类前端环节社区应重点解决的共性和个性问题，并基于区政府整体谋划方案，在垃圾投放时间、垃圾运输时间、垃圾箱房设计、志愿者规模等方面制定相应的细化方案。

在改善硬件设施方面，区政府要求辖区各街道努力改善垃圾箱房周边环境，提高居民对垃圾收纳及处理设施的满意程度。例如，程家桥街道结合调研情况，提出了垃圾箱房“美加净”变身计划：“美”化外观；“加”装水斗、雨棚、休息间等便民设施；保证环境洁“净”。此外，在箱房建设上与小区风格一致，形成“一箱一特”；在有条件的垃圾箱房边设置“爱心休息站”，为道路保洁人员在工作间隙提供服务等。

在创新软件制度方面，区政府落实推进垃圾分类与再生回收“两网协同”工作，探索出了政府引领下的生活垃圾“定时、定点、定类、定人、定制度”的“五定”工作模式。具体内容包含：安排工作人员一人一箱房，倡导属地化用人原则；组建由区干部、党员和居民代表等组成的志愿者队伍，协助居民进行准确分类；制定工作例会、培训、台账登记、数据分析等制度，规范垃圾分类流程。

为保证垃圾治理方案的高效落实，各街道还通过定期分析垃圾减量线，实时掌控方案的推进程度并进行考核。在调研过程中，街道对每一个试点小区的垃圾分类情况进行日统计、周分析、月汇总，总结各个小区每个阶段的垃圾减量线的波动趋势，并分析其原因。通过对数据的归纳分析，各街道有针对性地在后续试点中对垃圾减量线出现反弹的阶段给予更多关注，进行再动员、再发动、再巩固。

2. 居民配合，政府引领

为充分调动起居民对垃圾分类处理的主动性及积极性，长宁区发挥党员的模范带头作用，通过街道及居委会举办了丰富多彩的活动，利用寓教于乐的方式，在潜移默化中培养居民的环保意识。例如，在仙霞街道的虹旭小区，居民利用废旧物品搭建“瓶子菜园”；举办“垃圾分类最棒家庭评选活动”；此外还有垃圾分类知识元宵猜谜、厨艺展示垃圾分类趣味培训、垃圾分类扫码有礼等颇具特色的活动。又如，在虹桥街道的实践中，街道发动区属机关党员干部、企事业党员职工带头参与小区垃圾分类，组织骨干先行，讲清楚“三问”：为什么要实施垃圾分类，为什么要定时定点，为什么要“两网协同”。此外街道还引入社会组织，邀请“绿主妇”等开设环保巡回课堂，为垃圾分类精细化指导提供支撑，通过“垃圾分类”十讲、“一平方米”菜园、“家庭减法生活”和“挑战环保达人”等生动有趣的项目，专业指导居民进行垃圾分类。

针对每个小区的自身特点，各街道还制定了一套针对不同类型小区进行垃圾分类的操作手册，引导居民做好垃圾分类。例如，外籍居民众多的华丽家族小区，荣华居委会就上门发放多语种宣传包，对家政人员开展培训；对于没有垃圾箱房的小区，虹桥街道制订试点小区垃圾分类定时收运的精细化方案，在物业做好分类收集垃圾的基础上，提供符合分类清运要求的运输支持并加强清运力度。

3. 企业协作，查缺补漏

除加强对街道居民区的生活垃圾治理外，遍布全区的企事业单位同样是生活垃圾治理的重点环节。各企事业单位扮演了“中间人”与“参与者”的双重角色，协助政府共同推进垃圾治理的有效落实。

作为“中间人”，企业能够有效消除政策制定与实际落实间的鸿沟，利用市场化手段弥补政府政策制定的漏洞与不足。例如，为解决绿色账户积分“兑换难”的问题，惠众绿色公益发展促进中心携手家乐福等商家，共同建立起了基于绿色账户的“绿色联盟”项目，举办绿色账户狂欢节及与支付宝“双十二”促销联动，使绿色账户拥有了持续性兑换权益的保障；为解决垃圾治理能力不足的难题，区政府积极引入民间企业，如上海新锦华商业有限公司等，承担全区生活垃圾箱房的保洁及再生资源回收工作，让社会中的专业力量助力垃圾治理能力的提升及完善。

作为“参与者”，各企业园区加强对垃圾设施的改造以及宣传，使垃圾分类的理念更深入人心。例如，在上海首个试点单位生活垃圾强制分类的临空经济园区，不仅整个办公园区 70 多个茶水间的垃圾桶都经过了干湿垃圾分类的改造，而且白领们扔垃圾的习惯也从转身就扔，变为思考一下再扔。此外，该园区还建立了一套严丝合缝的垃圾收运制度：楼层保洁检查每个部门的干湿分类桶，园区保洁轮班对干垃圾桶中的可回收垃圾进行分类，每一桶垃圾过秤后的质量都要计入台账，等待环卫部门的湿垃圾车、干垃圾车分别来清运。

10.3.3 上海长宁区生活垃圾分类实施效果及存在的问题

目前长宁区在生活垃圾处理的硬件设施建设与日常监督指导方面已取得一定成效，但仍有进步空间。

1. 垃圾分类工作效果显著

截至2018年年底，长宁区范围内共有726个居住区，其中581个居住区共计拥有907座生活垃圾箱房，但依然有145个居住区暂未配置垃圾处理设施；区内超过半数的居住区已建立“两网融合”服务点，实现了生活垃圾分类收运体系和再生资源回收体系的一体化运作。作为生活垃圾分类的基础，区内各小区的干湿垃圾分类已初见成效，从2018年5月至12月，湿垃圾量从187 t/d上升至314 t/d，而干垃圾量则从814 t/d下降至629 t/d，这说明随着生活垃圾分类宣传及指导工作的有序推进，居民进行垃圾分类的准确性也日益提高；此外，对于生活垃圾资源化利用率也取得了显著提高，从2018年5月的27.45%上升到12月的43.7%，实现了垃圾循环利用的突破。

同时，为深化垃圾分类治理的实践效果，根据不同类型的小区分别制订实施计划，因地制宜开展工作，区内的周家桥街道、虹桥街道、程家桥街道成为第一批申报创建生活垃圾分类示范街道。以下摘选程家桥街道整体及街道内各小区从2018年6月至11月垃圾投放及分类情况的各项数据，分析其在工作推进中所取得的实效及目前存在的不足。

在半年时间内，程家桥街道中参与垃圾分类“两定”工作的小区，从最初的6个试点小区，发展为8个居委会下属27个小区的“整区域”推进，参与规模不断扩大，覆盖人数不断增多，治理模式不断优化成熟。在参与垃圾分类试点的小区数量大幅度增加的背景下，生活垃圾资源化利用率从2018年6月份的51%小幅下降至11月份的45%；分类投放的准确率始终保持在90%以上；生活垃圾“破袋”投放率也始终维持在90%以上的高水平，而辖区中最先参与试点的上航新村更达到了 100%的高纪录。这不仅说明经过半年时间的习惯养成，社区居民已将垃圾分类知识熟记于心，并能够积极配合社区工作人员参与有关工作；且通过前期的经验积累及总结，新加入试点的小区能够更为高效地推行垃圾分类制度。

对比 2018 年 11 月份与 10 月份的数据，我们可以进一步发现，虽然新加入了三个小区进行分类试点，但试点区域内所产生的垃圾总量却反而减少了18 201.22 千克；干垃圾总量占比下降了 2.2%，湿垃圾总量占比提高了 2.97%，可回收物占比提高了 0.77%，可回收物和湿垃圾的增加量比干垃圾减少量高出 1.54 个百分点，这说明程家桥街道垃圾减量效果在逐步提高。另外垃圾资源化利用率也有 2%的小幅提高，说明通过先行试点小区的引导及带动作用，新加入试点的小区居民及有关责任人能够更为迅速地熟悉垃圾分类细则，对能够进行循环利用的废物进行二次分拣①。

2. 垃圾分类绿色账户普及度尚需提高

绿色账户是上海市政府推行的一项垃圾分类积分活动，旨在通过积分兑换日常用品的方式，鼓励居民积极主动参与垃圾分类。截至 2017 年 11 月，程家桥街道总体绿色账户刷卡率为 71.7%。通过半年时间的努力，街道中率先进行试点的小区，如上航新村、嘉利豪园等，已能够保持每月刷卡率在 90%以上的高水平，有时甚至能够达到 100%的刷卡率，这说明居民对于生活垃圾分类已养成习惯。而对于新加入试点的小区，如宝北居委会等，其居民刷卡意愿则相对较低，说明对垃圾分类习惯的培养是循序渐进的过程；也有个别小区尚未配置刷卡器，说明在规模推进城市生活垃圾治理的过程中，仍存在区域执行力度不均的情况，需要借鉴先行试点小区的经验，带动整体垃圾分类水平的提高。

作为第一批示范街道，程家桥街道辖区内 42 个居住小区目前均实现了生活垃圾定时定点分类投放，居民支持率超过 95%，投放准确率基本达到 98%，“破袋”投放率达到 95%，日均资源化利用率达到 40%～60%。

---

① 数据来源于 NGO 综合数据资料。

随着生活垃圾治理的推进，越来越多的居民意识到其重要性，并积极参与日常自我监督，实现垃圾分类“自上而下”与“自下而上”推进工作的有效结合。

3. 改进方向

经过各试点小区居民及工作人员的努力，程家桥街道的生活垃圾分类工作正在有序推进，并取得了令人鼓舞的效果。即便如此，在工作推进的过程中，仍有需要进一步提升的空间，包括资源回收利用率依然偏低、新加入小区的分类习惯需要培养、绿色账户普及率尚需提高等。这些问题的解决不仅需要政府指导，更需要企业参与，提供垃圾治理环节的各项个性化服务以优化整体治理流程，担当政府与居民间的衔接桥梁，以促进垃圾分类问题的有效解决。

10.4 上海市生活垃圾分类现况及展望

通过对全市近年来生活垃圾产生量的变化趋势、历年城市垃圾治理政策的调整及实施情况，以及对居民问卷和调研的结果进行汇总，我们发现，虽然政府已通过历年来的“环境保护及建设三年行动计划”推进垃圾分类治理，并在强化居民环保意识、提升生活垃圾分类参与度方面取得了一定成效，但在整体措施执行过程中依然存在着诸多亟待解决的问题。这些问题主要集中于“总量控制”“政策制定”“社会参与”三个方面。

10.4.1 上海市生活垃圾分类存在的问题

1. 垃圾总量有增无减

从历年统计的全市生活垃圾清运量可以看出，上海市的垃圾减量化的实施情况不尽如人意，垃圾总量依然呈现出连年递增的态势。虽然近年来市政府投入大量的人力、物力和财力，在巩固完善现有生活垃圾处理设施的基础上，已建及在建一批更大规模的环保处理项目，如上海老港再生能源利用中心、天马生活垃圾末端处置综合利用中心等工程，但建设的速度及规模依然难以满足处理城市快速增长的生活垃圾产生量的需求。

究其原因，一方面是由于市民生活水平的不断提高，造成大量消费品包装、快递运输包装、餐厨垃圾等废弃物数量上升，另外过度消费所产生的闲置物品，使得垃圾产生量增加，难以缓和；另一方面，由于城市循环经济的发展暂时处于初级阶段，资源回收产业尚不发达，许多生活垃圾及闲置物品并未得到充分有效的循环利用。虽然城市规模与生活垃圾产生量的确存在着正相关，但单纯依靠提升垃圾治理设施的处理能力及容量，以应对源源不断产生的生活垃圾，并非是解决城市“垃圾围城”困境的有效方案。为使城市生态环境能够走上可持续发展的道路，政府需要制定与循环经济及资源利用产业相关的政策，引导企业积极投身于有关产业，从“减量”和“处置”两个方面入手，疏堵结合，加强城市生活垃圾治理。

2. 垃圾处理能力缺口较大

目前上海市生活垃圾处理能力的缺口体现在总体处理能力不足与处理技术落后两个方面。

一方面，上海市并未达到先前制定的有关城市生活垃圾处理能力的建设要求。根据有关行动计划要求，2015 年前上海市生活垃圾应全部实现无害化处理，处理能力达到 3.4×10^4 t/d，然而截至 2017 年，上海市日均生活垃圾处理能力却仅为 2.4×10^4 t/d，垃圾处理能力的捉襟见肘，导致垃圾非法倾倒事件时有发生，生活垃圾违规处置等问题较为突出，而这些问题所导致的负外部性，甚至对周边省市的生态环境造成严重破坏，对长三角区域生态环境的整体协调发展造成了严重的负面影响。

另一方面，上海市湿垃圾、干垃圾的处理能力，正处于一种“紧平衡”状态，现有的无害化处理技术难以完全消除对生态环境的影响。目前，虽然生活垃圾的无害化处理率已达到接近 100% 的无害化处理，但受技术、资金、人才等因素影响，实际处理水平并不高；而目前所广泛使用的填埋、焚烧等处理方式，对生态环境仍会造成一定程度的影响，其中最为突出的问题就是渗滤液污染。如老港垃圾填埋场渗滤液处理设施升级改造工作滞后；安亭生活垃圾处理厂长期超标排放渗滤液进入污水管网；宝山区顾村垃圾堆场和闵行区朱家泾垃圾堆场停运十余年后仍未完成封场，渗滤液流入场外雨水沟或直排河道等。处理技术能力的缺陷，不仅影响城市面貌及居民感受，更容易引发生态环境危机，阻碍城市与自然的和谐发展。

3. 垃圾分类运输存在短板

虽然上海市近年来积极宣传并鼓励市民主动参与垃圾分类，然而在实际运输及处置过程中，却长期存在着分类投放与分类运输的矛盾。造成这种矛盾的原因在于垃圾治理中的权责不明晰和政府资金供给不足两大方面。

一方面，政府对居民分类责任界定的缺失以及有关环卫部门缺乏法规执行能力，导致城市生活垃圾分类处于一种无序状态。上海市在历年的垃圾分类治理实施中，对于生活垃圾的分类主要依靠居民自觉，并未有严格的强制规定，且在日常的垃圾清运流程中，环卫部门仅能对拒不执行垃圾分类的单位和个人进行口头告知及教育，难以切实有效地对拒绝分类或分类不到位的居民或单位采取有效的强制措施。对有关责任的界定模糊导致垃圾分类质量难以达到垃圾分类收运的标准，不仅增加了清运单位进行二次分拣的工作量，也影响了垃圾清运的效率。

另一方面，试点小区数量的快速扩张带来了分类清运车辆及治理资金供给的压力。该问题主要与政府在服务采购领域的作业定额核算问题有关。目前，政府按照环卫作业单位日产日清的要求，对生活垃圾的分类收运每天分两次，以干、湿垃圾桶作为分类运输的标准进行拨款，而非垃圾分类的实际内容与质量。其中，后者明显需要依托于更为明晰的权责界定、更强的监管能力以及居民的自觉性，这对城市环卫作业来说是一大挑战。在居民配合度不高及资金不足的情况下，环卫作业单位为维持正常运作，只能利用有限的资金完成最为基本的清运作业，这同样影响了垃圾分类收运的执行力度。

在权责和资金两个方面的矛盾的相互作用下，近年来的垃圾分类一直处于“睁只眼，闭只眼”的状态，“混合收运，先分后并”的无效治理模式，导致社会舆论质疑的声音不绝于耳。

4. 政策制定缺乏连贯性

上海市属于全国范围内较早开始实施垃圾分类试点的城市之一，但其垃圾分类的具体实施细则一再变动，影响了政策的执行效果。

从 1999 年至今，上海的垃圾分类工作经历了一系列调整及适应过程，在此过程中，对于生活垃圾分类的具体标准和细节，即对于生活垃圾类别的专业名词经过了大幅度的更换及调整。这在为垃圾分类工作带来便利的同时，也对市民、单位等目标群体的接受能力提出了挑战。虽然市政府及环保机构通过新闻、媒体等多种渠道宣传最新的垃圾分类标准，使市民关于生活垃圾分类的意识有了一定程度的增强，然而一再改变的分类方式，使市民对于生活垃圾分类的具体规则往往一时难以弄清和适应，这不仅影响了其进行户内垃圾分类的积极性，同时也影响了社区垃圾分类的准确性。

5. 社会参与度尚需提高

根据有关单位对试点小区进行的问卷调查，虽然目前试点工作已取得一定成效，但因“怕麻烦”“不会分类”而未能主动作为的居民占比依然较高，达到了四分之一。如何让这部分居民增强垃圾分类意识，鼓励他们改变观念，主动参与生活垃圾治理工作，成了实施阶段突破垃圾治理瓶颈的重要一环。有关部门应当使垃圾分类的宣传、教育及指导工作能够更深入、更形象、更具体地走进社区并走入居民的生活。

此外调查还发现，生活垃圾分类的实施水平还与参与者年龄及试点区域有较为密切的关系。从年龄角度来看，61~69 岁的中老年居民成为目前生活垃圾分类行动的主力军；而年轻人的参与程度较差，仅有 8.4%实行了垃圾户内分类。从区域角度来看，各试点区域的垃圾分类水平参差不齐，崇明区试点成效最佳，而杨浦区、金山区效果较差。在“分类准确率”“绿色账户参与度”“垃圾桶设置情况”“居民分类习惯（含户内、投放两个环节）”及“小区氛围评价”5 项指标中，崇明区均位列前三且有 4 项高居榜首，表明其试点工作成效显著；而杨浦区和金山区分别有 5 项指标位列后三，具有很大提升空间。

因此，在全面推进生活垃圾分类工作的阶段，如何补足各区短板，推动全市生活垃圾治理水平整体协调发展，成为下一阶段工作的重心。

10.4.2 上海市生活垃圾治理的核心

1. 加强法治建设

针对在近年来的生活垃圾治理实践中所浮现出的种种问题，上海市于2018年制定并颁布了《关于建立完善本市生活垃圾全程分类体系的实施方案》（简称《实施方案》），其中已有一系列明确且具体的规定及条例，成为上海市推进城市生活垃圾治理的有力的政策支持及保障。《实施方案》的主要原则包含：政府推动，全民参与；全程分类，整体推进；政策支撑，法制保障；城乡统筹，因地制宜。《实施方案》还为城市生活垃圾治理进度设定了严格的时间节点及目标，力争到2020年年底基本建成与上海卓越的全球城市发展定位相符的生活垃圾全程分类体系。同时，《实施方案》还从资源循环利用、评估评价机制等方面确立了一系列具体目标，包括以下几点。

（1）基本实现全市单位生活垃圾强制分类，在居民区普遍推行生活垃圾分类制度；

（2）基本实现“两网融合”，生活垃圾资源回收利用率达到35%，“减量化、资源化、无害化”达到国内领先水平；

（3）建立生活垃圾分类达标验收挂牌制度，推动创建垃圾分类示范居住小区（村）和示范街镇，不断提升垃圾分类实效。

2018年，静安区、长宁区、奉贤区、松江区、崇明区、浦东新区（城区部分）率先普遍推行生活垃圾分类制度，建成3个全国农村垃圾分类示范区，全市建成700个垃圾分类示范行政村。《实施方案》还明确了具体的工作重心，主要体现在末端处置、分类运输、投放质量、分类标准和监管体系5个方面，细化涵盖了城市生活垃圾治理的全部环节，并利用监管措施保障工作有序高效推进。

2. 加强末端处置能力

针对目前全市垃圾处置能力不足的问题，《实施方案》提出，对生活垃圾末端处置的能力需要从硬件与软件两个方面进行提升。在完善整体垃圾处理设施规划的基础上，通过参考国内外先进的制度设计进行模式流程优化，以充分提高生活垃圾分类和资源循环利用的效率。

其一，对生活垃圾无害化处理和资源化利用设施的布局及建设，应当在结合全市整体空间规划布局的基础上，提早进行合理布局并明确厂址，破解“邻避”困局。此外，针对不断变化的本市生活垃圾分类处理的新形势和新要求，有关部门应按照“统筹功能、合理布局、节约土地”的原则事先做好规划。针对市区部分密度较高区域缺少足够建设用地的现实情况，则应当对已建成的生活垃圾处理设施进行改造，并充分挖掘周边区域的空间潜力，通过“改造加新建”，双管齐下，完成本市生活垃圾处理专项规划的目标。

其二，对生活垃圾处理效率的有效提升，需要通过借鉴国内外已有的治理经验，进行垃圾清运的流程及制度设计。《实施方案》提出，从整体框架的角度，应当建立完善垃圾无害化处理及资源化利用体系，形成生活垃圾全市“大循环”、区内“中循环”、镇（乡）“小循环”，按照有机结合、良性互动的宗旨，构建三级分类处理体系。在此基础上，各区还应结合工业园区转型升级的契机，推进区级静脉产业园区建设，使以往传统的“资源—产品—废弃物”经济模式，转变为资源循环型“资源—产品—再生资源”的闭环经济模式。通过“试点加推广”两步走，最终力争在全市范围内展开循环经济，形成“一主多点”的静脉产业园区分布格局。此外，上海市还应积极推进建立全市性的可回收物集散中心，在依托全国市场的基础上，结合循环利用产业园区的建设，布局本市再生资源产业，从产业规划的角度提升全市资源循环利用水平。

3. 严格执行分类运输

针对生活垃圾在收运过程中“先分后并”的矛盾，《实施方案》明确规定了各类生活垃圾的规范收运流程及监管方式。环卫单位及部门必须按照标准对生活垃圾实施强制分类收运，并按照《上海市促进生活垃圾分类减量办法》的规定，严格监督落实生活垃圾分类投放管理责任人制度；对在运输环节中出现“混装混运”现象的，有关部门必须严肃追究分类投放管理责任人的责任。此外，对于分类质量不符合分类收运标准的生活垃圾，有关管理部门应当督促分类投放管理责任人组织二次分拣，以保证生活垃圾的分类品质。

在生活垃圾收运环节中，环卫收运企业应严格执行分类收运规范，按照分类标准对各类生活垃圾实施分类收运，坚决杜绝混装混运，并通过公示收运时间、规范车型标识等举措，接受社会各界监督。管理部门要加强日常监督考核，将各类生活垃圾分类驳运及收运规范的执行情况纳入对有关企业的考核及评议制度；对发生混装混运的环卫收运企业予以严肃查处。此外，环卫收运企业应当按照有关管理部门的要求，对未认真实行垃圾分类或分类不符合要求的单位，建立起“首次告知整改，再次整改后收运；对多次违规拒不整改的，拒绝收运，并移交执法部门处罚”的机制，通过“不分类，不收运”的强制性规章，督促单位严格执行垃圾分类。

4. 提高垃圾投放质量

鉴于全市目前垃圾投放质量不高、垃圾分类效果不佳的现状，《实施方案》提出，从推行“定时定点”投放、深化绿色账户激励机制、加快推进生活垃圾分类与再生资源回收“两网融合”进程，以及完善“大分流”体系四大方面进行提升。

第一，“定时定点”投放的推行应结合全市各住宅小区正在进行建设的“美丽家园”行动，以干、湿垃圾分类投放作为主要内容，根据各小区的实际情况，确定“定时定点”投放的分类投放点设置、投放时间安排及分类投放的规范。在居住小区范围内，物业企业、居委会等分类投放责任人应当做好居民的宣传引导并进行日常监督协调工作；对于沿街商户，有关经营者则应当按照市容环境责任区制度的要求，积极配合环卫作业单位“上门收集”的工作制度，定时定点分类交投各类垃圾。

第二，进一步完善绿色账户机制，应以“自主申领、自助积分、自由兑换”为方向，拓展绿色账户开通渠道，不断拓展绿色账户覆盖面。《实施方案》明确提出，力争到 2020 年，绿色账户与垃圾分类能够实现同步覆盖。在实施垃圾分类工作的过程中，政府应当携手企业及社会组织的力量，完善绿色账户的积分规则，发挥绿色账户在促进垃圾分类回收方面的激励作用；同时通过加大政府采购力度，引进企业等第三方参与垃圾分类的宣传、指导和监督工作，以此探索出绿色账户进行市场化运作的方式；

此外利用“政府引导带动市场参与”的模式，通过多渠道募集资源，增强绿色账户对居民的影响力和吸引力，充分发挥其正向激励作用。

第三，绿化、市容、环卫部门和各商务部门需按“有分有合，分类分段”的原则，理清再生资源回收的管理职责，加快推进再生资源回收体系与生活垃圾分类收运体系的“两网融合”。各部门应当积极配合，推进“两网”分类投放点与交投点的融合，并优化提升环卫垃圾箱房的再生资源回收功能；推进各企事业单位参与“两网融合”工作；推行再生资源回收人员、生活垃圾分拣人员的“一岗双职”培训，逐步实现“两网”统一管理；挖掘并培育各区可回收物收运服务企业，落实环卫作业企业新增再生资源回收业务；此外可调动企业单位和社会组织的积极性，鼓励其建立二手调剂平台、旧货商店、跳蚤市场等废旧物品交易平台，促进闲置物品资源的再利用。

第四，从垃圾治理总体流程的角度，全市应当坚持“大分流、小分类”的基本路径，完善“大分流”体系。一方面，应加强装修垃圾管理，规范居住小区堆放点设置，引导居民对装修垃圾进行源头分类及袋装堆放；并加强大件垃圾收运及回收再利用服务。另一方面，应促进枯枝落叶的分类单独收集及利用流程，鼓励绿化养护企业通过粉碎、堆肥等方式对其进行资源化利用。此外，全市还应当完善集贸市场中垃圾分流及分类体系，并结合湿垃圾收运和资源化利用体系建设，促进其提高垃圾资源化利用水平。

5. 明确垃圾分类标准

从 20 世纪 70 年代起，上海市对垃圾分类的名称曾进行过多次更改，这不仅对市民的接受程度是一大挑战，也给垃圾分类造成了诸多不便。鉴于此，自上海市 2011 年启动新一轮生活垃圾分类工作以来，始终坚持以“干湿分类”为基础，并实行四分类标准的制度。而最新的《实施方案》则进一步明确，本市将继续执行“有害垃圾、可回收物、湿垃圾、干垃圾”的四分类标准，这既符合国办文件要求，也有利于巩固和拓展前期分类成果。此外，《实施方案》还鼓励各单位及居民小区根据自身的资源化利用能力，对生活垃圾进行更细化的分类，从根源上减少垃圾产生量。

另外，全市还将规范生活垃圾分类处理容器设置，设置分类投放管理责任人，并通过规范生活垃圾分类收集容器设置，方便居民对垃圾进行正确分类，提高垃圾治理的效率。其中居住小区、单位、公共场所应当根据自身特点，设置不同的垃圾分类收集设施，按照“便利、可控”的原则对垃圾进行分类收集。

6. 强化政策监管体系

对于在已有实践过程中所暴露的有关管理部门权责不明晰、工作不到位的问题，《实施方案》落实了每个部门所应负责的工作范围及应当完成的职责目标。各部门在日常工作中，不仅应从柔性引导的角度做好分类义务、分类标准、分类投放管理责任等告知工作，并对有关责任人进行业务培训，同时也应加强硬性监督，对违反垃圾分类规定的行为必须及时制止并严格督促整改；对拒不执行垃圾分类的，应当动用行政执法的强制手段，按照规定移交城管执法部门予以处罚。另外，城管执法部门应按照法律法规的规定，加强对垃圾分类违法行为的日常巡查执法，对经过批评教育后依然拒绝履行分类义务的单位及个人，依法依规给予处罚。

此外，为进一步督促各级政府部门有效落实垃圾分类的实施细则，《实施方案》还规定了市、区两级生活垃圾分类联席会议的工作平台，并将垃圾分类治理力度及成效纳入行政绩效考核和生态文明绩效指标考核体系之中。通过考评体系的完善和优化，督促、激励各区政府部门重视生活垃圾治理工作的有序推进。从加强法规保障、完善政策体系、落实检查机制的角度，加强地方性法规立法并协同多部门进行管理执法；完善地方生活垃圾处理设施建设的补贴政策和跨区处置环境补偿制度，优化促进源头分类减量的节能减排等支持政策；强化并建立政府依法监督、第三方专业监管、社会公众参与的生活垃圾分类全过程综合监管体系。

同时为积极倡导生活垃圾分类制度，让绿色的生活方式深入市民心中，政府还应当优化宣传、教育、测评体系，增强市民的环保意识。通过注重街道居委会的宣传引导，加强垃圾分类社区宣传、入户宣传；将垃圾分类纳入学前及义务教育课程体系并建立一批生活垃圾分类示范教育基地，通过寓教于乐的方式，从小培养居民的垃圾分类意识，引导居民建立起绿色生活理念；此外还应提高垃圾分类在文明创建测评体系中的比例，通过奖惩结合的方式调动单位及个人参与垃圾分类工作的积极性。

10.5 本章小结

生活垃圾治理是一项需要持之以恒去做的工作，更是一项需要社会各界共同参与的工作。在政府制定政策框架及规则机制的基础上，企业与居民更应共同配合完成其各项应尽的职责与义务。

上海市在推进垃圾分类治理的过程中，居民的参与及配合起到了十分重要的作用。相对于浙江省的“五水共治”，生活垃圾治理更加强调社区的作用，只有社区进行了合理的垃圾分类投放点设置，并配套有效的宣传及前期引导——比如很多居民社区组织居委会或志愿者指导居民进行合理的垃圾分类投放，这样才能快速培养居民的垃圾分类意识，并形成一种习惯性行为，从而有利于垃圾分类工作的展开、推广及传承。可见，社区组织在上海市生活垃圾分类的有效推进中发挥了巨大的作用。

同时，建议合理利用市场机制提高效率，弥补政府在政策执行过程中的短板。通过一系列生活垃圾治理实践，上海市已积累大量的宝贵经验，可以期待在《实施方案》的指导下，上海市能够举一反三，成功打赢城市生活垃圾治理的攻坚战。

第 11 章　环境公共品的有效供给机制设计

针对环境公共品在不同供给模式下出现的“政府失灵”“市场失灵”和“自愿失灵”情况，本书通过对环境污染源的分析，一方面肯定了政府针对企业进行“庇古税”治理政策的有效性，另一方面也发现存在帕累托改进，经过理论及实证研究，充分说明了在政府主导下激励居民和企业参与环境治理的模式能够带来帕累托改进的效果，围绕如何激励居民参与环境治理的供给侧，需要重点关注代际契约的保障机制及引导居民参与环境治理。

11.1　激励居民作为环境公共品供给侧的逻辑路径

前文已经阐述了我国当前的环境现状、居民在环境供给中的角色、我国物质生活条件的转变以及居民的环保支付意愿等问题，但是要激励居民作为优质环境供给侧，其机制设计显得尤为重要。

本书通过对环境公共品中比较典型的空气污染、水污染以及垃圾污染的现实情况的分析，突出反映了我国环境公共品供给问题比较严重，当前主要是以政府供给为主的单一模式，并且作为污染源头之一的居民一直只作为优质环境的需求侧，未将居民激励进来作为优质环境的供给方，究其原因，主要难题在于公共产品的“免费搭便车”问题，居民对于环境公共品的真实需求无法显示。如果能够将居民对于环境公共品的有效需求通过机制设计体现出来，激励居民显示其真实需求，将居民也作为环境供给侧考量，就必然会提高环境公共品的有效供给。

问题一：居民作为优质环境供给侧有可能吗？

根据罗斯托的经济发展理论，如果人们进入了“追求生活质量”阶段，就会在生活中更加关注环境问题，更有自觉意愿参与环保行动。本书通过人均 GDP、恩格尔系数的分析，阐述了当前我国居民的物质生活条件已经可以达到追求生活质量阶段，为居民参与环境保护打下了基础。

以上通过对居民的物质生活条件分析，从一个方面回答了问题一，居民有可能作为优质环境的供给侧。但同时也带来了第二个问题。

问题二：居民通过什么途径实现从优质环境的需求侧转化为供给侧？

中国综合社会调查数据显示：我国有超过一半的居民愿意为环境保护付费或缴税，如果加上中立者，这个比例将会提高至 60% 以上。这个实证调研为我们激励居民参与环保提供了有力的支持，也可以作为对问题一回答的佐证，它说明了居民愿意为环保付费，也同时回答了上述第二个问题：居民要实现作为优质环境的供给方，可以在一定程度上通过付费解决，中国综合社会调查在某种程度上反映了居民对于环境公共品的真实显示偏好。接下来要进一步探讨第三个问题。

问题三：如何将居民的环保支付愿望付诸实践？怎样进行居民环保支付意愿的有效度量？

为激励居民显示真实需求，解决“公共产品定价难题”，学术界探讨了环境公共品的居民环保支付意愿，本书比较了典型的显示偏好法、陈述偏好法和幸福感测度法，认为幸福感测度法相对于其他方法而言更加科学，并重点阐述了幸福感测度法度量居民的环保支付意愿的思路、计算及标准设定。这个方法论为激励居民参与环保提供了科学路径，给问题三提供了解决思路，即居民的环保支付意愿是可以测度的。

问题四：环保费用如何运作？由谁运作？

由于存在收入水平上的差距，不同的地方人均 GDP 不一样，因而需要政府设定不同地方的居民环保支付收费标准；另外不论是物质条件支撑居民追求优质环境还是调研实证数据显示居民愿意为环保付费，这些均需要政府出台政策给予激励，作为制度保障。这是本书的又一个核心问题。

问题五：如何设计有效的机制保障环境公共品的有效供给？

由于前述的问题一至问题三均在前面章节里进行了阐述，下文将围绕问题四和问题五重点探索环境公共品的有效供给机制。

11.2 环境公共品供给机制设计的理论基础及框架

已有的研究从利己动机和利他动机讨论机制问题。Doeleman 和 Sandler[75]以利己动机为前提假设，构建了有限代际交叠模型，研究了对未来代人的代际公共品投资，并且得出结论，由于每一代人都是自利的，不足投资必然发生。从传统经济学的假设出发，如果认为人性是利己的，那么中年时期更容易投资养老保障之类的后向型代际公共品，而不愿投资后代教育、环境保护等前向型代际公共品。但是从中国的国情及家庭代际相传的角度出发，更多的家庭不会忽视后代的教育及健康等投资，因为他们一方面从感情角度出发，认为有很大的责任培养后代——“望子成龙”或者“望女成凤”；另一方面他们寄希望将后代培养成功后能得到一定的回报——“养儿防老”，并相信后代教育越成功，回报率越高。Becker[170]认为，利他主义在家庭生活中所起的作用与利己倾向在市场交易领域所起的作用一样巨大。

基于此情况，假设当代人不是完全的利他主义者，也不是完全的利己主义者，他们往往既重视子女的教育和未来发展，同时也有利己考虑，会为未来养老做打算[171]。所以从居民角度来讲，他们出于利他动机愿意为环境治理付费，但同时出于利己动机，也希望政府能够有所回馈。

11.2.1 理论基础

居民自愿付费其实是有一定条件的，由于无法了解政府进行污染治理的真实成本，也不确定后期政府是否会兑现承诺，所以在居民与政府之间形成了“委托-代理”关系；同时，为了规避“政府失灵”（比如，政府在接受居民的环保自愿缴费上会表现出“表面合作”，尽可能显示环境治理的高成本，或者不作为等），必须构架一个居于市场竞争的“环保基金公司”，用于负责环保基金的运作，该基金公司环境治理的绩效受到居民的监督，这样政府和“环保基金公司”也属于“委托-代理”关系。由于信息不对称和进行缴费之前的预见成本、缔约成本和之后的证实成本高昂，导致居民和政府、政府和环保基金公司之间签订契约的不完全性，所以政府主导下的环境公共品供给机制设计是一个不完全契约行为。

1. 委托代理理论及不完全契约

委托代理关系，就是指委托人把自己的事务交给其代理人代为处理而形成的委托人与代理人之间的责、权、利关系。委托-代理理论最早是美国学者 Berle 和 Means[172]通过对多家现代公司研究之后提出来的，他们发现很多现代公司在所有权与控制权（经营权）上已经发生了分离，公司实际上已经被由职业经理组成的“控制者集团”所控制，随着企业所有权和控制权的逐步分离而产生委托代理关系。委托代理理论的核心任务是研究在利益相冲突和信息不对称的环境中，委托人如何确定最优契约激励代理人。可见，委托代理理论研究的前提是委托人和代理人的利益不一致，并且双方的信息不对称。

环境公共品供给的各方正好处于这种信息不对称的情况之下，居民出于污染治理的迫切愿望自愿缴纳环保费，但是很明显政府在使用该笔资金时具备信息的优势，道德风险的存在会导致双方利益不一致；而当政府将环境治理重任委托给环保基金公司的时候，政府俨然变成了信息的弱势方，环保基金公司在利己动机下，很可能做出损害政府（其实就是全民利益）的事情。因此，在进行机制设计时，厘清各方关系很有必要。

2. 不完全契约中存在的问题及解决方法

委托代理中的双方由于利益目标不一致，很容易产生代理成本。Jensen 和 Meckling 认为，委托人不可能对代理人做到完全激励，同时，委托人监督代理人的成本有可能高于收益，因而也不可能对代理人做到完善的监督[173]。Arrow[174]将委托代理问题区分为道德风险和逆向选择两种类型。道德风险就是指代理人借委托人观察监督困难之机而采取的不利于委托人的行动。逆向选择就是代理人占有委托人所观察不到的信息，并利用这些私人信息进行决策。

要解决委托代理中出现的问题，学者们进行了不断的探讨，相继提出了代理模型、声誉模型、效应模型、监督模型以及选择模型等。Radner[175]使用重复博弈模型证明，贴现因子足够大，即委托人和代理人双方有足够的信心，如果双方保持长期的关系，那么帕累托一阶最优风险分担和激励是可以实现的。Fama[176]明确提出了声誉问题，他认为即使没有显性的激励合同，经理（代理人）也有积极性努力工作，因为这样做可以改进自己在经理市场上的声誉，从而提高未来的收入。Holmstrom 和 Ricart-Costa[177]研究了“棘轮效应”问题，类似于我们平时所说的“鞭打快牛”现象，就是说越努力工作的人，产出越高，从而下一年度企业制定的标准也就越高，反而因此受到惩罚，于是“聪明”的人隐瞒生产能力来对付计划当局，Holmstrom 和 Costa 研究认为，在长期的过程中，棘轮效应会弱化激励机制。McAfee 和 McMillan[178]通过模型分析，不仅考虑了团队工作中的道德风险，而且考虑了其中的逆向选择问题，提出解决这种委托人道德风险的办法是让委托人监督代理人，而不是收取代理人的保证金。Solow[179]、Shapiro 和 Stiglitz[180]研究了委托代理关系中无法避免的监督问题，他们认为高工资可以作为防止工人偷懒而采取的激励方法，工资越高，被解雇的机会成本越大。张维迎和余晖[181,182]提出了委托代理关系中更为基本的问题：在一个特定组织中，谁应是委托人，谁应是代理人？或者说，委托权应该如何在不同成员之间分配？他的研究结论是：最优委托权安排的决定因素是企业成员在生产中的相对重要性和监督上的相对有效性。解决委托代理问题的另一种办法是利用潜在的代理人相互竞争，从而在代理人之间形成相互制约的机制。平狄克和鲁宾费尔德[183]认为可以建立委托代理框架中的激励机制，他们分析了通过设计利润分享安排和奖金支付制度，用于解决所有的委托代理问题，认为当直接衡量努力结果不可能达到时，奖励高水平努力结果的激励结构能够使代理人追求所有者设定的目标。

环境公共品供给过程中的居民与政府、政府与环保基金公司两两之间形成的委托–代理关系，必然面临着上述问题，即居民对政府的监督、政府对环保基金公司的激励和监督以及基本代理人和委托人谁更合理的问题。可见，如何设计激励机制成了环境公共品有效供给的核心环节之一。

11.2.2　机制设计框架

根据上述理论分析，在进行机制设计的时候，我们需要将居民、企业、政府以及环保基金公司一起作为行为主体进行分析，从传统的通过征收庇古税的政府供给模式拓展到全民一起参与环境治理，形成各司其职、各献其力，向着蓝天白云、青山绿水的共同愿景迈进。

1. 政府主导下的居民和企业共同参与环保的机制设计

我们将政府、企业和居民共同参与环境治理的供给模式称为政府主导下的居民和企业自愿供给模式，该模式和传统的政府供给模式不同，后者是政府作为唯一的供给主体，而前者的供给主体是全民（政府、企业和居民）。政府在两种供给模式中的角色完全不一样，在本书提出的政府主导下的居民自愿供给模式中，政府起到了引导和激励作用，负责制度设计保障以及对居民的代际公平承诺和兑现（基于公平的不完全合同设计）。

进行政府主导下的居民自愿供给模式机制设计时，最关键的问题是如何激励全民参与进来?

以生活垃圾处理为例，政府主导下的居民和企业共同参与环保的机制设计思路如图 11－1 所示。

本书在设计以上机制时，涉及了政府、企业、居民以及环保基金公司、社区分类回收部门、废品回收站以及再处理中心诸多部门，它们各自的责、权、利关系如下。

（1）政府

政府作为环境保护的主要承担者，在该机制设计中起到了很大的作用。它要负责整个机制设计及运营框架，同时对整体的环保事业起到监督作用；更为主要的，它分别与企业及环保基金公司签订契约，对企业征收污染费，迫使企业降低污染，另外以市场竞争的方式选拔环保基金公司，主要负责环保的运营，实现基本目标。

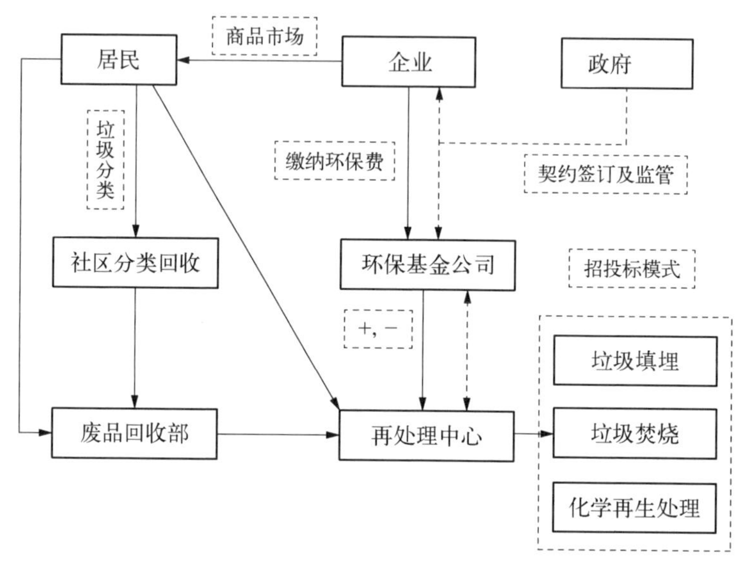

图 11－1 政府主导下的居民和企业共同参与环保的机制设计思路

（2）居民

居民一直处于“免费搭便车”的状态，但是基于对前期的收入、环保意识、环保行动的分析，政府可以激励居民参与：一方面，借鉴日本最初的垃圾收费思路，按照垃圾袋的大小实行不同的垃圾收费，激励居民减少垃圾量；另一方面，对于纸质垃圾、塑料品垃圾、玻璃制品垃圾等可以再循环利用的垃圾采取给予回收费的形式进行。也就是说，居民丢弃生活垃圾是需要付费的，同时“好”的垃圾是可以得到报酬的。

（3）企业

污染企业要对全社会负责，它只要开动机器生产产品，就意味着污染已经产生了。因此，在该机制设计中，企业一方面要向居民提供社会需要的产品，另一方面要向环保基金公司缴纳环保费用，承担自己的责任。

（4）环保基金公司

环保基金公司类似于一个平台，它是由政府通过市场竞争遴选出来的公司，它负责管理环保费并承担治理垃圾污染的责任，和政府签订契约，同时利用招投标方式选拔垃圾再处理中心，如果再处理中心对垃圾处理到位并能够给社会创造福利，就会奖励该垃圾再处理中心，“+”就代表奖励；如果垃圾处理不到位，没有达到预期目标，再处理中心就要缴纳费用给环保基金公司，“-”就代表需要向环保基金公司缴费。

（5）再处理中心

垃圾再处理中心主要负责生活垃圾的处理，他们必须通过科学验证什么方式最有利于公众？比如垃圾填埋、焚烧或者通过化学再生处理……该中心也是市场化运作的结果，由环保基金公司对社会实行招投标方式进行选定。

（6）社区分类回收部门

该部门主要是基于中国的现状提出的，相当于社区居委会等管理部门，当居民进行垃圾分类后，最便捷的就是将垃圾投放在本小区垃圾堆放点，并缴纳垃圾处理费。社区分类回收部门必须做好科学的垃圾分类指导（可借鉴德国或日本模式），合理进行垃圾分类。

（7）废品回收站

考虑到部分垃圾具有循环再利用价值，所以社区分类回收垃圾之后，可以进行再分拣，将不同类的垃圾卖给再处理中心。

以上政府主导下的居民和企业共同参与环保的机制设计，能够针对居民通过垃圾处理付费以及可回收再利用垃圾售卖获得报酬的方式激励居民减少垃圾污染，并促进绿色环保的回收再利用系统的运行，这种激励居民参与进来的环境公共品供给模式具有帕累托改进的效果。但是，它也存在弊端：该机制对于企业采取的手段仅是通过污染付费来进行的，并没有形成闭环的回路，也就是说，企业并不会因为该机制而大力研发技术，减少污染，除非处罚力度即缴纳环保费额度比较高（有学者已经利用成本收益对该方法进行过评估，认为从长远来看弊大于利）。

那么，该如何进行更为有效的机制设计才能将企业和居民的环保行为有效带动起来呢？

2. 代际视角下政府主导的居民和企业共同参与环保的机制设计

针对前面提到的机制设计中的优势和劣势，我们致力于如何将后续结果反馈给企业和居民，让这两大社会主体积极参与环境治理，形成环境公共品的有效供给机制。

在机制设计中，如何规避“免费搭便车”行为？委托代理关系中实行怎样的监督才有效？设计不完全契约时怎样降低道德风险和逆向选择？带着这些问题思考探索，结合之前理论及实证分析的结果，本书作者认为，作为污染源的企业和居民要分开讨论。对企业要进行庇古税治理，达不到国家标准的采取缴税或管制的行为，但是如果进行了技术改造，并能够给行业和社会带来收益（具有正外部性）的，就给予相应的激励。而对于居民来讲，一方面居民在生活中会产生诸如空气污染（比如汽车出行）、垃圾污染和水污染等，出于对环境公共品的真实需求难以获得，居民“免费搭便车”行为普遍存在，政府需要充分调研居民对于环境保护的付费意愿、影响因素等，设计合适的激励政策鼓励愿意主动进行环保支付的居民，考虑他们的利己动机和利他动机，保障这部分居民的利益；另一方面，政府需要出台措施引导和鼓励“免费搭便车”的居民也行动起来，充分考量他们的效用函数及目标，主要从他们的利己动机出发，激励这部分居民投入社会的环保事业。

基于以上各方的考虑，本书提出如图 11－2 所示的机制设计及政策研究思路。

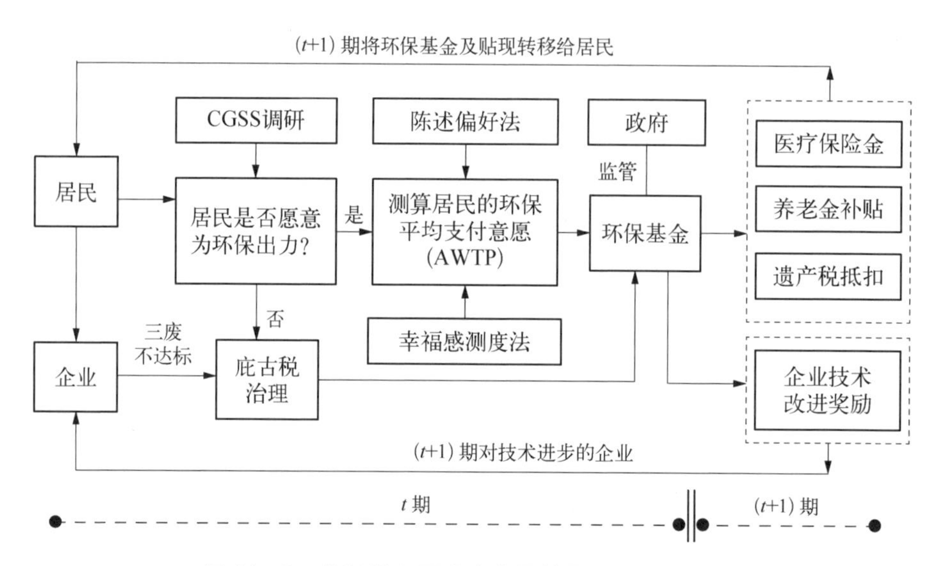

图 11－2　代际视角下政府主导的居民和企业共同参与环保的机制设计及政策研究思路

图 11－2 中存在四大主体，即政府、企业、居民和环保基金公司。为了更加有效地进行环境类公共品的有效供给，这四大主体根据自身的特点和目标各司其职。

（1）政府

在环保机制设计中，政府是最重要的主体，无论是宏观政策的制定还是微观环境的监督，政府有着得天独厚的优势。但是，如果由政府全权操作，就很容易导致社会力量参与不足、市场机会没有空间，所以政府参与的边界设定非常重要。在本书的机制设计中，政府主要负责制定政策措施、筛选和监管环保基金。一方面，政府对经济活动产生的环境污染进行规制；另一方面，在当前通过向污染企业征税的基础上，可以进一步激励企业和居民积极参与优质环境的“供给侧”。考虑到环境治理不仅是一个空间外部性问题，也是一个跨越时间的代际问题，政府在进行代际公共品的供给时，可以设计“代际契约”，具体如下。

对居民来讲，中国综合社会调查数据显示，有一半以上的居民愿意为优质环境多付费或缴税，政府可以根据幸福感测度法测算缴费基准，出台政策设立“环保基金”，中年期（t 期）愿意缴费的居民在老年期（$t+1$ 期）可以获得政府的补贴，补贴方式有多种，包括增加养老保险、增加医疗保险、遗产税抵扣等，这种“代际契约”可以激励居民积极参与环境治理，当然，对不愿意缴费的居民也不强求，可以转向“庇古税”的治理方案，但是不愿付费的居民在老年期（$t+1$ 期）就得不到相应的福利待遇。

政府出台针对企业的政策，除了鼓励其进行“内部化”空间外部性问题，更要激励其进行技术改进，这样不仅可以改善环境质量，也可以促进企业的资本积累，有利于经济增长。具体来说，当企业出现了排污不达标时（t 期），通过政府出台的污染税政策向企业征税，税收进入“环保基金”池，一旦企业进行了技术改进，企业生产有利于环保了，在 $t+1$ 期可以获得政府的奖励，这个奖励不一定是物质激励，可以给予一些优惠政策，比如说优先给予银行贷款，或政府为其进行信用担保等。

（2）企业

这里所说的企业主要是指产生污染的企业。由于政府环境规制肯定会减少企业的利润，所以从企业角度来讲，可能会出现向主管部门进行寻租的行为，或直接采取对抗措施，实行“上有政策，下有对策”的手段。无论如何，政府出台的政策必须做到“有法可依，执法必严，违法必究”，环保基金公司和居民一起进行监督，企业必须承担社会责任，按照政府的环保政策和制度缴纳治污费。同时，为了鼓励企业不断进行技术改进，实现产能升级，降低污染排放，政府在严控污染的同时要采取激励措施，鼓励企业因技术进步而实现的节能减排行为。有罚有奖，这样才有利于企业不断追逐更好的技术，污染治理也才会更加有效。

（3）居民

作为污染的受害者的居民最迫切希望生存环境日益改善。首先，为了规避“免费搭便车”行为，本书机制设计中区别了对环境保护进行付费和不作为的居民（即免费搭便车者）：在中年期能够对环境保护自愿付费的居民，可以在其年老时领取补贴，可采取增加医疗保险金或养老金的方式进行，补贴的费用要充分考虑贴现率问题，也就是说，从经济人利己动机出发，必须保障曾为环境保护自愿缴费的居民在年老时也得到应有的报酬；同时，建议提高这部分居民在诚信系统中的诚信分值。当然，也可以采取跨代享受措施，出于利他动机，这部分补贴也可以由环保付费者的子女享受（主要考虑到因意外或疾病死亡的情况）。

其次，由于居民的行为也会带来空气污染、水污染等，地方政府应该加大对绿色出行的宣传力度，并联合环保基金公司做好废水等的处理工作。只有居民的环保意识增强了，才会多主动选用公交系统出行、垃圾分类投放等行为。

最后，居民享有对政府行为、环保基金公司、污染企业等的监督权，随时可以向政府有关部门进行投诉或提出建议。

（4）环保基金公司

环保基金公司主要的职责就是将企业和居民缴纳的环保资金最大效率地用于环境治理，确保环保资金的有效运作。该公司一定是在竞争机制下被遴选出来的，这样可以确保公司运作的效率。它受到政府的监管，同时也处在居民的监督之中，政府可以根据不同地区、不同污染类型来遴选相互竞争的环保基金公司。

当然，该环保基金公司还需要承担对居民和企业的跨代补贴责任。由于居民在中青年时期出于利己和利他动机自愿交纳治污费，在老年时期，他们应该享受到补贴，环保基金公司需要根据之前签订的契约履约。对于企业来讲，如果技术改进了，污染企业从负外部性转变为正外部性，则需要进行奖励。

总的来讲，环境公共品的有效供给机制设计需要政府、居民、企业以及政府委托的环保基金公司合力进行，政府出台总的设计思路、政策及制度的“长期契约”执行保障，保证居民的代际契约能够贯彻到底，并遴选环保基金公司，确保基金能够有效运转，充分实现政府的政策目标；居民则不断提高对环保的认识，并且在政府政策的激励下有更多的居民显示自己对环境公共品的真实需求，自愿为环保付费；企业要承担“谁污染谁治理”的成本，同时由于政府对于新技术的奖励刺激污染企业权衡治理污染的成本以及技术改进的成本，激励企业采取新技术，进行绿色化生产运营。

可见，本书提出的代际视角下政府主导居民及企业自愿供给环境公共品的模式要运转起来，必须有配套的政策措施：一是政府的保障机制要到位，必须言而有信，兑现承诺；二是制定的政策要能够起到激励居民参与环保的作用。

11.3　代际外部性视角下居民参与环境公共品有效供给的对策

这些年来，国家不断加大对各类污染的治理力度，比如在“九五”计划中开始实施主要水污染物排放总量控制，“十一五”规划提出并完成化学需氧量（Chemical Oxygen Demand，COD）和二氧化硫（SO_2）排放量分别在 2005 年的基础上减少 10%的目标。“十二五”规划拟订了二氧化硫和 COD 的总量控制目标。2015 年，《国务院关于印发水污染防治行动计划的通知》提出：到 2020 年，全国水环境质量得到阶段性改善，污染严重水体较大幅度减少；到2030年力争全国水环境质量总体改善，水生态系统功能初步恢复。《“十三五”生态环境保护规划》明确提出，到2020年生态环境质量总体改善，确定了打好大气、水、土壤污染防治三大战役等七项主要任务；同时指出，“绿水青山就是金山银山”，“像保护眼睛一样保护生态环境，像对待生命一样对待生态环境”。

为了实现这些目标，本书提出了政府主导下居民自愿供给环境公共品的模式，该模式相对于现有的供给模式来讲，不仅让产生污染的企业承担社会责任，同时也激励了对洁净环境最急迫的需求方居民承担相应的社会责任，这样就形成了政府、企业和居民三方合力的治理模式。为了实现这些目标，政府必须有相应的政策保障机制。

11.3.1 政府必须摈弃短视，从长期政府①出发

史贝贝等[184]研究发现，环境规制对城市的经济增长具有显著的促进作用，并且该作用随着环境规制执行时间的推移而逐渐增强，在城市规模方面还具有累进式的“边际递增”效应，即城市规模越大，环境规制对经济增长的促进作用就越强。所以政府在制定相应环境保护政策时应考虑长远利益，摈弃短视，处理好长期利益与短期矛盾之间的关系，从长期政府角度考虑问题。

由于环境公共品具有的外部性问题，进行环境治理不仅有当代人“免费搭便车”的行为，更有受益者（后代人）缺位的情况，空间外部性和时间外部性结合在一起，使得环境治理问题显得极为困难。如果政府还是只根据任期内的时间来进行代际公共品决策，势必出现短视现象，比如更多地追逐在短期内带来能获得盈利的项目，只关注经济增长等有政绩工程的问题，这些都不利于环境治理。长期政府在中国是相对于一届政府五年期任职而言的，主要是指考虑问题从长远出发，能够兼顾可持续发展，不损害子孙后代的生存福利。只有具备了长远目光，环境公共品的代际外部

---

① 借鉴了Kotlikoff等[185]的说法，长期政府是相对于短期政府而言的，指的是政府要有长远的目光，兼顾当代人和后代人的利益考虑问题，设计政策措施时不能仅以任期内的GDP考核指标为准，要注意可持续发展的问题。

性问题才有解决的可能性。

但是在经济分权和政治垂直管理的特殊体制下，中国的地方政府往往表现为“对上负责”而非“对下负责”。Bardhan 等[186,187]认为，由于民主法治不健全等制度性缺陷，发展中国家的地方政府更容易被利益集团“俘获”，尤其是财政分权可能导致漠视普通居民需求、高估公共服务成本、滋生腐败等问题。我国的财政分权制度也导致了地方政府间的激烈竞争，使地方政府从“援助之手”变成了“掠夺之手”[188]，而且财政分权造成了地方政府“重基本建设，轻公共服务”的扭曲的公共支出结构[189]。另外，对于政府官员的评价机制往往是“唯 GDP”论，这样也直接导致了地方政府不重视环境公共品的供给，因为这些成绩并不会构成他们升迁的砝码。

针对当前存在的问题，结合本书提出的政府主导下居民自愿供给环境公共品的机制，我们建议中央政府改进对地方政府的考评机制，尤其是改掉之前“唯 GDP”论的评价指标，将环境破坏指标纳入政绩考核体系中，平衡地方政府在生态保护和经济增长之间的倾向[190]，提高环境保护和污染治理在绩效考核中的比例，将环境质量作为官员升迁考核的重要指标。只有建立了这样的长期政府，才有可能保障政府主导下居民自愿供给环境公共品机制的运行。

11.3.2　设计合理的“代际契约”，兼顾代际公平

由于环境公共品的供给要考虑空间外部性和时间外部性问题，因此对于具有污染的企业和有环保支付意愿的居民均要合理设计环保方案，对于企业，政府既不能放任其随意排污，也要采取鼓励研发新技术的策略；而对于居民，当代人就算心甘情愿为环保付费了，政府也应该对其后代进行弥补，这样才能有效激励更多居民自觉自愿为环保出力，解决“免费搭便车”问题。曾世宏和夏杰长[191]提出，基于政府主导的环境技术协同创新能够有效减小环境技术研发的交易成本，基于环境规制的强制性能够有效减少环境技术服务实施的执行成本，基于社区居民的公众参与性能够有效减少环境技术服务实施的监督成本。

1. 对污染企业的“空间外部性”和“代际外部性”问题采取政策组合使其“内部化”

一方面，对达不到国家“三废”排放标准的污染企业征收庇古税，这部分费用作为治理污染的“环保基金”之一。我国自2018年1月1日起，在全国范围内实施《中华人民共和国环境保护税法实施条例》，意味着运行38年的排污费制度退出了历史舞台。企事业单位排放大气污染物、水污染物、固体废物和产生噪声等都应缴纳“环保税”。

另一方面，对于采取了新技术、大大改善了环境质量的企业来说，政府应该给予奖励。奖惩分明，对技术进步的企业实行补贴，让企业有动力去改进，这种惩罚和补贴双管齐下的组合政策有利于产业结构升级换代，促进企业优胜劣汰，加速经济增长，这和李冬冬等[118]的研究结论一致。李沙沙和牛莉[192]的研究结论是，技术进步能够显著地减少本期二氧化碳排放，对节能减排有显著的作用。陈诗一[193]认为，大力发展洁净煤技术和清洁能源，并且鼓励开发新能源和可再生能源，从而可以调整能源消费结构以减少碳排放量。曾世宏和王小艳[194]研究认为，基于市场激励型的环境规制比基于控制命令型的环境规制对于激励企业的环境技术吸收具有更好的效果。

在具体政策中，对企业的激励作用不一定按照直接货币补贴的方式，可以集思广益，比如说可以给予这类技术进步的企业一些优惠政策，贷款审核给予缩短审批周期，或者直接提供绿色通道使之享有优先贷款权等。

2. 对居民采取“跨代补贴”的激励措施，促进代际公平

尽管调研结果有超过一半的居民不仅是出于自身健康的考虑，同时也是对后代的考虑，他们自愿交纳环保基金，但是如何激励更多的居民甚至全民参与污染治理，交纳了环保基金的居民比较关心如何保障这笔基金用到了实处，这些是政府要重点考虑和解决的问题。

策略上可以借鉴Kotlikoff等[185]“代际契约”的思路，t代人（中青年）交纳环保基金如果能够在$t+1$代（老年期）获得补偿，则以上的问题就不存在了。建议对于交纳了环保基金的居民，在其老年期给予补贴（代

际转移)，具体可进行养老金补贴或医疗保险补贴，也可以采用遗产税抵扣政策（如果征收遗产税的话）。总之，代际补贴的原则是要根据经济人的假设，让居民能够通过一生的消费及环境质量使得效用最大化，对中年时候自愿进行环保交费的居民在老年时应该进行贴现补偿，至少让其收益达到其机会成本。

Radner[175]已经证明了如果贴现因子足够大，使得委托人和代理人双方有足够的信心，那么最优风险分担和激励是可以实现的。这也就意味着政府是否信守承诺变得极为重要，年轻时候为环境污染治理付费的居民尽管有相当一部分是出于自愿，但是按照经济人的假设，单独依靠居民的自觉自愿是无法满足污染治理庞大资金需求的。就算是考虑了“利他动机”，Becker[35]也特别指出利他性指的是个体行为结果对他人有利，而实际上在动机上还是个体的自利性。所以政府在制定政策时，要充分体现出主导作用，通过“代际契约”将居民的成本和未来的收益明确化，增加居民的信心。

11.3.3　引入竞争性的“环保基金公司”，避免政府失灵

为保障政府主导下居民自愿供给环境公共品的机制有效运转，我们必须建立廉洁高效的服务型政府，利用不完全契约理论，将社会中各方的利益结合起来，这当中有一个重要的问题需要思考，就是居民和企业上交的“环保费”由谁管理，由谁支配使用。如果还是直接交给政府部门，那么之前我们讨论的政府失灵问题就无法规避。

关于这一问题，本书建议政府设立第三方机构“环保基金公司”，该公司可以通过竞争性方式选定，和政府建立委托代理关系，由政府委托其管理环保基金，负责基金的运作，拟定并实施环保治理方案，政府和居民、企业均可以实行监督。基金的主要来源则是居民自愿交付的环保费和企业缴纳的污染税。环保基金用于治理环境污染，同时也是作为 $t+1$ 期居民的“补贴”来源以及用于奖励技术改进，有利于环境可持续发展的企业。

此处考虑用市场的手段来建立“环保基金公司”，主要是希望该公司

能够有效率运转，避开政府失灵的情况。公司的运作走市场化路线，社会中的主体居民和企业是监督者，政府作为基金的委托者同时也是最后的所有者，要对基金最终的成本收益负责。

11.3.4 加强环保教育，普及环境保护的常识

侯小伏[195]指出，环境的公众参与包括多个方面：首先是参与政府环境事务的管理与决策，公众应该具有基本的环境知情权、参与权与诉讼权等；其次是指公民个人参与环境保护或实践低碳行为的态度与行为。

前面的论述已经发现，如果居民意识到环境污染问题的严重性，如果居民有良好的个人环保意识，如果居民能够有参与公益性环保活动的积极性，如果居民懂得更多的环保知识……那么，我们的环境保护将变得比现在容易得多，环境公共品的供给将会更加有效。

2010 年，中国综合社会调查特别提出了关于环保方式的问题："您认为以下哪种方式是中国的公众及其家庭保护环境的最好方式?" 出乎意料的是，仅有 24.27%的人选择了"重罚破坏环境的企业"，高达 38.37%的人选择了"向个人提供更多的关于保护环境好处的信息"，15.29%的人回答"无法选择"；关于另一个问题的调研，有 31.29%的人认为"我很难弄清楚我现在的生活方式是对环境有害还是有利"，而仅仅有 4.64%的人觉得自己完全清楚生活方式对环境有害还是有利。这些调研结果说明了一个问题：更多的居民希望获得更多的与环保有关的信息。

我国公众的环境意识、知识水平普遍偏低，公众参与环保活动的总体水平较低，参与方式单一。调查显示，只有当环境污染直接侵害了个人利益时，才会有较多的人愿意采取行动，即只有末端参与，预案参与、过程参与缺失，个人行为参与也很薄弱。大多数公众认为，环境保护只是政府的事。所以，我国应该大力发展环境教育，特别是社会性环境教育，在新闻媒体中增加环境教育的内容，丰富环境信息；公众通过"环境影响评价制度"参与环保的机制也有待落实。日本公众利用环境纠纷诉讼、手中的政治选票来督促企业和政府治理污染，这对我国也有借鉴意义。

据报道，2015 年，我国各级环保部门共建成环境教育基地 2 345 个，组织开展社会环境宣传教育活动 12 175 次，参与社会环境宣传教育活动的人数达到 3 034. 5 万人。政府可充分利用自媒体平台进行舆论引导和科普宣传，比如通过微信、微博等自媒体平台来进行环保知识的科普教育，同时也可以引导居民的正确舆论导向。我们正在加强环境保护知识的普及，只有人们的环保意识增强，环境保护的知识水平提高，才能将环保思想转变为保护环境的行动。

11. 3. 5　完善公众参与制度及信息披露制度

当前，我国关于制造业污染防控的公众参与制度包括信访、举报投诉、听证等制度。自 1993 年开始，我国相继出台环境评价及信访政策，鼓励公众参与污染治理。例如，1993 年 6 月，《国家环保局、国家计委、财政部、中国人民银行关于加强国际金融组织贷款建设项目环境影响评价管理工作的通知》提出，环境影响评价工作中公众参与的方式和途径主要是听证；2003 年 9 月出台《环境影响评价审查专家库管理办法》，明确专家挑选的随机机制，制定专家库的动态管理办法；2006 年制定的《环境影响评价公众参与暂行办法》，明确了公众参与环境影响评价的具体范围、程序、方式和期限。针对信访工作，1989 年的《中共中央办公厅、国务院办公厅关于进一步加强信访工作的通知》提出，完善环境信访月报制度，加强信访信息反馈和信访案件的督办。

公众参与是发达国家环境领域的一项基本原则，也是一项基本制度。国外学者将“公众参与”从政治领域引入社会管理领域，不仅在基础理论上做了许多突出的研究，如民主理论、公共选择理论、公共信托理论、环境权理论等，而且较早开始公众参与环境治理的全面实践。许多发达国家，如美国、加拿大，为了贯彻公众参与原则，以环境权为根基均确立了全面、完善的公众参与法律制度。

在我国，公众参与尚未确立为环保领域的基本原则，而且公众参与环境保护也缺乏基本的制度保障。但随着政府和社会对环境问题的关注度越来越高，公众参与环境保护的要求也随之提升，而且将群众通过有效合法的途径参与环境保护工作提到了维护社会公平正义、构建和谐社会的高度。

我国关于制造业污染排放的信息披露制度建立时间较晚，且主要针对上市公司。2005 年，国务院出台《国务院关于落实科学发展观加强环境保护的决定》（简称《决定》），指出企业要公开环境信息，对涉及公众环境权益的发展规划和建设项目，通过听证会、论证会或社会公示等形式，听取公众意见。需要指出的是，该《决定》对企业公开环境信息的要求并不是强制性的。2007 年，国家环境保护总局制定了《环境信息公开办法（试行）》，从政府与企业两个维度规定了信息公开的内容。其中，政府环境信息公开涉及公开的范围、程序与方式，企业环境信息公开包括环境信息内容与信息公开的时间。政府对自愿公开环境信息的企业予以奖励。2008 年，国家环境保护总局出台《关于加强上市公司环境保护监督管理工作的指导意见》，鼓励上市公司定期自愿披露其他环境信息，推动企业主动承担社会环境责任。

我们可以借鉴其他发达国家的信息披露制度。

其一是美国。1969 年，美国出台的《国家环境政策法案》规定了环境影响报告书及有关机构的意见应依据《情报自由法》对外公开。随后颁布的《国家环境政策实施程序条例》对信息披露进行了详细规定。20 世纪 80 年代，美国出台了《紧急计划与社区知情权法》《有毒化学物质排放清单》，公布国家“毒物释放总览”，首次向公众披露进入空气、水、填埋场以及运到企业外地点的 300 多种危险物质的排放处理信息。1996 年，美国制定了《电子化信息公开法》，规定政府应该披露环保等行政信息。

其二是日本。其环境信息披露的重点在于技术与数据、环境政策、环境行为及成效三个方面。针对环境技术信息与环境政策的披露，日本政府在大气污染治理、水质改良、污染物处理等方面进行技术援助、技术交流与协作等，将技术信息部分公开化；通过互联网将环境技术与政策公开化；政府通过公告让民众及时了解环境政策，以及中央、地方政府、企业的环境行为与成效。

其三是德国。德国的环境污染信息披露在《环境信息法》中得到体现。该法明确界定了环境信息的概念，并规定公众的环境知情权与政府披露环境信息的职责，环境信息披露的内容，以及公众申请获得环境信息的程序、经费等内容。信息披露涉及水域、空气、土壤等。

只有完善了公众参与制度和信息披露制度，我国的公共产品供给才能有效进行。

11.4　本章小结

我国越来越重视生态环境的保护。比如，《"十三五"生态环境保护规划》明确规定：国务院各有关部门要各负其责，密切配合，加大资金投入，加大规划实施力度。建立规划实施情况年度调度和评估考核机制，在 2018 年和 2020 年年底，分别对规划执行情况进行中期评估和终期考核，评估考核结果向国务院报告，向社会公布。尽管如此，但因环境公共品和其他一般公共产品（这里主要指仅仅具有空间外部性的公共品）相比，它的治理难度更大，环境公共品具有典型的代际外部性，故而导致它的治理主体缺位。我们在政策研究中要充分考虑代际契约问题。

合理的制度设计和可信的"制度承诺"在很大程度上能够提供个人和组织对未来收益的稳定预期。本书基于不完全合同理论提出的"长期政府"相当于给居民一个可信的承诺；"代际契约"中的跨代补贴政策能够保障居民预期收益的可兑现性，对污染企业的"空间外部性"和"代际外部性"问题采取政策组合使其"内部化"。这些政策能够激励居民和企业的创新行为，解决公共产品供给中的低效率问题，降低私人和组织的生产成本与交易成本。

本书提出的"环保基金公司"独立于政府，受居民和政府的监督，是按照市场化运作的第三方环保公司，引入它不仅利于规避政府失灵，同时也能通过市场竞争提高效率。

公共产品的供给机制有效运转，一方面依赖于合理的制度设计，另一方面依赖于对制度的可信承诺，增加制度非遵从的惩罚成本，减少制度的脆弱性。可见，政府主导下激励居民和企业共同参与的环境公共品供给机制，必须将各方协调整合，使其各负其责、利益共享，基于代际公平的视角制定各类政策，才能确保该机制有效运转。

第 12 章　我国居民参与环境公共品供给的路径

居民参与环境治理可以有多种模式，以个体或家庭身份参与、通过媒体发声，或者以环境 NGO 的形式参与等。以各种不同的身份参与环境治理的主体指的是能够参与并作用于社会发展的基本单元，包括自然人、法人（社会组织、党政机关事业单位、非政府组织、党群社团、非营利机构、企业等）以及媒体等，我们将这些基本单元统称为居民参与。

环境治理是一个系统工程，而居民参与在环境治理中发挥着重要的“协同”作用，是提升环境治理绩效和水平的重要建构性力量。

12.1　居民作为环境供给侧的意义

由于政企博弈、体制障碍等方面的现实原因，建立在命令—控制基础上的一整套环境治理措施的效果并不显著。近年来的大量事实已经表明，环境治理中的居民参与发挥着越来越重要的作用。

这与环境污染问题切实影响居民生活从而唤醒居民的环保意识密切相关，但这种唤醒引发的居民行为和群体行动可能有正反两个方向上的复杂影响，其背后的深层次动因值得关注。

环境污染使得居民的环保意识发生了巨大改变，越来越多的居民开始怀疑政府提供公共物品的可靠性，甚至政府作为公共物品供给者的合理性，传统的共识受到挑战，即清洁环境不再是经济增长的副产品，而是与技术创新或文学创作等一样，是保障人们安居乐业的重要基础。尽管说居民参与环境治理具有良好的推动作用，但是一旦居民参与环境治理的方式不当，将引发社会问题。由“政府、社会组织、居民、传媒”等多方力量形成监督制约的平衡机制对防范群体性事件显得异常重要。而真正的治本之策是构建政企环境责任协同的机制，其中，调动和发挥居民推进政企环境责任协同并建立相应的机制无疑重要而迫切。

由居民联合提供环境公共品，成为公共物品数量的决定者而形成合作治理，也是有效解决环境污染的方法。学者们强调，有关环保工作的重点是必须考虑居民意愿。居民认知转变对环境治理具有积极推动作用。只有拓宽居民参与绿色发展的渠道，充分考虑居民认知状态及环境治理的成本投入，才能有效进行环境治理。积极构建居民与社会组织共同参与的多元主体环境协同治理体系，是保障环境质量提升的必然选择。

居民参与环境治理的方式不当，将引发社会问题。2007 年厦门市的“集体散步”事件，2011 年大连 PX（对二甲苯，Paraxylene）事件，2012 年以后四川什邡市宏达钼铜项目群体性事件、江苏启东市民反对污水排海工程群体性事件、云南昆明市民反对中石油的 PX 炼化项目等影响广泛的环境群体性事件，标志着中国进入了“环境敏感期”。冯洁等提出环境群体性事件同违法征地拆迁、劳资纠纷一起，成为造成群体性事件的“三驾马车”。

环境群体性事件的频频发生，需要重点研究其背后的原因。一是由于我国缺乏积极有效的居民环境参与机制；二是从居民角度看，居民认为政府和企业是同盟，他们觉得群体性事件才能迫使污染企业和政府满足居民提出的环境诉求；三是提出了政府官员“先发展后治理”的观念和现存的环境法律体系不完善所导致的问题。可见，形成“政府、社会工作组织、居民、传媒”相互监督制约的平衡机制对防范群体性事件显得异常重要。

12.2　居民参与环境公共品供给的作用及障碍

俗话说“众人拾柴火焰高”，如果全民共同参与环境治理，一切困难将迎刃而解。

12.2.1　居民参与环境公共品供给的作用

1. 有利于促进政企环境责任协同的社会共治机制

如何突破传统的“政府管制”“市场机制”和“自愿组织自治”的环境管理模式，消除“只有政府才能管理，只有政府才能管好”的政府本位思路，实现政府在环境治理上的机制创新研究？

居民参与环境治理，有利于考察政府治理、政企治理以及居民参与的多种现实途径与方案，分析各自的利弊，有助于我们探索吸纳居民个体、协会、社团等社会力量与自愿组织参与的有效形式，特别是探索如何从制度设计上激励社会力量参与环境公益品建设。居民参与环境治理，有助于深入探讨刚性环境治理（行政审批、行政许可和行政处罚等方式）与柔性环境治理（行政指导、行政劝告和建议、行政合同、行政奖励和行政资助等环境治理方式）的各自边界和具体衔接模式。刚性环境治理主要是指以法律强制力为保障，由政府利用公权力予以实施，比如限制贷款等；柔性治理中比如强化绿色教育或者普及科学知识以提高居民环境意识等，重点是引导居民从“被动环保”走向“主动环保”，引导社会组织从“消极对立”走向“积极协同”。探索“多（跨）部门协作”机制或设立“环境综合服务管理”机构的具体可行途径，以优质环境为环境治理目标，环保、工商、税务和教育等机构跨部门工作，突破部门分立、权限分散的流弊，为政府真正做到服务与治理并重、寓治理于服务提供参考方案。

2. 有利于促进政企环境责任协同的社会监督机制

经济增长与环境保护走向双赢，建设生态文明和“美丽中国”，不仅需要“绿水青山就是金山银山”的理论指导，更加需要“我的环境我做主”的居民参与精神作为实践支撑。

居民作为环境保护的一大主体必须参与到环境治理中来，在环境治理面前，人人都是参与者，但是由于目前我国居民参与环境治理的机制不完善，没有有效的社会监督机制。目前我国政府的环境信息公开不全面、不及时、不准确，大多数污染企业不愿意公开数据。只有有效发动社会力量参与，打破中国环境治理中“政府主动、企业被动、居民不动”的原有格局，激励居民、社会组织、媒体、环境 NGO 等齐心协力，与政府和企业互相制约监督，才能取得更大的成效。

12. 2. 2 居民参与环境公共品供给的主要障碍

1. 体制障碍

体制因素是影响环境治理的绩效和成败的关键所在。政府主导、多方参与和有效互动的创新性体制机制的形成与有效运作，离不开政府部门和社会各有关利益群体在思维观念、价值取向和行为立场上的转变，但更离不开一种健全的有保障的体制。

对于政府而言，它面临着如何从传统治理模式的“更多地关注公平”到“公平与效率兼顾”，从“过程取向”到“结果与过程导向”，从“行政化取向”到“市场化取向”；而从制度层面上说，要扭转单一权威主体到多元化主体结构的转变；最主要的是在操作层面上，需要从命令控制手段为主、经济手段为辅的方式扭转为平等沟通、规劝和志愿性等手段。树立“管理即服务”的思维理念以及践行“以人为本”的执政理念和科学发展观。

对于企业和工厂而言，面对如何培育起社会责任感、履行对环境质量基本义务的问题，更要转变环境治理从“以治为主”到“以防为主”的理念；对于居民而言，环境治理的参与意愿、环境治理的参与表达和环境治理的参与权利有限，环境意识尚处于发展阶段，尚未成为一种内化意识。目前，居民面临如何主动参与环境治理的问题；对于社会组织而言，面临法制思想和规则意识的建立以及综合素质提升的问题。这方面的研究，需要探索社会各有关利益群体沟通合作、协商对话和建立伙伴关系的实现途径与方式，分析不同群体之间形成某种共识和共同目标的前提、基础和具体条件，使政府、企业、居民和社会组织形成四位一体，达到开放平等、相互制衡以及和谐互动的关系。

2. 居民自身的环保意识障碍

中国综合社会调查曾进行了一项关于居民环保活动的调研，内容涉及居民的环保行为，比如垃圾分类、自带环保购物袋、重复利用塑料袋等；也有环保意识问题，比如与亲戚朋友讨论环保问题、积极参加政府和单位组织的环境宣传教育活动、主动关注新闻媒体报道的环保问题、积极参加要求解决环境问题的投诉上诉等；还有环保行为的主观能动性等，比如为环保捐款、自费种树等，详细见表 12－1。在表 12－1 中，我们可以看到总样本量为 11 438 人，在 10 个问题的回答中明显可见，仅有一个问题“对塑料包装袋进行重复利用”回答“经常”的比例达到 49. 25%，其次是“采购日常用品时自己带购物篮或购物袋”问题，回答经常的占到 39. 46%，另外 8 个问题回答“经常”的占比都非常低，而且大多数问题的答案都是“从不或偶尔”。可见，居民要参与到环境保护中来，其环保意识是需要关注的重点。

表 12－1　居民的环保活动统计

序号	活动或行为	经常		从不或偶尔		其他（拒绝或不知道）
		人数	占比/%	人数	占比/%	占比/%
1	垃圾分类投放	1 404	12. 27	10 012	87. 53	0. 19
2	与自己的亲戚朋友讨论环保问题	876	7. 66	10 534	92. 10	0. 24
3	采购日常用品时自己带购物篮或购物袋	4 514	39. 46	6 899	60. 32	0. 22
4	对塑料包装袋进行重复利用	5 633	49. 25	5 776	50. 50	0. 25
5	为环境保护捐款	225	1. 97	11 181	97. 75	0. 28
6	主动关注广播、电视、报刊中报道的环境问题和环保信息	1 459	12. 76	9 949	86. 98	0. 26

续 表

序号	活动或行为	经常		从不或偶尔		其他（拒绝或不知道）
		人数	占比/%	人数	占比/%	占比/%
7	积极参加政府和单位组织的环境宣传教育活动	452	3.95	10 953	95.76	0.29
8	积极参加民间环保团体举办的环保活动	270	2.36	11 133	97.33	0.31
9	自费养护树林或绿地	436	3.81	10 982	96.01	0.17
10	积极参加要求解决环境问题的投诉、上诉	174	1.52	11 237	98.24	0.24
总人数 11 438						

数据来源：根据 CGSS 2013 年 B22 调研问题的回答整理归纳。

12.3 居民参与环境公共品供给的对策研究

12.3.1 居民参与环境治理需要梳理的问题

“绿水青山就是金山银山”，国家已经全面打响“蓝天、碧水、净土三大保卫战”。为确保胜利，构建政企环境责任协同机制无疑至关重要，其中，参与环境治理的社会力量主体有哪些？社会组织、居民（包括专家）、媒体在参与环境治理中应该承担怎样的角色和功能？如何激励社会组织及居民共同参与到环境治理体系中来？如何使社会力量起到推动政企环境责任协同机制构建的重要作用？这是本研究努力的目标。围绕该目标，该部分内容着重厘清以下具体问题。

1. 参与环境治理的社会力量主体有哪些？各承担怎样的角色和功能？

目前社会环境治理的参与主体主要是政府和企业，在传统的环境治理模式下，政府一般为单一中心和主体，其他社会主体仅是被管理者和命令执行者。依 Samuelson 的理论，环境治理所提供的清洁空气、清洁水源和清洁土壤等环境物品是一种纯公共物品。由于环境的公共物品属性，其“免费搭便车”行为不可避免，参与环境治理的社会力量主体有哪些？社会组织、居民（包括专家）、媒体在参与环境治理中应该承担怎样的角色和功能？这是该研究首先要厘清的现实问题。

2. 居民等社会力量参与政企环境责任协同机制的模式选择

环境治理演变的历程中有较为典型的三种治理模式：第一种是以庇古税为制度安排的政府管制模式；第二种是基于科斯定理作为制度安排的市场治理模式；第三种是以环境公民社会理论作为制度安排的志愿治理模式。但实践表明，由于环境问题的复杂性，政府管制失败、市场调节失灵和社会志愿失效相继在环境治理中出现，作为对环境质量关注最迫切的主体——居民、社会团体、自愿组织等社会力量——参与环境治理的模式需要重构，社会的环境治理需要一种新型的公共治理模式。社会共治模式如何构建？社会力量如何参与进来？这些是本研究要解决的核心问题。

3. 社会力量构建怎样的渠道以实现对政府与企业环保行为的有效监督

社会组织、居民、媒体在参与环境治理过程中，应通过何种方式披露政府与企业的有关环保信息？如何确保环保信息的准确性、及时性和有效性？各大社会力量主体应该发挥什么样的作用？各主体在监督过程中如何促进政府以及有关企业的合作治理？

4. 社会力量保障环境责任协同机制的实现路径及对策

如何激励居民、社会团体、自愿组织等社会力量参与环境治理，和政府、企业一起成为环境责任协同的主体并成为协同机制的核心要素？如何设计机制因子，增强居民在环境治理协同中的责任意识，培养居民的主人翁意识？社会力量可以通过哪些机制、途径参与到政企环境责任协同中？这是本研究要突破的对策问题。

12.3.2　居民参与环境公共品供给的路径探索

1. 促进环境公共品供给的主要模式

该研究主要涉及如何突破传统的“政府管制”“市场机制”和“自愿

组织自治”的环境管理模式，消除“只有政府才能管理，只有政府才能管好”的政府本位思路，实现政府在环境治理上的机制创新，建构社会组织和居民、媒体等参与政企环境责任协同的“合作共治模式”。

合作共治模式作为一种综合性的社会公共事务治理方式，其主体呈现出多元化的趋势，除了政府、公共机构以外，非政府组织、营利性/非营利性组织、民间组织、私人团体、居民等都可以参与治理，作为公共治理的共同主体，即“合作共治”。其基本特征如下：第一，多主体参与下的伙伴关系；第二，注重结果与居民导向；第三，注重契约与市场关系；第四，结构上呈现为一种扁平的网络化治理体系；第五，强调民主化，注重居民参与。由此，公共治理以及在此基础上的“合作共治”为社会力量参与环境治理提供了重要启示。

（1）探索居民从被动环保到主动环保的路径

通过教育宣传、强化绿色教育或者普及环保科学知识，以提高居民环境意识，引导居民从“被动环保”走向“主动环保”。建议学校从幼儿园开始就设置与环保相关的课程，真正做到教育先行，让孩子从小有环保意识和行动；积极发挥社区居委会的宣传作用，分地区实行居民环保积分制度，比如垃圾分类、菜场购物自备环保购物袋等，这样的绿色行为可奖励环保积分，相应的积分可用于置换生活必需品等，这样可激励大部分老年人自发参与到环保队伍中来；对于中年人则可将环保行为与诚信积分挂钩，积分有正有负，可以将该诚信积分与个人信贷审批、出国签证、孩子入学择校等挂钩，甚至抵扣机动车扣分行为。

（2）探索社会组织的无序参与到有序参与的机制

社会组织在环保宣传与环保教育、参与环保政策、监督环保行为等方面发挥着重要作用。一方面，要积极促进环保组织的发展，放松对于环保组织在行政审批等方面的管理，加强对于环保组织资金等方面的支持，为其提供更为广阔的发展空间；另一方面，为避免当前的环境群体性事件，处理各种利益冲突和矛盾等，可以通过构建地方的多元主体环境协商对话平台，采取联席会议模式，使得各环保社会组织能够充分沟通信息、表达利益诉求，以求制定统一规划等。这样确保环保组织有序、文明地参与到环境治理中来。

（3）探索媒体发布可靠信息的制度设计

媒体作为特殊的组织，在环境治理中有着独特的优势和作用。一方面，要不断地开放新闻自由权利，促进新闻媒体的监督、引导和传播力量，加强新闻媒体在信息传播、信息公开等方面的中介作用；另一方面，要建立健全新闻行业规范，对新闻炒作、虚假宣传等现象要进行有效的惩处和治理，引导新闻媒体在治理过程中提供准确、有效和及时的信息。

2. 居民参与环境公共品的监督机制

我国生态环境监管方式之前一直是以政府监管为主，为了让污染企业自我约束机制变得更加健全，实现全社会从“要我守法”到“我要守法”的质的飞跃，就必须加强社会监管。居民参与环境治理重要的一环就是促进并完善社会监督机制。

（1）建立企业环境信息披露的渠道

建立鼓励居民、媒体、环境 NGO 等社会组织督促企业环境信息的披露制度。加强居民及社会组织在企业项目环境评价、企业项目投产建设以及末端污染排放和治理等企业全生命周期过程中的社会监督，促进企业自觉履行环境责任。

（2）完善扩大环境信息公开主体的机制

引进社会力量扩大环境信息公开的主体，改变我国目前只有省级以上政府环保部门才能定期以公报的形式进行环境信息公开的现状，确保环境信息的完整性，让所有的企业都处在监管之下，做到信息对称。另外，在企业项目环境评价过程中，社会力量通过督促政府采取听证会、座谈会、专家论证会等形式介入监督。

（3）搭建环境信息共享平台的方式

充分发挥媒体等社会力量的作用，监督政府部门构建环境网络信息平台，搭建地区间的信息通报制度，及时就最新的各类污染和环境信息进行通报沟通、加强地区之间的协作，促进全国范围内的信息实时共享。

3. 居民促进环境公共品有效供给的实现路径

在中国单一制政府的压力型体制下，制度创新的空间有限，借助前面识别的居民参与环境责任协同的渠道和机制的障碍，提出有针对性的政策建议。作者拟从以下角度进行差异化政策研究。

（1）找准定位、理顺关系，政—企—社在环境治理中的“三方联动”

充分理解与定位政府、企业与社会在环境治理中存在的差别化的责任与功能，并注重区域与空间的差异性。关键是形成政—企—社三者之间的联动机制，继而在此基础上整合形成参与环境治理的“组合力”。居民参与环境治理的路径中，只有汇聚政府的力量、科学的力量、制度的力量和民众的力量，深入推进理论创新、实践创新和制度创新，彻底突破集体行动困境，大力构建居民和社会组织共同参与的政企环境责任协同治理体系，结成最广泛的环保统一战线，才能加快形成“同呼吸，共奋斗”的全民共治格局。

（2）协同共治，居民的组织化参与路径

第一，从“被动”到“主动”的公共参与。通过组织化的居民参与来克服居民个体参与的无序性，主要路径有：配置居民参与过程中的信息供给制度以夯实居民参与的基础，确立居民参与的政府回应与司法救济机制以提升居民参与的有效性。

第二，从“无序”到“有序”的社会组织参与。一是充分培育与孵化环保性质的社会组织以及各类 NGO，扩大社会组织的发声主体；二是搭建各类平台、畅通渠道，让社会组织充分参与环境治理的各个流程和环节，实现全流程参与；三是不断加强社会组织与政府以及企业的合作，实现对原子化状态居民的组织功能，继而形成环境治理的积极的建构性力量。

第三，从“批判”到“建设”的媒体发声。充分发挥自媒体时代的网站、微信以及客户端等各类新兴媒体在环境治理中的积极建设性力量。不仅要主动积极发声，将媒体力量吸纳到环境治理中来，也要主动建构，影响和塑造公民的环保意识、社会组织的公信力以及进行政府的政策宣导，营造良好的环境治理的舆论氛围，为“三方主体”参与环境治理、形成合力提供舆论支撑。

（3）分类施策，制定居民参与的差异化政策

对全国进行不同的区域（城市）划分，根据不同地区（城市）的经济发展程度和环境治理压力进行系统的调研，在此基础上梳理、概括相应的突出问题和典型特征，并根据不同地区（城市）教育水平、公民成熟度、居民认知水平、社会力量参与环境治理的意愿及能力等的不同，遵循以人为本、因地制宜、因时制宜等原则，采取不同的应对之策和机制设计。

12.3.3　居民参与环境公共品供给存在的问题

1. 全国各地居民的环保观念及意识不完全一致

由于经济收入、经济发展模式以及受教育程度方面的不同，居民对于环境保护的态度和行为存在差异性，简单地说，收入越高、受教育程度越高的居民，其环保的积极性和实际行动会更加突出。表 12－2 对居民的环保支付意愿进行了问卷调研，统计结果明显可见：对于问题“为了保护环境，您在多大程度上愿意支付更高的价格”，选择“非常愿意”和“比较愿意”这两项的比例在全国占到了 42.32%，而在上海占到了 48.4%，比全国水平高出 6 个百分点；而对于问题“为了保护环境，您在多大程度上愿意缴纳更高的税”，选择“非常愿意”和“比较愿意”这两项的比例在全国占到了 32.93%，而在上海占到了 34.4%，比全国水平也高出近 2 个百分点。

表 12－2　居民对改善环境的支付意愿统计　　单位：%

问题表述	为了保护环境，您在多大程度上愿意支付更高的价格		为了保护环境，您在多大程度上愿意缴纳更高的税	
备选项	全国	上海	全国	上海
非常愿意	8.50	7.64	4.58	5.10
比较愿意	33.82	40.76	28.35	29.30
既非愿意也非不愿意	18.33	19.75	18.85	21.02

续 表

问题表述	为了保护环境，您在多大程度上愿意支付更高的价格		为了保护环境，您在多大程度上愿意缴纳更高的税	
不太愿意	23.01	10.83	27.89	22.29
非常不愿意	7.05	9.55	8.71	10.19
无法选择	8.85	11.46	10.19	12.10
样本量	—	—	3 672	157

数据来源：根据 2010 年 CGSS 数据计算整理。

从以上的调研统计数据可见，像上海这样的城市，由于经济发展速度相对更快一些，其居民整体受教育程度比全国居民的整体受教育程度也高一些，他们更加关心环保问题，无论是环保行为还是环保观念都是较为领先的。

图 12-1 对比显示了三大一线城市——北京、上海和广州——的居民对于环保的支付意愿，与全国水平相比，这三大城市的居民为了环境改善愿意支付更高的价格。数据分析中，广州居民的支付意愿最为强烈，北京和上海差不多，但是都远高于全国居民的平均水平。

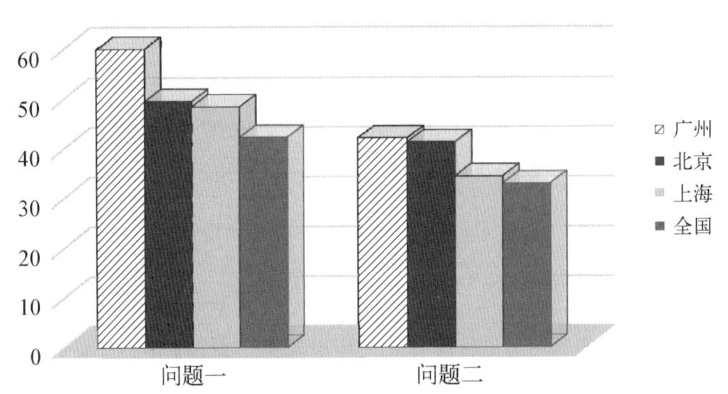

问题一：为了保护环境，您在多大程度上愿意支付更高的价格
问题二：为了保护环境，您在多大程度上愿意缴纳更高的税

图 12-1 北京、上海、广州和全国居民对于环境保护的支付意愿对比

表 12-3 罗列了有关环保的 4 个问题，主要调查居民在平时生活中的环保意识，表 12-4 是针对 4 个问题的调研结果。对于第 1 个问题“您经常会特意将玻璃、铝罐、塑料或报纸等进行分类以方便回收吗?”，上海居民回答

"总是"的比例为 25.48%，全国则只有 11.93%，上海居民回答"经常"和"有时"的比例也远远超过了全国水平；后面 3 个问题的回答统计结果和第一个问题比较一致。可见，上海居民的环保意识明显高于全国平均水平。

表 12－3　上海市居民环保意识相关问题

问题序号	问题具体表述
1	您经常会特意将玻璃、铝罐、塑料或报纸等进行分类以方便回收吗？
2	您经常会特意为了保护环境而减少居家的油、气、电等能源或燃料的消耗量吗？
3	您经常会特意为了环境保护而节约用水或对水进行再利用吗？
4	您经常会特意为了环境保护而不去购买某些产品吗？

表 12－4　居民的环保意识统计分析　　单位：%

回答问题选项		总　是	经　常	有　时	从　不	居住地无回收系统
问题 1	全国	11.93	19.72	23.75	17.35	25.88
	上海	25.48	18.47	22.93	14.65	
问题 2	全国	9.86	22.41	39.79	25.77	
	上海	21.66	24.20	35.67	18.47	
问题 3	全国	17.21	31.54	33.82	15.94	
	上海	31.85	29.94	26.11	12.10	
问题 4	全国	7.30	15.69	41.07	33.61	
	上海	16.56	21.66	38.22	21.66	

资料来源：根据 2010 年 CGSS 数据整理计算得出。

图 12－2 对三大一线城市——北京、上海、广州——与全国居民的环保意识进行了对比研究，图中所展示的数据是对表 12－3 的 4 个问题回答"总是＋经常"的比例的显示，我们可以从中看出，这三座城市居民的环保意识均高于全国平均水平，尤其是北京居民，他们对于 4 个问题回答"总是＋经常"的情况均占据第一位，可以看出北京居民的环保意识及环保行动是很强的。

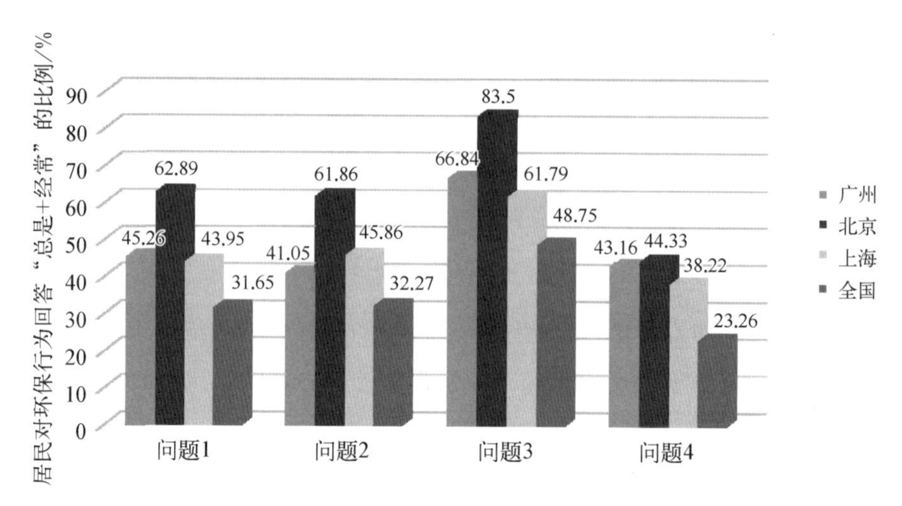

图 12－2　北京、上海、广州和全国居民环保意识对比

表 12－5 进行了上海居民的环保行为和全国居民的环保行为的对比。从数据来看，上海居民的实际环保行为也优于全国水平，特别是在自带环保购物袋和重复利用塑料袋这两项，上海居民的环保行为是可圈可点的。对于垃圾分类投放这一项，由于调研数据是 2013 年的，当时居民社区基本上没有垃圾分类投放箱，所以在这一项上上海低于全国水平，不过从上海执行垃圾分类政策之后，这个数据会具有明显优势。

另外，北京居民对于以上 3 个问题回答是“经常”的比例为：垃圾投放分类 17.09%，采购日常用品时自己带购物篮或购物袋 47.47%，对塑料包装袋进行重复利用 55.06%。这三个数据均高于全国同类问题的比例。广州居民的情况也类似。

表 12－5　上海和全国居民的环保行为统计　　单位：%

回答选项	垃圾分类投放		采购日常用品时自己带购物篮或购物袋		对塑料包装袋进行重复利用	
对比	全国	上海	全国	上海	全国	上海
从不	55.12	53.69	24.17	21.37	18.72	16.03
偶尔	32.41	38.68	35.14	32.32	31.78	26.97
经常	12.27	7.63	39.46	46.06	49.25	57.00

资料来源：根据 2013 年 CGSS 数据整理计算得出。

以上无论是单独采用上海的数据和全国进行对比，还是用北京、上海、广州三大一线城市的数据来进行分析，我们都发现这些经济相对发达、移民较多（意味着整体上居民受教育程度更高）的地区，居民的环保意识更强、环保行为更加突出，这就为我们所提出的分阶段分批进行递进式的环保“改革”提供了重要的佐证。

2. 模型估计不同地区的居民环保支付意愿

表 12－6 通过将上海和全国进行模型估计对比，被解释变量为“居民的幸福感”，和第 8 章是一样的，用的是综合社会科学中的等级数据，被访者对自身幸福感的评价为“很不幸福”为 1，“比较不幸福”为 2，“居于幸福与不幸福之间”为 3，“比较幸福”为 4，“完全幸福”为 5。通过回归分析，我们发现，无论是全国居民还是上海居民，NO_2 对幸福感的影响为负，收入对居民的幸福感影响为正，这和之前的模型结论一致，根据之前的幸福感测度法计量居民的支付意愿。

表 12－6　基本模型的估计结果

被解释变量	主观幸福感			
	模型 1（上海）	模型 2（上海）	模型 3（全国）	模型 4（全国）
NO_2	-11.69* (0.065)	-7.38 (0.028)	-2.23*** (0.000)	-1.254** (0.0610)
家庭收入的对数	0.054*** (0.000)	0.056*** (0.014)	0.0626*** (0.000)	0.043*** (0.003)
健康状况				0.313*** (0.012)
受教育年数		-0.0084 (0.006)		0.0117*** (0.002)
男性				-0.060*** (0.012)
城镇住户				0.027** (0.014)
观察值	1066	1057	25655	19414
R^2	0.014	0.035	0.043	0.053

注：*、**、*** 分别表示在 10%、5%、1% 水平上显著，括号内数字表示标准差。

在这里，我们还要关注一组数据：上海居民和全国居民进行对比，他们对于环境公共品的支付意愿一样吗？如果不一样，孰大孰小？

根据第8章的公式（8－4），测算出模型1和模型2中上海居民对于环境保护的平均支付意愿均高于3 000元，模型3中全国居民对于环境保护的平均支付意愿为1 472.70，模型4中结果为1 205.62。通过比较明显可见，上海地区居民的环保支付意愿比全国平均水平高，结合之前调研的结果，上海市居民的环保意识和环保行动均较全国高出很多个百分点。这样就给了我们一个启发：可以在类似于上海这样的地区优先采取居民参与公共产品供给的模式。

12.3.4 因地制宜，渐进式引导居民参与环境公共品的供给

在本书前面内容的研究中，我们通过模型推论，已经得出结论：收入越高的家庭的环保支付意愿越强，受教育程度高的居民更愿意为环保多付费，有孩子的家庭也更愿意为环保出力，城镇居民更愿意支付治污费。

1. 环境公共品供给渐进式“改革”的原因

在本章内容中，我们对比研究了一线城市北京、上海、广州和全国平均水平的一系列数据，包括居民的环保意识、实际环保行动、环保支付意愿，可看出一线大城市居民对于环境保护及其治理的支持力度远高于全国平均水平。我们在模型估计中，通过幸福感测度法也发现了上海市居民的环保支付意愿远远高于全国水平。尽管从全国来看，激励居民参与到环境保护的队伍中肯定能够事半功倍，但是鉴于我国经济发展不均衡，沿海和内陆的差距明显存在，让有些还在努力追赶小康社会的居民优先考虑环境付费显然是不太现实的。

2. 分阶段引导居民参与环境公共品供给

习近平同志在十九大报告中强调，中国特色社会主义进入新时代，我国社会主要矛盾已经转化为人民日益增长的美好生活需要和不平衡不充分的发展之间的矛盾。一方面展现了我国居民向往“美好生活”（包含对高质量环境的追求），另一方面也强调了我国地域之间发展的不平衡，根据现实情况，建议分阶段鼓励居民自愿参与环境公共品的供给。让经济发达的地

区率先运行，国家可以规划时间进度表，将绩效明显地区的模式进行推广，一线城市取得成效之后再推广到二、三线城市，然后再推广到全国各地。这样一种渐进式的改革对当前的中国来说应该是一种不错的选择。

比如我国长江三角洲（简称“长三角”）地区，是以上海为龙头，与江苏、浙江、安徽等构成的经济带，是我国第一大经济区，是国家定位的我国综合实力最强的经济中心、亚太地区重要国际门户、全球重要的先进制造业基地，更是我国率先跻身世界级城市群的地区。长三角地区作为我国最大的经济核心区，可第一批采取该模式。

长江三角洲占地面积约为 35.8 万平方公里，大约占全国总面积的 3.72%。长江三角洲亦是长江中下游平原的一部分，区内河流纵横、湖泊众多。气候温和湿润，水资源异常丰富，自然条件非常优越。但近年来，随着工农业生产的快速发展、人口的激增和化肥农药使用量的增加，大量未经充分处理的工业废水和生活污水排入江河，使环境污染，这成为长江三角洲城市群面临的一个非常棘手的问题。另外，长江三角洲在经济实力上有坚实的基础，能够在环境治理方面起到领头作用。

图 12 - 3 是长三角地区 2004 年到 2016 年 GDP 和 PM_{10}的统计情况。我们从图中可以发现，2004 年至 2016 年长三角地区 GDP 整体上呈现出快速增长。但是，快速的经济增长伴随着越发严重的环境污染，空气质量的恶化虽然越来越趋于平坦，但是整体上依旧是上升的趋势。

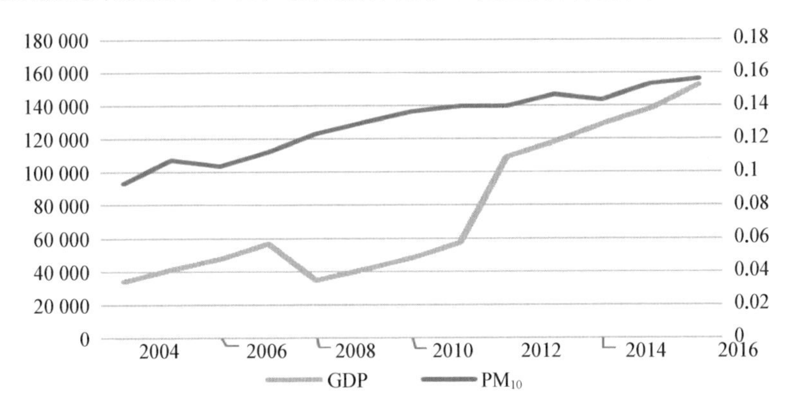

图 12 - 3　长三角地区 2004—2016 年 GDP 与 PM_{10}的变化

（数据来源：国家统计局）

再来看该地区的经济情况，长三角地区一直以来是中国经济最发达的地区，图 12－4 显示了 2004—2016 年长三角地区人均 GDP 与全国人均 GDP 的比较情况。由图 12－4 可知，除了 2008 年金融危机期间，其他多数时间内长三角人均 GDP 均高于全国平均水平，并几乎呈二倍关系。经济水平高就意味着政府以及当地居民愿意投入更多的资金来提供数量更多的环境公共品。

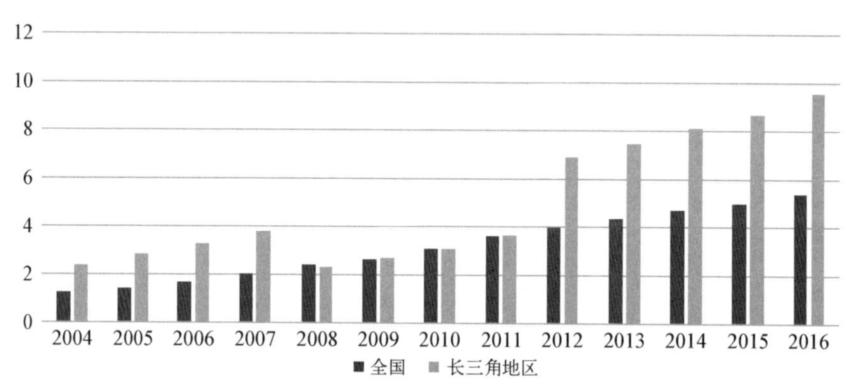

图 12－4　长三角地区居民人均 GDP 与全国人均 GDP 对比

（数据来源：国家统计局）

表 12－7 罗列了全国以及上海、江苏、浙江 2008—2016 年的科技促进经济社会发展指数。从表中我们可以看出，从 2008 年至 2012 年全国整体水平保持逐年增长，2012 年至 2013 年有下降趋势，而长三角地区的科技促进经济社会发展指数均超过全国平均水平。上海一直保持在全国前三位，浙江省进步明显，从 2014 年开始跃升为第 4 位，并一直保持了三年的该名次。同时，江苏省科技促进经济社会发展指数相对稳定，一直处于比较靠前的 5~7 名。因此，长三角地区的科技创新水平在全国范围内领先。科技创新水平较高意味着长三角地区有足够的科技创新实力，能够提供质量更高的环境公共品。

以上从经济角度以及科技引导经济进步的领域说明了我国长三角地区的确适合第一批进行环境公共品的供给“改革”。在分批分阶段促进居民参与到环境公共品供给侧的“改革”中，可参考浙江省“五水共治”和上海市“垃圾分类”运行模式，政府引导并采取制度保障，通过各种激励措施调动全民积极参与环境公共品的供给。

表 12－7　全国及上海、江苏、浙江科技促进经济社会发展指数

年份	科技促进经济社会发展指数/%				科技促进经济全国排名		
	全国	上海	江苏	浙江	上海	江苏	浙江
2008	51.36	81.92	62.72	66.42	1	7	6
2009	57.02	82.20	70.70	70.96	2	7	6
2010	62.65	83.15	73.24	72.63	1	6	7
2011	65.19	83.50	74.59	73.64	1	6	7
2012	67.98	83.36	75.82	75.26	1	6	9
2013	62.78	82.25	68.26	69.09	1	6	8
2014	62.84	79.25	70.85	72.77	3	5	4
2015	64.99	77.11	69.66	72.75	3	6	4
2016	71.66	80.5	77.96	78.46	2	5	4

数据来源：中国科技统计网站。

12.4　本章小结

本章通过梳理我国在环境公共品供给中存在的主要问题，提出将作为环境需求侧的居民转化为优质环境供给侧，这一转变将给我们的环境治理带来重要的影响。不仅有利于促进政企环境责任协同的社会共治机制，同时也有利于促进政企环境责任协同的社会监督机制。

结合调研数据，我们不仅统计分析了全国居民的环保意识和环保行为，同时将北京、上海和广州这几个一线大城市与全国的情况进行了对比研究，发现这三大城市居民的环保意识和环保行为均比全国居民高。在用模型研究居民的环保支付意愿时，情况也是类似的。

针对我国南北差异、沿海及内陆经济方面的差距，并结合调研实况分析我国居民转化为环境供给侧的可行性，笔者建议我国在环境公共品供给方面分阶段分批次进行改革，不能盲目一刀切，即经济发达地区、居民普遍受教育程度高的地区可以先行，并以长三角地区为例进行分析，提出该路径实施的可能性。

第 13 章　主要结论及展望

13.1　本书的主要结论

本书将公共产品理论的应用拓展到环境治理领域，针对环境公共品的空间外部性和代际外部性，分析居民的有效需求显示及其在供给过程中如何避免“免费搭便车”问题，重点基于代际外部性的特征探讨环境公共品的有效供给机制，通过幸福感测度法度量了居民的环保支付意愿，并进一步通过理论模型构建提出了政府主导下的居民和企业共同提供环境公共品的供给机制，为环境公共品的有效供给提供了理论依据。本书的研究结论如下。

1. 环境公共品具有代际外部性和空间外部性的双重属性，尤其是代际外部性导致其供给严重不足。环境公共品的代际外部性带来的代际成本或收益的外溢，会造成代内人与后代之间的成本收益的不对称，还会引发后代代理人缺位的问题。只要是从理性人假设出发，当代人站在自己的立场上进行的决策都很少会考虑后代的利益，这样有利于子孙后代的“前向型代际公共品”相对于为当代人提供老年保障的“后向型代际公共品”而言，供给严重不足。

2. 我国现存的环境公共品供给机制不能解决污染严重的问题。通过分析空气污染、水污染和垃圾污染的现状，并进行了国际对比，环境污染严重破坏了我们生存的环境，给我们的生活带来了严重的干扰，阻碍了我们由物质生活迈向精神生活的步伐，也极大地危害了我们的身体健康，破坏着我们的人力资本。尽管我国从 1979 年就开始向污染企业征收污染费，污染治理已经进行了这么多年，并且每年国家投入治理的资金也在不断增加，但是从目前情况来看，效果并不是那么明显，除了一般提到的政府失灵和市场失灵的问题，分析发现存在比较大的问题是环境公共品供给机制没有有效运转。因此，建立有效的环境公共品供给机制迫在眉睫。

3. 基于代际视角激励居民参与环境治理可以带来帕累托改进。在对各种污染源头进行分析的时候，本书发现不仅工业企业是环境污染的罪魁祸首，他们排放的氮氧化物、二氧化硫、烟（粉）尘等让我们置身于恐怖的环境当中。居民排放的生活废水呈现逐年上升的势头，生活垃圾污染也让我们目瞪口呆。如果能够引导居民参与到环境治理的队伍中来，一方面可以提升居民的环保意识，尽量减少环境污染；另一方面也能够缓解污染治理资金不足的局面。

4. 当前的物质生活条件及居民的环保意识，可以支撑作为洁净环境"需求侧"的居民转变为优质环境的"供给侧"。

通过对人均国内生产总值、居民的恩格尔系数进行国际对比，结合罗斯托经济起飞的各阶段分析，我们发现：我国居民的物质生活条件已达到了小康水平，大部分民众开始关心"追求生活质量"，也就是罗斯托提到的主导部门是服务业与环境改造事业阶段，居民会越来越重视户外消费，越来越关注生态环境。

另外，中国综合社会调查数据给我们的启示是：如果政府牵头采取措施，使得居民可以更加方便地采取环保行为，居民进行环保投入是有很大希望的。居民客观上能够做到的，比如随身携带环保购物袋、重复利用环保购物袋等，这些项目调研结果显示居民的环保行为比例是比较高的。

5. 生活满意度测量法可以度量居民的环保支付意愿。通过比较之前已经采用的公共产品价值评估方法——显示偏好法和陈述偏好法，学术研究发现了另外一种度量环境公共品的测度方法——幸福感测度法。该方法将经济增长带来的有利影响（收入增加从而提高幸福感）和不利影响（环境污染使得居民幸福感下降）关联起来研究，从而可以度量居民为了降低每单位污染物（或者每年增加一天二级以上空气质量等）愿意支付的货币量，这在学术研究中是巨大的进步。

6. 居于世代交叠模型构建的政府主导下企业和居民共同参与环境治理的机制能够给社会带来多重红利。将居民作为优质环境“供给侧”来探讨环境治理问题是一个新的趋势，在我们的物质生活水平达到一定程度后，居民的思想意识会发生转变。环境治理是一个跨代的社会问题，如果政府的“代际契约”设计合理，通过幸福感测度法度量不同地区的居民环境治理的边际支付意愿，一旦政策实施下去，不仅会改善环境质量，加速经济增长，还能提升后代的人力资本。构建的理论模型充分说明了政府、企业和居民三方合力进行环境治理是能够带来红利的。

7. 长期政府采取的“代际契约”能够保障政府主导下企业和居民共同参与环境治理的机制有效运行。政府主导下企业和居民共同参与环境治理的机制能否正常运转取决于配套政策。由于政府和企业、政府和居民以及政府和环保基金公司之间均存在委托代理关系，基于不完全合同理论制定的“代际契约”需要可信的制度保障，所以政府的信誉显得尤为重要。长期政府以及对政府的考核指标至关重要，在政策制定中需要强化。

8. 居民共同参与环境公共品的供给会带来更好的绩效。无论是浙江省的“五水共治”还是上海市生活垃圾分类投放的试点，总结下来都印证了俗语“众人拾柴火焰高”，只要政府引导得当、奖惩和激励匹配，民间力量的介入会对公共产品的供给起到事半功倍的效果。

9. 渐进式改革相对而言更适合中国的公共产品供给。由于中国存在地域差距，主要是经济发展的不平衡，包括南北差异、沿海和内陆的差异等，“一刀切”的政策在我国实施的可行性不大，因此建议根据地区的经济发展情况和居民的收入、文化程度，及其对环境质量的追求等，分阶段、递进式进行环境公共品的提供。

13.2 本书的不足及展望之处

尽管本书采用了大量微观数据进行分析，并得到了相对稳健的经验结论，但依然存在不少缺陷和可改进之处。

第一，部分数据不够完善。鉴于信息限制，本研究采取的是截面抽样调查数据，各地方的样本数据量没有统一标准，研究结论也仅是根据所调研的样本分析得出的，后续需要加强数据的搜集完善。

第二，环境公共品的供给机制没有进一步细分讨论。尽管本书研究的重点是通过代际视角进行分析，但是以后的研究方向可结合不同地区、针对不同类型的环境公共品设计衔接供求关系的具体的运作机制。

第三，幸福感测度法在实际运用中有局限性。尽管该方法可以将居民对环境公共品的需求偏好显示出来，但是由于中国各地的物质生活水平存在一定差距，而且居民对幸福感的评价具有主观性，所以使用该方法测算居民的环保支付意愿时，需要根据不同地方的数据单独计量，运用起来很难统一标准。当然，也可以根据长三角、京津冀、珠三角等划分来进行测算，这是以后要努力的研究方向。

参考文献

[1] 陈德第，李轴，库桂生．国防经济大辞典［M］．北京：军事科学出版社，2001.

[2] van Praag B M S, Baarsma B E. Using happiness surveys to value intangibles: The case of airport noise [J]. The Economic Journal, 2005, 115 (500): 224-246.

[3] Almond D, Chen Y, Greenstone M, et al. Winter heating or clean air? Unintended impacts of China's Huai river policy [J]. The American Economic Review, 2009, 99 (2): 184-190.

[4] Hanna R, Oliva P. The effect of pollution on labor supply: Evidence from a natural experiment in Mexico City [J]. Journal of Public Economics, 2015, 122: 68-79.

[5] Chen Y, Ebenstein A, Greenstone M, et al. Evidence on the impact of sustained exposure to air pollution on life expectancy from China's Huai River policy [J]. Proceedings of the National Academy of Sciences of the United States of America, 2013, 110 (32): 12936-12941.

[6] 陈硕，陈婷．空气质量与公共健康：以火电厂二氧化硫排放为例［J］．经济研究，2014（8）：158-169.

[7] Sandler T, Smith V K. Intertemporal and intergenerational Pareto efficiency [J]. Journal of Environmental Economics and Management, 1976, 2 (3): 151-159.

[8] Sandler T. A theory of intergenerational clubs [J]. Economic Inquiry, 1982, 20 (2): 191-208.

[9] 赵时亮．代际外部性与不可持续发展的根源［J］．中国人口·资源与环境，2003，13（4）：1-4.

[10] 孙海婧．代际公共益品供给的代际补偿问题［J］．山东工商学院学报，2013，27（4）：23-26.

[11] 孙海婧．代际公共品供给视角下的环境规制研究［J］．经济与管理，2012，5（26）：17-20.

[12] John A, Pecchenino R. An overlapping generations model of growth and the environment [J]. The Economic Journal, 1994, 104 (427): 1393-1410.

[13] John A, Pecchenino R, Schimmelpfennig D, et al. Short-lived agents and the long-lived environment [J]. Journal of Public Economics, 1995, 58 (1): 127-141.

[14] Diamond P A. National debt in a neoclassical growth model [J]. The American Economic Review, 1965, 55 (5): 1126-1150.

[15] Ostrom E. Governing the commons: The evolution of institutions for collective action [M]. Cambridge: Cambridge University Press, 1990.

[16] Olson M. The logic of collective action [J]. Cambridge, MA: Harvard University Press, 1971.

[17] Tiebout C M. A pure theory of local expenditures [J]. Journal of Political Economy, 1956, 64 (5): 416-424.

[18] 杨继波，吴柏钧．代际公共品研究述评：内涵、研究路径及新视角［J］．华东理工大学学报（社会科学版），2015（3）：60-68.

[19] Rangel A. Forward and backward intergenerational goods: Why is social security good for the environment? [J]. American Economic Review, 2003, 93 (3): 813-834.

[20] Welsch H, Kühling J. Using happiness data for environmental valuation: issues and applications [J]. Journal of Economic Surveys, 2009, 23 (2): 385-406.

[21] Welsch H. Preferences over prosperity and pollution: environmental valuation based on happiness surveys [J]. Kyklos, 2002, 55 (4): 473-494.

[22] Levinson A. Valuing public goods using happiness data: The case of air quality [J]. Journal of Public Economics, 2012, 96 (9-10): 869-880.

[23] Samuelson P A. The pure theory of public expenditure [J]. The Review of Economics and Statistics, 1954, 36 (4): 387-389.

[24] 熊晓莉．代际福利转移分析［D］．南昌：江西财经大学，2010.

[25] Cornes R, Sandler T. The theory of externalities, public goods, and club goods [M]. Cambridge: Cambridge University Press, 1996.

[26] Lowry W R. Preserving public lands for the future: the politics of intergenerational goods [M]. Washington DC: Georgetown University Press, 1998.

[27] 李郁芳，孙海婧．代际公平与代际公共品供给［J］．广东社会科学，2009（3）：14-19.

[28] Musgrave R A. The voluntary exchange theory of public economy [J]. The Quarterly Journal of Economics, 1939, 53 (2): 213-237.

[29] Samuelson P A. Diagrammatic exposition of a theory of public expenditure [J]. Review of Economics and Statistics, 1955, 21: 350-356.

[30] Dawes R M, Corrigan B. Linear models in decision making [J]. Psychological Bulletin, 1974, 81 (2): 95-106.

[31] Dawes R M. 4-formal models of dilemmas in social decision-making [R]. University of Oregon and Oregon Research Institute, 1975.

[32] Hardin G. The tragedy of the commons [J]. Science, 1968, 162 (3859): 1243-1248.

[33] Bergstrom T, Blume L, Varian H. On the private provision of public goods [J]. Journal of Public Economics, 1986, 29 (1): 25-49.

[34] 樊丽明. 中国公共品市场与自愿供给分析 [M]. 上海: 上海人民出版社, 2005.

[35] Becker G S. A theory of social interactions [J]. Journal of Political Economy, 1974, 82 (6): 1063-1093.

[36] Becker G S, Tomes N. Child endowments and the quantity and quality of children [J]. Journal of Political Economy, 1976, 84 (4, Part 2): S143-S162.

[37] Collard D A. Altruism and economy: A study in non-selfish economics [M]. Oxford: Oxford University Press, 1978.

[38] Andreoni J. Warm-glow versus cold-prickle: The effects of positive and negative framing on cooperation in experiments [J]. The Quarterly Journal of Economics, 1995, 110 (1): 1-21.

[39] 赫伯特·西蒙. 西蒙选集 [M]. 黄涛, 译. 北京: 首都经济贸易大学出版社, 2002.

[40] Hodgson G M. The ubiquity of habits and rules [J]. Cambridge Journal of Economics, 1997, 21 (6): 663-684.

[41] Andreoni J. Impure altruism and donations to public goods: A theory of warm-glow giving [J]. The Economic Journal, 1990, 100 (401): 464-477.

[42] 胡石清, 乌家培. 从利他性到社会理性——利他主义经济学研究的一个综合观点 [J].财经问题研究, 2009 (6): 3-10.

[43] 叶航. 利他行为的经济学解释 [J]. 经济学家, 2005, 3: 22-29.

[44] Hamilton W D. The genetical evolution of social behaviour. II [J]. Journal of Theoretical Biology, 1964, 7 (1): 17-52.

[45] Trivers R L. The evolution of reciprocal altruism [J]. The Quarterly Review of Biology, 1971, 46 (1): 35-57.

[46] Axelrod R, Hamilton W D. The evolution of cooperation [J]. Science, 1981, 211 (4489): 1390-1396.

[47] Rabin M. Incorporating fairness into game theory and economics [J]. The American Economic Review, 1993, 83 (5): 1281-1302.

[48] Fehr E, Schmidt K M. A theory of fairness, competition, and cooperation [J]. The Quarterly Journal of Economics, 1999, 114 (3): 817-868.

[49] Bolton G E, Ockenfels A. ERC: A theory of equity, reciprocity, and competition [J]. American Economic Review, 2000, 90 (1): 166-193.

[50] Edwards W. Utility, subjective probability, their interaction, and variance preferences [J]. Journal of Conflict Resolution, 1962, 6 (1): 42-51.

[51] Wilson R. An axiomatic model of logrolling [J]. American Economic Review, 1969, 59 (3): 331-341.

[52] Ross S A. The economic theory of agency: The principal's problem [J]. American Economic Review, 1973, 63 (2): 134-139.

[53] Mirrless J. The optimal structure of incentives and authority within an organization [J]. Bell Journal of Economics, 1976, 7 (1): 105-131.

[54] Arrow K J. Uncertainty and the welfare economics of medical care [J]. Journal of Health Politics, Policy and Law, 2001, 26 (5): 851-883.

[55] Holmstrom B. Moral hazard and observability [J]. Bell Journal of Economics, 1979, 10 (1): 74-91.

[56] Grossman S J, Hart O D. An analysis of the princinpal-agent problem [J]. Econometrica. 1983, 51 (1): 302-340.

[57] Williamson O E. The theory of the firm as governance structure: from choice to contract [J]. Journal of Economic Perspectives, 2002, 16 (3): 171-195.

[58] Coase R H. The nature of the firm [J]. Economica, 1937, 4 (16): 386-405.

[59] Williamson O E. The economic institutions of capitalism: firms, markets, relational contracting [M]. New York: the Free Press, 1985.

[60] Dahlman C J. The problem of externality [J]. The Journal of Law and Economics, 1979, 22 (1): 141-162.

[61] Hart O, Moore J. Contracts as reference points [J]. The Quarterly Journal of Economics, 2008, 123 (1): 1-48.

[62] Bolton P, Dewatripont M. Contract theory [M]. Cambridge: the Massachusetts Institute of Technology Press, 2005.

[63] Gibbons R. Four formal (izable) theories of the firm? [J]. Journal of Economic Behavior & Organization, 2005, 58 (2): 200-245.

[64] 蒋士成，费方域. 从事前效率问题到事后效率问题——不完全合同理论的几类经典模型比较 [J]. 经济研究，2008 (8): 145-156.

[65] 蒋士成，李靖，费方域. 内生不完全合同理论研究进展 [J]. 经济学动态，2018 (5): 102-116.

[66] 李郁芳. 政府公共品供给行为的外部性探析 [J]. 南方经济，2005，6: 21-23.

[67] 郭骁，夏洪胜. 解决代际外部性问题有效途径的理论探讨 [J]. 中国工业经济，2006 (12): 62-68.

[68] 李郁芳，孙海婧. 地方政府竞争对代际公共品供给的作用机制分析 [J]. 学术交流，2009 (1): 58-63.

[69] 郭忠杰. 代际外部性与可持续发展 [D]. 广州：暨南大学，2006.

[70] Weiss E B. The Planetary Trust: Conservation and Intergenerational Equity [J]. Ecology Law Quarterly, 1984, 19 (3): 284-286.

[71] Page T. Conservation and economic efficiency: An approach to materials policy [M]. Washington D. C: The Johns Hopkins University Press, 1977.

[72] 大卫·皮尔斯. 绿色经济的蓝图 [M]. 北京：北京师范大学出版社，1996.

[73] Weiss E B. Our rights and obligations to future generations for the environment [J]. American Journal of International Law, 1990, 84 (1): 198-207.

[74] 卫玲，任保平. 治理外部性与可持续发展之间关系的反思 [J]. 当代经济研究，2002，6: 7-8.

[75] Doeleman J A, Sandler T. The intergenerational case of missing markets and missing voters [J]. Land Economics, 1998: 1-15.

[76] Kotlikoff L J, Rosenthal R W. Some inefficiency implications of generational politics and exchange [J]. Economics & Politics, 1993, 5 (1): 27-42.

[77] Oates W E. The effects of property taxes and local public spending on property values: a reply and yet further results [J]. Journal of Political Economy, 1973, 81 (4): 1004 - 1008.

[78] Atkinson A B, Stiglitz J E. The design of tax structure: direct versus indirect taxation [J]. Journal of Public Economics, 1976, 6 (1 - 2): 55 - 75.

[79] Warr P G. The private provision of a public good is independent of the distribution of income [J]. Economics Letters, 1983, 13 (2 - 3): 207 - 211.

[80] Belk R W. Situational variables and consumer behavior [J]. Journal of Consumer Research, 1975, 2 (3): 157 - 164.

[81] Kreps D M, Wilson R. Reputation and imperfect information [J]. Journal of Economic Theory, 1982, 27 (2): 253 - 279.

[82] Warr P G. Pareto optimal redistribution and private charity [J]. Journal of Public Economics, 1982, 19 (1): 131 - 138.

[83] Webster Jr C E. The effects of deficits on interest rates [J]. Economic Review, 1983: 19 - 28.

[84] Isaac R M, Walker J M, Thomas S H. Divergent evidence on free riding: An experimental examination of possible explanations [J]. Public Choice, 1984, 43 (2): 113 - 149.

[85] Sugden R. Reciprocity: the supply of public goods through voluntary contributions [J]. The Economic Journal, 1984, 94 (376): 772 - 787.

[86] Andreoni J. Privately provided public goods in a large economy: the limits of altruism [J]. Journal of Public Economics, 1988, 35 (1): 57 - 73.

[87] Isaac R M, Walker J M, Thomas S H. Divergent evidence on free riding: An experimental examination of possible explanations [J]. Public Choice, 1984, 43 (2): 113 - 149.

[88] Ostrom E. Collective action and the evolution of social norms [J]. Journal of Economic Perspectives, 2000, 14 (3): 137 - 158.

[89] 席恒 . 公共物品供给机制研究 [D]. 西安：西北大学，2003.

[90] Laffont J J. Incentives and the allocation of public goods [J]. Handbook of Public Economics, 1987, 2 (2): 395 - 396.

[91] Bowles S, Hwang S H. Social preferences and public economics: Mechanism design

when social preferences depend on incentives [J]. Journal of Public Economics, 2008, 92 (8-9): 1811-1820.

[92] 何艳玲. 第三部门与社区公共产品供给渠道的多元化 [J]. 公共管理研究, 2001: 240-253.

[93] Boadway R. Policy Forum: The Annual Tax Expenditure Accounts-A Critique [J]. Canadian Tax Journal, 2007, 55 (1): 106.

[94] 周业安, 连洪泉, 陈叶烽, 等. 社会角色、个体异质性和公共品自愿供给 [J]. 经济研究, 2013 (1): 124-137.

[95] 连洪泉. 惩罚与社会合作——基于实验经济学的讨论 [J]. 南方经济, 2014 (9): 128-134.

[96] 刘岩. 私人代际转移动机研究——基于 CHARLS 的实证分析 [J]. 经济理论与经济管理, 2015, 298 (10): 58-68.

[97] Coates D. A diagrammatic demonstration of public crowding-out of private contributions to public goods [J]. The Journal of Economic Education, 1996, 27 (1): 49-58.

[98] Ahmed S A, Ali M. Partnerships for solid waste management in developing countries: linking theories to realities [J]. Habitat International, 2004, 28 (3): 467-479.

[99] Pigou A C. An analysis of supply [J]. The Economic Journal, 1928, 38 (150): 238-257.

[100] Dye T R. Politics, economics, and the public: Policy outcomes in the American states [M]. Chicago: Rand McNally, 1966.

[101] Kneese A V, Bower B T. Environmental quality and residuals management [EB/OL]. 1979-01-01. http://www.osti.gov/biblio/6192188.

[102] Pearce D. The role of carbon taxes in adjusting to global warming [J]. The Economic Journal, 1991, 101 (407): 938-948.

[103] Bovenberg A L, De Mooij R A. Environmental levies and distortionary taxation [J]. The American Economic Review, 1994, 84 (4): 1085-1089.

[104] Bovenberg A, Goulder L H. Optimal environmental taxation in the presence of other taxes: general-equilibrium analyses [J]. The American Economic Review, 1996, 86 (4): 985-1000.

[105] de Mooij R, Bovenberg L. Environmental tax reform and endogenous growth [J]. Journal of Public Economics, 1997: 207-237.

[106] Goulder L H. Environmental policy making in a second-best setting [J]. Journal of Applied Economics, 1998, 1 (2): 279-328.

[107] Fullerton D, Kim S R. Environmental investment and policy with distortionary taxes, and endogenous growth [J]. Journal of Environmental Economics and Management, 2008, 56 (2): 141-154.

[108] 李齐云，宗斌，李征宇. 最优环境税：庇古法则与税制协调 [J]. 中国人口·资源与环境，2007，17 (6)：18-22.

[109] 刘凤良，吕志华. 经济增长框架下的最优环境税及其配套政策研究——基于中国数据的模拟运算 [J]. 管理世界，2009 (6)：47-58.

[110] 张东敏，金成晓. 污染税、健康人力资本积累与长期经济增长 [J]. 财经科学，2014，321 (12)：79-87.

[111] 肖欣荣，廖朴. 政府最优污染治理投入研究 [J]. 世界经济，2014 (1)：106-119.

[112] Greenstone M, Hanna R. Environmental regulations, air and water pollution, and infant mortality in India [J]. American Economic Review, 2014, 104 (10): 3038-3072.

[113] Requate T, Unold W. Environmental policy incentives to adopt advanced abatement technology: Will the true ranking please stand up? [J]. European Economic Review, 2003, 47 (1): 125-146.

[114] Cherry T L, Kallbekken S, Kroll S. The acceptability of efficiency-enhancing environmental taxes, subsidies and regulation: An experimental investigation [J]. Environmental Science & Policy, 2012, 16: 90-96.

[115] 何建武，李善同. 节能减排的环境税收政策影响分析 [J]. 数量经济技术经济研究，2009 (1)：32-45.

[116] 刘小兵. 个人合作提供公共品的实验研究 [J]. 管理世界，2004 (2)：51-56，97.

[117] 黄英娜，郭振仁，张天柱，等. 应用 CGE 模型量化分析中国实施能源环境税政策的可行性 [J]. 城市环境与城市生态，2005，18 (2)：18-20.

[118] 李冬冬，杨晶玉. 基于增长框架的研发补贴与环境税组合研究 [J]. 科学学研究，2015，33 (7)：1026-1034.

[119] 张元鹏，林大卫. 社会偏好、奖惩机制与公共品的有效供给——基于一种实验

方法的研究 [J]. 南方经济, 2015, 33 (12): 26 - 39.

[120] Fudenberg D, Kreps D M, Maskin E S. Repeated games with long-run and short-run players [J]. The Review of Economic Studies, 1990, 57 (4): 555 - 573.

[121] Ono T. Optimal tax schemes and the environmental externality [J]. Economics Letters, 1996, 53 (3): 283 - 289.

[122] Rangel A. How to protect future generations using tax-base restrictions [J]. American Economic Review, 2005, 95 (1): 314 - 346.

[123] Ono T. Environmental tax reform in an overlapping-generations economy with involuntary unemployment [J]. Environmental Economics and Policy Studies, 2008, 9 (4): 213 - 238.

[124] 杨继东, 章逸然. 空气污染的定价: 基于幸福感数据的分析 [J]. 世界经济, 2014, 12: 162 - 188.

[125] 祁毓, 卢洪友. 危机还是转机: 经济周期中的国民健康 [J]. 中国软科学, 2015 (12): 36 - 48.

[126] 张晓. 中国水污染趋势与治理制度 [J]. 中国软科学, 2014 (10): 11 - 24.

[127] Savas E S. Privatization in post-socialist countries [J]. Public Administration Review, 1992: 573 - 581.

[128] 高鸿业. 西方经济学 (宏观部分) [M]. 6版. 北京: 中国人民大学出版社, 2014.

[129] Lavy V, Ebenstein A, Roth S. The impact of short term exposure to ambient air pollution on cognitive performance and human capital formation [R]. National Bureau of Economic Research, 2014.

[130] Chay K Y, Greenstone M. The impact of air pollution on infant mortality: Evidence from geographic variation in pollution shocks induced by a recession [J]. The Quarterly Journal of Economics, 2003, 118 (3): 1121 - 1167.

[131] Luechinger S. Air pollution and infant mortality: A natural experiment from power plant desulfurization [J]. Journal of Health Economics, 2014, 37: 219 - 231.

[132] Schwartz J, Marcus A. Mortality and air-pollution in London: A time-series analysis [J]. American Journal of Epidemiology, 1990, 131 (1): 185 - 194.

[133] Mendelsohn R, Orcutt G. An empirical analysis of air pollution dose-response curves [J]. Journal of Environmental Economics and Management, 1979, 6 (2): 85 - 106.

[134] Barr S. Factors influencing environmental attitudes and behaviors: A UK case study of

household waste management [J]. Environment and Behavior, 2007, 39 (4): 435-473.

[135] Briscoe J, de Castro P F, Griffin C, et al. Toward equitable and sustainable rural water supplies: A contingent valuation study in Brazil [J]. The World Bank Economic Review, 1990, 4 (2): 115-134.

[136] 王艳，张宜升，刘斌．青岛市居民减少空气污染致病的支付意愿调查 [J]．环境与健康杂志，2008，25 (4): 326-330.

[137] Clarke P M. Cost-benefit analysis and mammographic screening: A travel cost approach [J]. Journal of Health Economics, 1998, 17 (6): 767-787.

[138] 冯皓，陆铭．通过买房而择校：教育影响房价的经验证据与政策含义 [J]．世界经济，2010，6 (12): 89-104.

[139] 曾贤刚，谢芳，宗佺．降低 $PM_{2.5}$ 健康风险的行为选择及支付意愿——以北京市居民为例 [J]．中国人口·资源与环境，2015，25 (1): 127-133.

[140] 李亦然，董蕾，孟弋琳，等．成都市大气污染研究——成都居民支付意愿调查 [J]．智富时代，2014 (6): 29-30.

[141] 魏同洋，靳乐山，靳宗振，等．北京城区居民大气质量改善支付意愿分析 [J]．城市问题，2015，1: 75-81.

[142] Easterlin R A. Does economic growth improve the human lot? Some empirical evidence [M] //Nations and households in economic growth. Pittsburgh: Academic Press, 1974: 89-125.

[143] Ferrer-I-Carbonell A, Frijters P. How important is methodology for the estimates of the determinants of happiness? [J]. The Economic Journal, 2004, 114 (497): 641-659.

[144] Di Tella R, MacCulloch R. Gross national happiness as an answer to the Easterlin Paradox? [J]. Journal of Development Economics, 2008, 86 (1): 22-42.

[145] Kahneman D, Tversky A. Experienced utility and objective happiness: A moment-based approach [J]. The Psychology of Economic Decisions, 2003, 1: 187-208.

[146] Kahneman D, Sugden R. Experienced utility as a standard of policy evaluation [J]. Environmental and Resource Economics, 2005, 32 (1): 161-181.

[147] Ng Y K. A case for happiness, cardinalism and interpersonal comparability [J]. The Economic Journal, 1997, 107 (445): 1848-1858.

[148] Greenstone M, Jack B K. Envirodevonomics: A research agenda for an emerging field [J]. Journal of Economic Literature, 2015, 53 (1): 5-42.

[149] Welsch H. Environment and happiness: Valuation of air pollution using life satisfaction data [J]. Ecological Economics, 2006, 58 (4): 801-813.

[150] Welsch H, Kühling J. Using happiness data for environmental valuation: Issues and applications [J]. Journal of Economic Surveys, 2009, 23 (2): 385-406.

[151] Luechinger S, Raschky P A. Valuing flood disasters using the life satisfaction approach [J]. Journal of Public Economics, 2009, 93 (3-4): 620-633.

[152] Luechinger S. Life satisfaction and transboundary air pollution [J]. Economics Letters, 2010, 107 (1): 4-6.

[153] Frey B S, Luechinger S, Stutzer A. The life satisfaction approach to valuing public goods: The case of terrorism [J]. Public Choice, 2009, 138 (3-4): 317-345.

[154] 杨继东，章逸然．空气污染的定价：基于幸福感数据的分析［J］．世界经济，2014，12：162-188.

[155] Carlsson F, Johansson-Stenman O. Willingness to pay for improved air quality in Sweden [J]. Applied Economics, 2000, 32 (6): 661-669.

[156] 高新才，岳立，张钦智．兰州市大气污染支付意愿影响因素分析［J］．城市问题，2011（1）：62-65.

[157] 黄永明，何凌云．城市化、环境污染与居民主观幸福感——来自中国的经验证据［J］．中国软科学，2013（12）：82-93.

[158] 李莹，白墨，张巍，等．改善北京市大气环境质量中居民支付意愿的影响因素分析［J］．中国人口·资源与环境，2002，12（6）：123-126.

[159] Zheng S, Sun C, Qi Y, et al. The evolving geography of China's industrial production: Implications for pollution dynamics and urban quality of life [J]. Journal of Economic Surveys, 2014, 28 (4): 709-724.

[160] 穆怀中，范洪敏．城镇化扩张与居民空气污染治理支付意愿［J］．国家行政学院学报，2014（6）：81-85.

[161] 彭水军，包群．经济增长与环境污染——环境库兹涅茨曲线假说的中国检验［J］．财经问题研究，2006（8）：5-19.

[162] 张连伟，张琳．北京永定河流域生态环境的演变和治理［J］．北京联合大学学报（人文社会科学版），2017（1）：124-130.

[163] 罗斯托．经济增长的阶段 [M]．郭熙保，王松茂，译．北京：中国社会科学出版社，2010.

[164] Gerlagh R. Measuring the value of induced technological change [J]. Energy Policy, 2007, 35 (11): 5287 - 5297.

[165] Poortinga W, Steg L, Vlek C, et al. Household preferences for energy-saving measures: A conjoint analysis [J]. Journal of Economic Psychology, 2003, 24 (1): 49 - 64.

[166] 李英．基于居民支付意愿的城市森林生态服务非政府供给方式研究 [D]．哈尔滨：东北林业大学，2008.

[167] 高云梦．环保支付意愿及其影响因素的实证分析 [J]．四川环境，2016 (2): 130 - 133.

[168] Chay K Y, Greenstone M. Does air quality matter? Evidence from the housing market [J]. Journal of Political Economy, 2005, 113 (2): 376 - 424.

[169] Currie J, Neidell M. Air pollution and infant health: What can we learn from California's recent experience? [J]. The Quarterly Journal of Economics, 2005, 120 (3): 1003 - 1030.

[170] Becker G S. Altruism in the Family and Selfishness in the Market Place [J]. Economica, 1981, 48 (189): 1 - 15.

[171] 贾俊雪，郭庆旺，宁静．传统文化信念、社会保障与经济增长 [J]．世界经济，2011，8：3 - 18.

[172] Berle A A, Means G C. The Modern Corporation and Private Property [M]. London: Transaction Publishers, 1933.

[173] Jensen M C, Meckling W H. Theory of the firm: Managerial behavior, agency costs and ownership structure [J]. Journal of Financial Economics, 1976, 3 (4): 305 - 360.

[174] Arrow K J. Informational structure of the firm [J]. The American Economic Review, 1985, 75 (2): 303 - 307.

[175] Radner R. Monitoring cooperative agreements in a repeated principal-agent relationship [J]. Econometrica: Journal of the Econometric Society, 1981: 1127 - 1148.

[176] Fama E F. Agency problems and the theory of the firm [J]. Journal of Political Economy, 1980, 88 (2): 288 - 307.

[177] Holmstrom B, Costa J R I. Managerial incentives and capital management [J]. The Quarterly Journal of Economics, 1986, 101 (4): 835 - 860.

[178] McAfee R P, McMillan J. Optimal contracts for teams [J]. International Economic Review, 1991: 561 - 577.

[179] Solow R M. Another possible source of wage stickiness [J]. Journal of Macroeconomics, 1979, 1 (1): 79 - 82.

[180] Shapiro C, Stiglitz J E. Equilibrium unemployment as a worker discipline device [J]. The American Economic Review, 1984, 74 (3): 433 - 444.

[181] 张维迎，余晖．西方企业理论的演进与最新发展［J］．经济研究，1994，11：70 - 81.

[182] 张维迎．公有制经济中的委托人-代理人关系：理论分析和政策含义［J］．吴有昌，马捷，译．经济研究，1995，4：10 - 20.

[183] 平狄克，鲁宾费尔德．微观经济学［M］．北京：中国人民大学出版社，2009.

[184] 史贝贝，冯晨，张妍，等．环境规制红利的边际递增效应［J］．中国工业经济，2017，12：40 - 58.

[185] Kotlikoff L J, Persson T, Svensson L E O. Social contracts as assets: A possible solution to the time-consistency problem [J]. American Economic Review, 1988, 78 (5): 662 - 677.

[186] Bardhan P K, Mookherjee D. Capture and governance at local and national levels [J]. American Economic Review, 2000, 90 (2): 135 - 139.

[187] Blanchard O, Shleifer A. Federalism with and without political centralization: China versus Russia [J]. IMF staff papers, 2001, 48 (1): 171 - 179.

[188] 陈抗，Hillman A L，顾清扬．财政集权与地方政府行为变化——从援助之手到攫取之手［J］．经济学（季刊），2002，2（1）：111 - 130.

[189] 傅勇，张晏．中国式分权与财政支出结构偏向：为增长而竞争的代价［J］．管理世界，2007（3）：4 - 12.

[190] 李国平，王奕淇．地方政府跨界水污染治理的“公地悲剧”理论与中国的实证［J］．软科学，2016，30（11）：24 - 28.

[191] 曾世宏，夏杰长．公地悲剧、交易费用与雾霾治理——环境技术服务有效供给的制度思考［J］．财经问题研究，2015（1）：10 - 15.

[192] 李沙沙，牛莉．技术进步对二氧化碳排放的影响分析——基于静态和动态面板

数据模型［J］. 经济与管理研究，2014，10：19－26.
［193］陈诗一. 中国碳排放强度的波动下降模式及经济解释［J］. 世界经济，2011，4：124－143.
［194］曾世宏，王小艳. 环境政策工具与技术吸收激励：差异性、适应性与协同性［J］. 产业经济评论，2014，13（1）：105－118.
［195］侯小伏. 英国环境管理的公众参与及其对中国的启示［J］. 中国人口·资源与环境，2004，14（5）：125－129.

致　谢

一本书的撰写犹如孕育一位孩子，终于到了提笔写感谢词的时候了，回顾这段路程，内心百感交集，酸甜苦辣一言难尽。身边支持、鼓励我的人太多，要感谢的人也太多……

首先将最诚挚的谢意送给我的博士生导师吴柏钧教授，从该书选题开始，吴教授就鼓励我不断去探索自己想研究的内容，一步步引导我如何从经典文献中吸取精华，如何打开思路将兴趣和研究结合起来。正是他的高瞻远瞩以及亦父亦师般的沉着分析指引我在学术探索中一天天慢慢成长；在本书撰写过程中，他一直对我的努力给予充分的肯定和鼓励，让我能够有信心迈过坎坷回到坦途。

本书的完成还要感谢中国人民大学中国调查与数据中心“中国综合社会调查”（CGSS）项目组。感谢中国综合社会调查及其工作人员提供的数据协助。当然，本书内容概由作者自己负责。

一并感谢我的同事兼好友们，潘春阳老师、陈雅静老师、赵炎老师、李佑平老师、蒋士成老师、杨剑侠老师等，这些老师中有的不厌其烦地听取我的阐说，并指出我研究中的不足，有的帮忙提供前沿文献并孜孜不倦与我探讨。总之，能够结识这些志同道合的朋友是我的人生幸事。衷心感谢大家！

最后要感谢我的家人，他们总是将生活中的一切琐事安排好，让我能够安心撰写。感谢我的先生能够包容我在写作期间的一切坏脾气，并担任了我出行访谈和调研时的司机。感谢他在我情绪低落时劝解我、宽慰我；在我碰到困难时安抚我、帮助我；在我一筹莫展时开导我、鼓励我。更要感谢我的女儿，在我一筹莫展时给我加油：“妈妈，我相信你能够顺利完成的，加油哦！我们一起奋斗。”家人的支持给了我莫大的鼓舞和信心，一辈子的缘分，谢谢有你们一直在我身边。

还有其他很多帮助我、支持我的朋友和老师，在此不便一一提及，一并致以最诚挚的感谢！